大学数学应用型本科教材

微 积 分

（第 2 版）

主　　编　邵文凯　李　琰
副 主 编　蒲可莉　刘少雄
编写人员　尹东梅　尹用平　龚　书

重庆大学出版社

内容提要

　　本书是编者们在多年教学经验的基础上,参照应用型专业人才培养定位,结合当前大学数学课程教学实际编写而成的。全书共7章,主要内容包括极限与连续、一元函数微分学及其应用、导数的应用、一元函数积分学及其应用、多元函数微积分及其应用、微分方程及无穷级数等。本书结合应用型本科大学学生的实际情况,注重大学数学与中学数学的衔接,文字表述力求通俗易懂,章节安排紧凑,尽量突出应用。此外,本书在例题和课后习题的选取方面兼顾了内容的丰富性和层次性。

　　本书适合应用型高校相关专业学生使用,也可作为高校教学人员和学习大学数学课程的社会人员的参考资料。

图书在版编目(CIP)数据

微积分 / 邵文凯,李琰主编. --2 版. --重庆:
重庆大学出版社,2017.8(2021.8 重印)
　ISBN 978-7-5624-9206-1

Ⅰ.①微… Ⅱ.①邵…②李… Ⅲ.①微积分—高等
学校—教材 Ⅳ.①O172

中国版本图书馆 CIP 数据核字(2017)第 199781 号

大学数学应用型本科教材
微积分
(第 2 版)

主　编　邵文凯　李　琰
副主编　蒲可莉　刘少雄
责任编辑:李定群　　版式设计:李定群
责任校对:关德强　　责任印制:邱　瑶
*
重庆大学出版社出版发行
出版人:饶帮华
社址:重庆市沙坪坝区大学城西路 21 号
邮编:401331
电话:(023)88617190　88617185(中小学)
传真:(023)88617186　88617166
网址:http://www.cqup.com.cn
邮箱:fxk@ cqup.com.cn(营销中心)
全国新华书店经销
重庆市正前方彩色印刷有限公司印刷
*
开本:720mm×960mm　1/16　印张:15.5　字数:262 千
2017 年 8 月第 2 版　　2021 年 8 月第 7 次印刷
ISBN 978-7-5624-9206-1　定价:42.00 元

前　言

　　"微积分"是普通高等学校相关专业的一门重要基础课程,教学内容多,进度快,与专业知识结合紧密,在教学时不仅需要引导学生当前的学习,而且对学生的可持续发展还应当有所启迪.本教材参照教育部教指委制订的高等数学课程的教学基本要求,结合编者多年来的教学实践编写而成.

　　本书编构科学合理,体现"以学生为主体,以实际背景引入"的数学概念;例题习题的选择灵活多变,层次分明,利于满足不同专业、不同层次的需要.

　　本书重视知识的传授,更注重能力的培养,使学生在获得知识的同时,也能比较系统地提高能力,体现知识教学与能力训练的统一;重视培养学生运用数学的意识,通过典型例题,将多种计算方法列出,择优而取,既有利于学生牢固掌握知识,又能学到探求知识的思想、方法和手段.

　　本书适度淡化数学理论,强化数学概念的直观性,对一些定理的证明以几何解释或经济说明为主,给以直观的讲解,以利于学生拓宽知识面、提高将数学知识应用于解决实际问题的能力.

　　本书共7章,主要内容包括极限与连续、一元函数微分学及其应用、导数的应用、一元函数积分学及其应用、多元函数微积分及其应用、微分方程及无穷级数等.各专业可根据专业培养目标和要求,选学相应的教学内容.

　　鉴于编者水平有限,书中难免出现一些疏漏,敬请读者与同行批评指正.

编　者
2017 年 5 月

目　录

第一章 极限与连续

高等数学主要研究变化的变量及其相互之间的关系. 函数是高等数学研究的主要对象,极限是高等数学中研究问题的基本方法,而函数的连续则是研究的条件. 本章将在进一步熟悉函数概念与性质的基础上,介绍函数的极限与连续性等基本概念、性质及运算法则.

第一节 初等函数

一、初等数学知识要点回顾

1. 集合

具有某种特定性质的事物的总体,称为集合,通常以大写字母表示. 组成这个集合的事物,称为该集合的元素,常以小写字母表示. 某个元素 a 在某个集合 A 中,称为元素 a 属于集合 A,否则称为元素 a 不属于集合 A,分别表示为

$$a \in A \text{ 和 } a \notin A$$

特殊集合的表示为:空集(不包含任何元素的集合):$\varnothing$;自然数集:$\mathbf{N}$;整数集:$\mathbf{Z}$;有理数集:$\mathbf{Q}$;实数集:$\mathbf{R}$;复数集:$\mathbf{C}$.

2. 区间

区间是指介于某两个实数之间的全体实数. 这两个实数称为区间的端点.

3. 邻域

设 a 与 δ 是两个实数,且 $\delta > 0$,数集 $\{x \mid |x - a| < \delta\}$ 称为点 a 的 δ 邻域,

记为 $U_\delta(a)$，即

$$U_\delta(a) = \{x \mid |x-a| < \delta\}$$

点 a 称为这邻域的中心，δ 称为这邻域的半径.

注 （1）邻域的几何意义：邻域是数轴上一个以 a 为中心、长度为 2δ 的开区间，即.

$$U_\delta(a) = (a-\delta, a+\delta)$$

（2）点 a 的去心的 δ 邻域记为 $U_\delta^0(a)$，即

$$U_\delta^0(a) = \{x \mid 0 < |x-a| < \delta\}$$

4. 常量与变量

在某过程中数值保持不变的量，称为常量，而数值变化的量，称为变量. 常量与变量是相对"过程"而言的. 通常用字母 a,b,c 等表示常量，用字母 x,y,t 等表示变量.

5. 绝对值

（1）定义为

$$|a| = \begin{cases} a & a \geqslant 0 \\ -a & a < 0 \end{cases}$$

（2）几何意义

$|a|$ 表示数轴上点 a 到原点的距离.

（3）性质为

$|ab| = |a||b|$；$|a| - |b| \leqslant |a \pm b| \leqslant |a| + |b|$；

$|x| \leqslant a(a > 0) \Leftrightarrow -a \leqslant x \leqslant a$；$|x| \geqslant a(a > 0) \Leftrightarrow x \geqslant a$ 或 $x \leqslant -a$.

二、函数的概念

符号说明："$\forall$"全称量词，表示"任意的"；"$\exists$"存在量词，表示"存在"或"有某个"的意思.

定义 1.1 设 D 是一非空数集，若对 $\forall x \in D$，按照某个规则 f，$\exists y$（唯一、确定）与之对应，则称此规则 f 为定义在 D 上的一个函数关系，或称 y 是 x 的函数，记为 $y = f(x)$，$x \in D$. x 称为自变量，y 称为因变量或函数，D 称为定义域，记为 $D = D(f)$. 当 $x_0 \in D$ 时，称 $f(x_0)$ 为函数在点 x_0 处的函数值.

函数的定义域通常通过以下方式确定：

（1）根据实际问题的限制.

（2）使解析式有意义的 x 的全体.

1. 函数的表现形式

（1）解析形式：用一解析式表示自变量 x 与因变量 y 之间关系.

① 分段函数：用公式法表示函数时，有时需在不同的范围内用不同的式子表示同一函数，此函数称为分段函数.

例如，绝对值函数

$$y = |x| = \begin{cases} x & x \geqslant 0 \\ -x & x < 0 \end{cases}$$

② 隐函数：若函数 y 可用自变量 x 的数学式 $y = f(x)$ 直接表达，则此函数称为显函数. 例如，$y = \sin(x^2) - e^x$. 若函数 y 与自变量 x 的关系是用一个方程 $F(x, y) = 0$ 表示，则此函数称为隐函数. 例如，$x^2 + y^2 = 25, x \in [-5, 5]$.

（2）表格法：函数与自变量的关系可用一表格表示. 例如，三角函数表、对数表等.

（3）图像法：函数与自变量的关系由平面直角坐标系中的曲线给出.

2. 几个特殊的函数举例

（1）符号函数

$$y = \text{sgn} \, x = \begin{cases} 1 & x > 0 \\ 0 & x = 0, \text{显然有} \\ -1 & x < 0 \end{cases}$$

$$x = \text{sgn} \, x |x|$$

（2）取整函数 $y = [x]$，表示不超过 x 的最大整数. 此时，有不等式 $x - 1 < [x] \leqslant x < [x] + 1$ 成立.

（3）狄利克雷函数（Dirichlet）函数

$$y = D(x) = \begin{cases} 1 & x \text{ 是有理数} \\ 0 & x \text{ 是无理数} \end{cases}$$

例 1.1　求函数 $y = \dfrac{1}{\ln(1 - 2x)}$ 的定义域.

解　要使函数 $y = \dfrac{1}{\ln(1 - 2x)}$ 有意义，必须满足 $\ln(1 - 2x) \neq 0$ 且 $1 - 2x > 0$，即

$$x \neq 0 \text{ 且 } x < \frac{1}{2}$$

故函数 $y = \dfrac{1}{\ln(1 - 2x)}$ 的定义域为

$$D = (-\infty, 0) \cup \left(0, \dfrac{1}{2}\right)$$

三、函数的简单几何性质

1. 函数的奇偶性

若函数 $f(x)$ 的定义域 D 关于原点对称,且对于 $\forall x \in D$ 都有 $f(-x) = -f(x)$,则称 $f(x)$ 为奇函数;$f(x)$ 的定义域 D 关于原点对称,且对于 $\forall x \in D$ 都有 $f(-x) = f(x)$,则称 $f(x)$ 为偶函数.

注 奇函数的图像关于原点对称,偶函数的图像关于 y 轴对称.

例如,$f(x) = x$ 为奇函数,$f(x) = |x|$ 为偶函数.

2. 函数的单调性

若函数 $f(x)$ 在区间 D 内有定义,对 $x_1, x_2 \in D$:当 $x_1 < x_2$ 时,总有 $f(x_1) < f(x_2)$ 或 $(f(x_1) > f(x_2))$,则称函数 $f(x)$ 在区间 D 内是单调递增(递减)函数,D 称为 $f(x)$ 的单调递增(递减)区间.

3. 函数的周期性

设 $y = f(x)$ 为 D 上的函数,若 $\exists T > 0$,对 $\forall x \in D$,$f(x + T) = f(x)$ 恒成立,则称此函数为 D 上的周期函数,T 称为 $f(x)$ 的一个周期.

如在 $(-\infty, +\infty)$ 上,$f(x) = \cos x$ 是周期函数,其最小正周期为 2π.

4. 函数的有界性

设函数 $y = f(x)$ 在某区间 D 内有定义,若 $\exists M > 0$,对 $\forall x \in D$,恒有 $|f(x)| \leqslant M$,则称函数 $f(x)$ 在 D 内是有界的. 若不存在这样的正数 M,则称 $f(x)$ 在 D 内无界.

函数的有界性与区间是有关系的,在某给定区间上有界的函数,其图像介于直线 $y = -M$ 与 $y = M$ 之间.

例如,$f(x) = \sin x$ 在定义域 $D = (-\infty, +\infty)$ 内有界.

例 1.2 判断函数 $f(x) = \lg \dfrac{1-x}{1+x}$ 的奇偶性.

解 由 $\dfrac{1-x}{1+x} > 0$ 得

$$-1 < x < 1$$

故函数定义域关于原点对称.

又

$$f(-x) = \lg \frac{1-(-x)}{1+(-x)} = \lg \frac{1+x}{1-x} = \lg \left(\frac{1-x}{1+x} \right)^{-1} = -f(x)$$

故 $f(x)$ 为奇函数.

四、基本初等函数

1. 常数函数

$y = c$（c 为任意实数）

定义域：$(-\infty, +\infty)$.

图像：过点 $(0,c)$，且与 x 轴平行或重合的直线.

性质：有界、是偶函数、没有最小正周期的周期函数.

2. 幂函数

$y = x^{\mu}$（μ 为任意实数）

定义域：随 μ 取值而异（见图 1.1）.

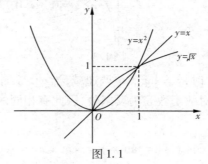

图 1.1

性质：当 μ 是奇数时，$y = x^{\mu}$ 是奇函数.

当 μ 是偶数时，$y = x^{\mu}$ 是偶函数.

3. 指数函数

$y = a^x$（$a > 0, a \neq 1$）

定义域：$(-\infty, +\infty)$.

图像：过点 $(0,1)$，恒在 x 轴的上方（见图 1.2）.

性质：当 $0 < a < 1$ 时，$y = a^x$ 单调递减；当 $a > 1$ 时，$y = a^x$ 单调递增.

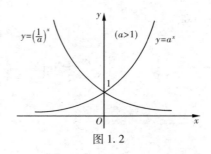

图 1.2

4. 对数函数

$$y = \log_a x (a > 0, a \neq 1)$$

定义域:$(0, +\infty)$.

图像:过点$(1, 0)$,恒在y轴的右方(见图 1.3).

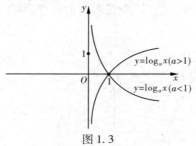

图 1.3

性质:当$0 < a < 1$时,$y = \log_a x$单调递减;当$a > 1$时,$y = \log_a x$单调递增.

注意:指数函数与对数函数互为反函数,因此有相同的单调性.

5. 三角函数

$$y = \sin x, y = \cos x, y = \tan x, y = \cot x, y = \sec x, y = \csc x$$

(1) 正弦函数

$$y = \sin x$$

定义域:$(-\infty, \infty)$.

值域:$[-1, 1]$.

最小正周期为2π(见图 1.4).

性质:有界、奇函数、最小正周期为2π.

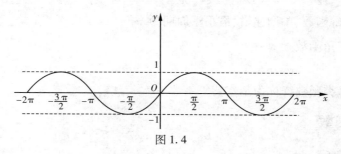

图 1.4

（2）余弦函数

$$y = \cos x$$

定义域：$(-\infty, +\infty)$.

值域：$[-1, 1]$.

图像：如图 1.5 所示.

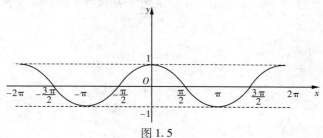

图 1.5

性质：有界、偶函数、最小正周期为 2π.

（3）正切函数

$$y = \tan x$$

定义域：$\left\{ x \,\middle|\, x \in \mathbf{R}, x \neq k\pi + \dfrac{\pi}{2}, k \in \mathbf{Z} \right\}$.

图像：如图 1.6 所示.

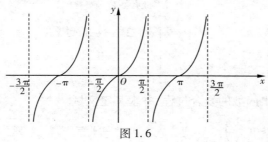

图 1.6

性质:奇函数、单调递增、最小正周期为 π.

6. 反三角函数

$$y = \arcsin x, y = \arccos x, y = \arctan x, y = \text{arccot}\, x$$

以上 6 类函数统称为基本初等函数.

五、初等函数

1. 复合函数

定义 1.2 设 y 是 u 的函数:$y = f(u)$,而 u 是 x 的函数:$u = \varphi(x)$,若 $\varphi(x)$ 的函数值全部或部分在 $f(u)$ 的定义域内,故称函数 $y = f[\varphi(x)]$ 为由函数 $y = f(u)$ 和 $u = \varphi(x)$ 复合而成的函数,简称复合函数. 其中,u 称为中间变量,$f(u)$ 称为外层函数,$\varphi(x)$ 称为内层函数.

例 1.3 已知 $y = \mathrm{e}^u, u = \sin x$,试把 y 表示为 x 的复合函数.

解
$$y = \mathrm{e}^u = \mathrm{e}^{\sin x}$$

例 1.4 设 $f(x) = \begin{cases} \mathrm{e}^x & x < 1 \\ x & x \geqslant 1 \end{cases}$, $\varphi(x) = \begin{cases} x + 2 & x < 0 \\ x^2 - 1 & x \geqslant 0 \end{cases}$,求 $f[\varphi(x)]$.

解
$$f[\varphi(x)] = \begin{cases} \mathrm{e}^{\varphi(x)} & \varphi(x) < 1 \\ \varphi(x) & \varphi(x) \geqslant 1 \end{cases}$$

令 $\varphi(x) < 1$:

当 $x < 0$ 时,$\varphi(x) = x + 2 < 1$,得 $x < -1$.

或 $x \geqslant 0$ 时,$\varphi(x) = x^2 - 1 < 1$,得 $0 \leqslant x < \sqrt{2}$.

再令 $\varphi(x) \geqslant 1$.

当 $x < 0$ 时,$\varphi(x) = x + 2 \geqslant 1$,得 $-1 \leqslant x < 0$.

或 $x \geqslant 0$ 时,$\varphi(x) = x^2 - 1 \geqslant 1$,得 $x \geqslant \sqrt{2}$.

综上可得

$$f[\varphi(x)] = \begin{cases} \mathrm{e}^{x+2} & x < -1 \\ x + 2 & -1 \leqslant x < 0 \\ \mathrm{e}^{x^2-1} & 0 \leqslant x < \sqrt{2} \\ x^2 - 1 & x \geqslant \sqrt{2} \end{cases}$$

例 1.5 指出函数的复合过程,并求其定义域.

$(1) y = \left(\arcsin \dfrac{1}{x} \right)^2$ 　　　　　$(2) y = \sqrt{x^2 - 3x + 2}$

解 （1）$y = \left(\arcsin \dfrac{1}{x}\right)^2$ 是由 $y = u^2, u = \arcsin v, v = \dfrac{1}{x}$ 这 3 个函数复

合成的. 要使 $y = \left(\arcsin \dfrac{1}{x}\right)^2$ 有意义, 只需 $\arcsin \dfrac{1}{x}$ 有意义, 应 $\left|\dfrac{1}{x}\right| \leqslant 1$, 即

$|x| \geqslant 1$, 因此 $y = \left(\arcsin \dfrac{1}{x}\right)^2$ 的定义域为 $(-\infty, -1] \cup [1, +\infty)$.

（2）$y = \sqrt{x^2 - 3x + 2}$ 是由 $y = \sqrt{u}, u = x^2 - 3x + 2$ 两个函数复合成的, 要

使 $y = \sqrt{x^2 - 3x + 2}$ 有意义, 只需 $x^2 - 3x + 2 \geqslant 0$, 解此不等式得 $y =$

$\sqrt{x^2 - 3x + 2}$ 的定义域为 $(-\infty, 1] \cup [2, +\infty)$.

注意：

（1）并不是任何两个函数 $y = f(u), u = \varphi(x)$ 都可构成一个复合函数, 关键在于外层函数 $y = f(u)$ 的定义域与内层函数 $u = \varphi(x)$ 的值域的交集是否为空集. 若其交集不为空, 则这两个函数就可复合, 否则就不能复合. 例如, $y = \sqrt{u}$

及 $u = -2 - x^2$ 就不能复合成一个复合函数. 因为 $u = -2 - x^2$ 的值域为

$(-\infty, -2]$, 不包含在 $y = \sqrt{u}$ 的定义域 $[0, +\infty)$ 内, 因而不能复合.

（2）分析一个复合函数的复合过程, 每个层次都应是基本初等函数或常数与基本初等函数的四则运算式（即简单函数）.

（3）复合函数通常不一定是由纯粹的基本初等函数复合而成, 更多的是由基本初等函数经过四则运算构成的简单函数复合而成, 因此, 当分解到常数与基本初等函数的四则运算式（简单函数）时, 就不再分解了.

2. 初等函数

定义 1.3　由基本初等函数经过有限次四则运算和有限次的复合所构成的, 并可用一个式子表示的函数, 称为初等函数.

例如, $y = \sin^2 x, y = \sqrt{1 - x^2}, y = \lg(1 + \sqrt{1 + x^2})$ 都是初等函数. 而 $y =$

$\begin{cases} x^2 & x \geqslant 0 \\ 2x - 1 & x < 0 \end{cases}$ 不是初等函数.

六、常用经济函数

1. 需求函数

在经济学中, 某一商品的需求量是指在一定的价格水平下, 消费者愿意而且有支付能力购买的商品量. 影响商品需求的因素很多, 商品的价格是影响需

求的一个主要因素,还有其他因素,如消费者收入的增减、季节的变换以及消费者的偏好等都会影响需求.如果把价格以外的其他因素都看成常量,则需求量 Q 可视为该商品的价格 p 的函数,这个函数称为需求函数.常用 $Q = Q(p)$ 表示.

2. 供给函数

供给是与需求相对的概念,需求是就购买者而言,供给是就生产者而言.某一商品的供给量是指在一定的价格水平下,生产者愿意生产并可供出售的商品量.供给量也是由多个因素决定的.同样,如果把价格以外的其他因素都看成常量,则供给量 S 就是价格 p 的函数,这个函数称为供给函数,记为

$$S = S(q)$$

3. 成本函数

一般成本包括固定成本和可变成本.固定成本与产量和销售量无关,它包括设备的固定费用和其他管理费用.如果产量(或销售量)为 q,固定成本为 C_0(即产量 $q = 0$ 时的成本),C_1 为单位可变成本,总成本函数模型的一般形式为

$$C(q) = C_1 q + C_0$$

4. 收入函数

商品的收入 R 依赖于商品的价格 p 和销量 q,其函数模型为

$$R = pq$$

当商品的市场价格是一个常数 p_0 时,收益只随销售量的增减而增减.此时,函数模型为

$$R = p_0 q$$

5. 利润函数

如果利润函数为 $L(q)$,收入函数为 $R(q)$,总成本函数为 $C(q)$,则利润函数模型为

$$L(q) = R(q) - C(q)$$

七、函数模型的建立

下面举例建立函数模型来解决某些实际问题.

例1.6 某商品共有 1 000 t 可供销售,每吨定价 80 元,若销售量在 800 t 以内,按原定价格出售;若销售量超过 800 t,则超过部分打 9 折优惠出售,试求收入函数 $R(q)$.

解 由于在不同的销售量范围价格不同,因此,必须将需求量(销售量)q 分段来考虑.

可表示为

$$R(q) = \begin{cases} 80q & 0 \leqslant q \leqslant 800 \\ 80 \times 800 + 80 \times 90\%(q-800) & 800 < q \leqslant 1\,000 \end{cases}$$

例 1.7 某工厂在甲乙两地的两个分厂各生产某种机床 12 台和 6 台. 现销售给 A 地 10 台,B 地 8 台. 已知从甲地调运 1 台至 A 地、B 地的运费分别为 400 元和 800 元,从乙地调运 1 台至 A 地、B 地的运费分别为 300 元和 500 元.

(1)设从乙地调运 x 台至 A 地,求总运费 y 关于 x 的函数关系式.

(2)若总运费不超过 9 000 元,问共有几种调运方案?

分析 甲乙两地调运至 A,B 两地的机床台数及运费见表 1.1.

表 1.1

调出地	甲 地		乙 地	
调至地	A 地	B 地	A 地	B 地
台数	$10 - x$	$12 - (10 - x)$	x	$6 - x$
每台运费/元	400	800	300	500
运费合计/元	$400(10-x)$	$800[12-(10-x)]$	$300x$	$500(6-x)$

解 (1)依题意得

$$y = 400(10-x) + 800[12-(10-x)] + 300x + 500(6-x)$$
$$0 \leqslant x \leqslant 6, x \in \mathbf{Z}$$

即

$$y = 200(x+43) \qquad 0 \leqslant x \leqslant 6, x \in \mathbf{Z}$$

(2)由 $y \leqslant 900$,解得

$$x \leqslant 2$$

由于 $0 \leqslant x \leqslant 6, x \in \mathbf{Z}$ 所以 $x = 0,1,2$.

因此,共有 3 种调运方案.

实际问题的函数关系就是该实际问题的一个数学模型. 建立实际问题的函数关系,就是为了用函数方法揭示实际问题的规律,并用数字、图表、公式等表示出来,从而得到数学模型. 数学模型只是对现实事物的某种属性的一种模拟,需不断验证修改,才能使其与实际情况拟合得更好. 根据数学模型,就可对所论问题进行分析讨论.

习题 1.1

1. 求下列函数的定义域:

(1) $y = \sqrt{1 - x^2}$

(2) $y = \dfrac{2}{\sin \pi x}$

(3) $y = \sqrt{1 - \ln x}$

(4) $y = \sqrt[3]{\dfrac{1}{x - 2}} + \log_a(2x - 3)$

(5) $y = \arccos \dfrac{x - 1}{2} + \log_a(4 - x^2)$

2. 已知函数 $f(x)$ 的定义域是 $(0, 2)$,求 $f(x - 2)$ 的定义域.

3. 设函数 $f(x) = 2x + 1$,求 $f(x + 1)$,$f[f(1)]$.

4. 指出下列复合函数的复合过程:

(1) $y = \lg(3 - x)$

(2) $y = \sqrt{x^2 - 1}$

(3) $y = \sin x^2$

5. 设 $f(x) = ax^2 + bx + 5$ 且 $f(x + 1) - f(x) = 8x + 3$,试确定 a, b 的值.

6. 下列函数中哪些是偶函数?哪些是奇函数?哪些是既非奇函数又非偶函数?

(1) $y = x^2(1 - x^2)$

(2) $y = 3x^2 - x^3$

(3) $y = \dfrac{1 - x^2}{1 + x^2}$

(4) $y = x(x - 1)(x + 1)$

(5) $y = \sin x - \cos x + 1$

(6) $y = \dfrac{a^x + a^{-x}}{2}$

7. 设 $f(x)$ 为定义在 $(-\infty, +\infty)$ 上的任意函数,证明:

(1) $F_1(x) = f(x) + f(-x)$ 偶函数.

(2) $F_2(x) = f(x) - f(-x)$ 为奇函数.

8. 证明:定义在 $(-\infty, +\infty)$ 上的任意函数可表示为一个奇函数与一个偶函数的和.

9. 某商店将每件进价为 180 元的西服按每件 280 元销售时,每天只卖出 10 件,若每件售价降低 m 元. 当 $m = 20x (x \in \mathbf{N})$ 时,其日销售量就增加 $15x$ 件,试写出日利润 y 与 x 的函数关系.

第二节 函数的极限

一、数列的极限

若函数 f 的定义域为全体正整数集合 $\mathbf{N}_+$，则称 $f:\mathbf{N}_+ \to \mathbf{R}$ 或 $f(n)$，$n \in \mathbf{N}_+$ 为**数列**．因正整数集 $\mathbf{N}_+$ 的元素可按由小到大的顺序排列，故数列 $f(n)$ 也可写为 $a_1, a_2, \cdots, a_n, \cdots$，或简单地记为 $\{a_n\}$．其中，a_n 称为该数列的**通项**．

关于数列极限，先列举一个我国古代有关数列的例子．

例 1.8 古代哲学家庄周所著的《庄子·天下篇》引用过一句话："一尺之棰，日取其半，万世不竭."其含义是：一根长为一尺的木棒，每天截下一半，这样的过程可无限制地进行下去．

把每天截下部分的长度列出如下（单位为尺）：

第一天截下 $\dfrac{1}{2}$，第二天截下 $\dfrac{1}{2^2}$……第 n 天截下 $\dfrac{1}{2^n}$，……这样就得到一个数列

$$\frac{1}{2}, \frac{1}{2^2}, \cdots, \frac{1}{2^n}, \cdots \quad \text{或} \left\{\frac{1}{2^n}\right\}$$

不难看出，数列 $\left\{\dfrac{1}{2^n}\right\}$ 的通项 $\dfrac{1}{2^n}$ 随着 n 的无限增大而无限地接近于 0．一般来说，对于数列 $\{a_n\}$，若当 n 无限增大时 a_n 能无限地接近某一个常数 a，则称此数列为收敛数列，常数 a 称为它的极限．不具有这种特性的数列就不是收敛数列．

收敛数列的特性是"随着 n 的无限增大，a_n 无限地接近某一常数 a".这就是说，当 n 充分大时，数列的通项 a_n 与常数 a 之差的绝对值可以任意小．下面给出收敛数列及其极限的精确定义．

定义 1.4 设 $\{a_n\}$ 为数列，a 为常数．若对任给的正数 ε（不论它多么小），总存在正整数 N，使得当 $n > N$ 时有 $|a_n - a| < \varepsilon$，则称**数列 $\{a_n\}$ 收敛于 a**，常数 a 称为数列 $\{a_n\}$ 的**极限**，并记为 $\lim\limits_{n\to\infty} a_n = a$，或 $a_n \to a (n \to \infty)$．读作"当 n 趋于无穷大时，a_n 的极限等于 a 或 a_n 趋于 a".

若数列 $\{a_n\}$ 没有极限，则称 $\{a_n\}$ 不收敛，或称 $\{a_n\}$ 为**发散数列**．

定义 1.4 常称为**数列极限**的 ε-N 定义．下面举例说明如何根据 ε-N 定义来

验证数列极限.

例 1.9 证明 $\lim\limits_{n \to \infty} \dfrac{1}{n^\alpha} = 0$,这里 α 为正数.

证 由于

$$\left| \frac{1}{n^\alpha} - 0 \right| = \frac{1}{n^\alpha}$$

因此,对任给的 $\varepsilon > 0$,只要取 $N = \left[\dfrac{1}{\varepsilon^{\frac{1}{\alpha}}} \right] + 1$,则当 $n > N$ 时,便有

$$\frac{1}{n^\alpha} < \frac{1}{N^\alpha} < \varepsilon$$

即

$$\left| \frac{1}{n^\alpha} - 0 \right| < \varepsilon$$

这就证明了 $\lim\limits_{n \to \infty} \dfrac{1}{n^\alpha} = 0$.

例 1.10 证明 $\lim\limits_{n \to \infty} \dfrac{3n^2}{n^2 - 3} = 3$.

分析 由于

$$\left| \frac{3n^2}{n^2 - 3} - 3 \right| = \frac{9}{n^2 - 3} \leqslant \frac{9}{n} \qquad n \geqslant 3 \tag{1.1}$$

因此,对任给的 $\varepsilon > 0$,只要 $\dfrac{9}{n} < \varepsilon$,便有

$$\left| \frac{3n^2}{n^2 - 3} - 3 \right| < \varepsilon \tag{1.2}$$

即当 $n > \dfrac{9}{\varepsilon}$ 时,式(1.2)成立.又由于式(1.1)是在 $n \geqslant 3$ 的条件下成立的,因此,应取 $N = \max\left\{ 3, \dfrac{9}{\varepsilon} \right\}$.

证 任给 $\varepsilon > 0$,取

$$N = \max\left\{ 3, \frac{9}{\varepsilon} \right\}$$

据分析,当 $n > N$ 时,有式(1.2)成立.于是本题得证.

注 本例在求 N 的过程中,式(1.1)中运用了适当放大的方法,这样求 N 就比较方便.但应注意这种放大必须"适当",以根据给定的 ε 能确定出 N.本例

给出的 N 不一定是正整数. 一般在定义 1.4 中 N 不一定限于正整数,而只要它是正数即可.

例 1.11 证明 $\lim\limits_{n \to \infty} q^n = 0$,这里 $|q| < 1$.

证 若 $q = 0$,则结果是显然的. 现设 $0 < |q| < 1$. 记 $h = \dfrac{1}{|q|} - 1$,则 $h > 0$.

则有

$$|q^n - 0| = |q|^n = \frac{1}{(1+h)^n} \tag{1.3}$$

并由 $(1+h)^n \geqslant 1 + nh$,得到

$$|q|^n \leqslant \frac{1}{1+nh} < \frac{1}{nh} \tag{1.4}$$

对任给的 $\varepsilon > 0$,只要取 $N = \dfrac{1}{\varepsilon h}$,则当 $n > N$ 时,由式(1.4) 得

$$|q^n - 0| < \varepsilon$$

这就证明了 $\lim\limits_{n \to \infty} q^n = 0$.

注 本例还可利用对数函数的单调性来证明.

例 1.12 证明 $\lim\limits_{n \to \infty} \sqrt[n]{a} = 1$,其中 $a > 0$.

证 (1) 当 $a = 1$ 时,结论显然成立.

(2) 当 $a > 1$ 时,记 $\alpha = a^{\frac{1}{n}} - 1$,则 $\alpha > 0$. 由

$$a = (1 + \alpha)^n \geqslant 1 + n\alpha = 1 + n\left(a^{\frac{1}{n}} - 1\right)$$

得

$$a^{\frac{1}{n}} - 1 \leqslant \frac{a-1}{n} \tag{1.5}$$

任给 $\varepsilon > 0$,由式(1.5) 可知,当 $n > \dfrac{a-1}{\varepsilon} = N$ 时,就有

$$a^{\frac{1}{n}} - 1 < \varepsilon$$

即

$$\left| a^{\frac{1}{n}} - 1 \right| < \varepsilon$$

所以

$$\lim_{n \to \infty} \sqrt[n]{a} = 1$$

(3) 当 $0 < a < 1$ 时,$\dfrac{1}{\sqrt[n]{a}} - 1 = \beta$,则 $\beta > 0$. 由

$$\frac{1}{a} = (1 + \beta)^n \geq 1 + n\beta = 1 + n\left(\frac{1}{\sqrt[n]{a}} - 1\right)$$

得

$$1 - a^{\frac{1}{n}} \leq \frac{a^{-1} - 1}{n + a^{-1} - 1} = \frac{1 - a}{1 + (n - 1)a} < \frac{1}{1 + (n - 1)a} \qquad (1.6)$$

任给 $\varepsilon > 0$，由式(1.6) 可知，当 $n > 1 + \dfrac{a^{-1} - 1}{\varepsilon} = N$ 时，就有

$$1 - a^{\frac{1}{n}} < \varepsilon$$

即

$$\left| a^{\frac{1}{n}} - 1 \right| < \varepsilon$$

所以

$$\lim_{n\to\infty} \sqrt[n]{a} = 1$$

二、函数的极限

1. x 趋于 ∞ 时函数的极限

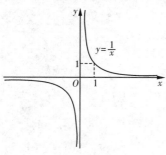

图 1.7

设函数 f 定义在 $[a, +\infty)$ 上，类似于数列情形，研究当自变量 x 趋于 $+\infty$ 时，对应的函数值能否无限地接近于某个定数 A. 例如，对于函数 $f(x) = \dfrac{1}{x}$，从图 1.7 上可知，当 x 无限增大时，函数值无限地接近于 0；而对于函数 $g(x) = \arctan x$，则当 x 趋于 $+\infty$ 时函数值无限地接近于 $\dfrac{\pi}{2}$. 称这两个函数当 x 趋于 $+\infty$ 时有极限. 一般，当 x 趋于 $+\infty$ 时，函数极限的精确定义如下：

定义 1.5 设 f 为定义在 $[a, +\infty)$ 上的函数，A 为定数. 若对任给的 $\varepsilon > 0$，存在正数 $M(\geq a)$，使得当 $x > M$ 时有 $|f(x) - A| < \varepsilon$，则称**函数 f 当 x 趋于 $+\infty$ 时以 A 为极限**，记为

$$\lim_{x\to\infty} f(x) = A \quad \text{或} \quad f(x) \to A(x \to +\infty)$$

在定义 1.5 中，正数 M 的作用与数列极限定义中的 N 相类似，表明 x 充分大的程度；但这里所考虑的是比 M 大的所有实数 x，而不仅仅是正整数 n. 因此，当 $x \to +\infty$ 时，函数 f 以 A 为极限意味着：A 的任意小邻域内必含有 f 在 $+\infty$ 的某

邻域内的全部函数值.

定义1.5在几何上可理解为:对任给的 $\varepsilon > 0$,在坐标平面上平行于 x 轴的两条直线 $y = A + \varepsilon$ 与 $y = A - \varepsilon$,围成以直线 $y = A$ 为中心线、宽为 2ε 的带形区域;定义中的"当 $x > M$ 时有 $| f(x) - A | < \varepsilon$"表示:在直线 $x = M$ 的右方,曲线 $y = f(x)$ 全部落在这个带形区域之内. 如果正数 ε 给得小一点,即当带形区域更窄一点,那么,直线 $x = M$ 一般要往右平移;但无论带形区域如何窄,总存在这样的正数 M,使得曲线 $y = f(x)$ 在直线 $x = M$ 的右边部分全部落在这更窄的带形区域内.

当 $x \to -\infty$ 或 $x \to \infty$ 时,若函数值 $f(x)$ 能无限地接近某定数 A,则称 f 当 $x \to -\infty$ 或 $x \to \infty$ 时以 A 为极限,分别记为

$$\lim_{x \to -\infty} f(x) = A \quad 或 \quad f(x) \to A(x \to -\infty)$$

$$\lim_{x \to \infty} f(x) = A \quad 或 \quad f(x) \to A(x \to \infty)$$

这两种函数极限的精确定义与定义1.5相仿,只需把定义1.5中的"$x > M$"分别改为"$x < -M$"或"$|x| > M$"即可.

根据上述定义,不难证明:

$$\lim_{x \to \infty} f(x) = A \Leftrightarrow \lim_{x \to +\infty} f(x) = \lim_{x \to -\infty} f(x) = A \tag{1.7}$$

例1.13 证明 $\lim\limits_{x \to \infty} \dfrac{1}{x} = 0$.

证 任给 $\varepsilon > 0$,取 $M = \dfrac{1}{\varepsilon}$,则当 $|x| > M$ 时,有

$$\left| \frac{1}{x} - 0 \right| = \frac{1}{|x|} < \frac{1}{M} = \varepsilon$$

所以 $\lim\limits_{x \to \infty} \dfrac{1}{x} = 0$.

例1.14 证明:

（1）$\lim\limits_{x \to -\infty} \arctan x = -\dfrac{\pi}{2}$ （2）$\lim\limits_{x \to +\infty} \arctan x = \dfrac{\pi}{2}$

证 任给 $\varepsilon > 0$,由于 $\left| \arctan x - \left(-\dfrac{\pi}{2} \right) \right| < \varepsilon$ 等价于 $-\varepsilon - \dfrac{\pi}{2} < \arctan x < \varepsilon - \dfrac{\pi}{2}$,而此不等式的左半部分对任何 x 都成立,所以只要考察其右半部分 x 的变化范围. 因此,先限制 $\varepsilon < \dfrac{\pi}{2}$,则有

$$x < \tan\left(\varepsilon - \frac{\pi}{2}\right) = -\tan\left(\frac{\pi}{2} - \varepsilon\right)$$

故对任给的正数 $\varepsilon\left(< \dfrac{\pi}{2}\right)$,只需取 $M = \tan\left(\dfrac{\pi}{2} - \varepsilon\right)$,则当 $x < -M$ 时,便有

$$\left|\arctan x - \left(-\frac{\pi}{2}\right)\right| < \varepsilon$$

成立.

这就证明了(1). 类似的,可证(2).

注　由式(1.7)可知,当 $x \to \infty$ 时 $\arctan x$ 不存在极限.

2. x 趋于 x_0 时函数的极限

设 f 为定义在点 x_0 的某个去心邻域 $U_\delta^0(x_0)$ 内的函数. 现在讨论当 x 趋于 $x_0(x \neq x_0)$ 时,对应的函数值能否趋于某个定数 A. 这类函数极限的精确定义如下:

定义 1.6(函数极限的 ε-δ 定义)　设函数 f 在点 x_0 的某个空心邻域 $U_\delta^0(x_0)$ 内有定义,A 为定数. 若对任给的 $\varepsilon > 0$ 存在正数 $\delta(< \delta')$,使得当 $0 < |x - x_0| < \delta$ 时有 $|f(x) - A| < \varepsilon$,则称函数 f 当 x **趋于 x_0 时以 A 为极限**,记为

$$\lim_{x \to x_0} f(x) = A \text{ 或 } f(x) \to A(x \to x_0)$$

例 1.15　设 $f(x) = \dfrac{x^2 - 4}{x - 2}$,证明:$\lim\limits_{x \to 2} f(x) = 4$.

证　因当 $x \neq 2$ 时

$$|f(x) - 4| = \left|\frac{x^2 - 4}{x - 2} - 4\right| = |x + 2 - 4| = |x - 2|$$

故对给定的 $\varepsilon > 0$,只要取 $\delta = \varepsilon$,则当 $0 < |x - 2| < \delta$ 时,有

$$|f(x) - 4| < \varepsilon$$

这就证明了 $\lim\limits_{x \to 2} f(x) = 4$.

例 1.16　证明:

(1) $\lim\limits_{x \to x_0} \sin x = \sin x_0$

(2) $\lim\limits_{x \to x_0} \cos x = \cos x_0$

证　这里要借助一个不等式:当 $0 < x < \dfrac{\pi}{2}$ 时,有

$$\sin x < x < \tan x$$

(证明请参阅本章第四节例 1.30)

又当 $x \geqslant \dfrac{\pi}{2}$ 时,有

$$\sin x \leqslant 1 < x$$

故对一切 $x > 0$ 都有 $\sin x < x$.

当 $x < 0$ 时,由 $\sin(-x) < -x$,得 $-\sin x < -x$ 综上,又得到不等式

$$|\sin x| \leqslant |x| \qquad x \in \mathbf{R} \tag{1.8}$$

其中,等号仅当 $x = 0$ 时成立.

现证(1). 由式(1.8)得

$$|\sin x - \sin x_0| = 2\left|\cos \frac{x + x_0}{2}\right|\left|\sin \frac{x - x_0}{2}\right| \leqslant |x - x_0|$$

对任给的 $\varepsilon > 0$,只要取 $\delta = \varepsilon$,则当 $0 < |x - x_0| < \delta$ 时,就有

$$|\sin x - \sin x_0| < \varepsilon$$

所以

$$\lim_{x \to x_0} \sin x = \sin x_0$$

(2) $\lim\limits_{x \to x_0} \cos x = \cos x_0$ 可用类似方法证明.

例 1.17   证明: $\lim\limits_{x \to 1} \dfrac{x^2 - 1}{2x^2 - x - 1} = \dfrac{2}{3}$.

证   当 $x \neq 1$ 时,有

$$\left|\frac{x^2 - 1}{2x^2 - x - 1} - \frac{2}{3}\right| = \left|\frac{x + 1}{2x + 1} - \frac{2}{3}\right| = \frac{|x - 1|}{3 \cdot |2x + 1|}$$

若限制 x 于 $0 < |x - 1| < 1$(此时 $x > 0$),则

$$|2x + 1| > 1$$

于是,对任给的 $\varepsilon > 0$ 只要取 $\delta = \min\{3\varepsilon, 1\}$,则当 $0 < |x - 1| < \delta$ 时,便有

$$\left|\frac{x^2 - 1}{2x^2 - x - 1} - \frac{2}{3}\right| < \frac{|x - 1|}{3} < \varepsilon$$

例 1.18   证明: $\lim\limits_{x \to x_0} \sqrt{1 - x^2} = \sqrt{1 - x_0^2}\ (|x_0| < 1)$.

证   由于 $|x| \leqslant 1$, $|x_0| < 1$,因此

$$\left|\sqrt{1 - x^2} - \sqrt{1 - x_0^2}\right| = \frac{|x_0^2 - x^2|}{\sqrt{1 - x^2} + \sqrt{1 - x_0^2}} \leqslant \frac{|x + x_0||x - x_0|}{\sqrt{1 - x_0^2}} \leqslant \frac{2|x - x_0|}{\sqrt{1 - x_0^2}}$$

于是,对任给的 $\varepsilon > 0$(不妨设 $0 < \varepsilon < 1$)取 $\delta = \dfrac{\sqrt{1 - x_0^2}}{2}\varepsilon$,则当 $0 <$

$|x - x_0| < \delta$ 时,就有

$$\left| \sqrt{1 - x^2} - \sqrt{1 - x_0^2} \right| < \varepsilon$$

应用 ε-δ 定义还立刻可得

$$\lim_{x \to x_0} c = c, \lim_{x \to x_0} x = x_0$$

这里, c 为常数, x_0 为给定实数.

定义 1.7 设函数 $f(x)$ 在 x_0 的右侧邻域(或左侧邻域)内有定义, A 为定数. 若对任给的 $\varepsilon > 0$, 存在正数 δ, 使得当 $x_0 < x < x_0 + \delta, (x_0 - \delta < x < x_0)$ 时有 $|f(x) - A| < \varepsilon$, 则称数 A 为函数 $f(x)$ 当 x 趋于 x_0^+ (或 x_0^-) 时的**右(左)极限**, 记为

$$\lim_{x \to x_0^+} f(x) = A (\lim_{x \to x_0^-} f(x) = A)$$

或

$$f(x) \to A (x \to x_0^+) (f(x) \to A (x \to x_0^-))$$

右极限与左极限统称为**单侧极限**.

$f(x)$ 在点 x_0 的右极限与左极限又分别记为

$$f(x_0 + 0) = \lim_{x \to x_0^+} f(x) \text{ 与 } f(x_0 - 0) = \lim_{x \to x_0^-} f(x)$$

按定义 1.7 容易验证符号函数 $y = \operatorname{sgn} x$ 在 $x = 0$ 处的左右极限分别为

$$\lim_{x \to 0^-} \operatorname{sgn} x = \lim_{x \to 0^-} (-1) = -1, \lim_{x \to 0^+} \operatorname{sgn} x = \lim_{x \to 0^+} 1 = 1$$

例 1.19 讨论函数 $\sqrt{1 - x^2}$ 在定义区间端点 ± 1 处的单侧极限.

解 因 $|x| \leqslant 1$, 故有

$$1 - x^2 = (1 + x)(1 - x) \leqslant 2(1 - x)$$

任给 $\varepsilon > 0$, 当 $2(1 - x) < \varepsilon^2$ 时, 就有

$$\sqrt{1 - x^2} < \varepsilon \qquad (1.9)$$

于是, 取 $\delta = \dfrac{\varepsilon^2}{2}$ 则当 $0 < 1 - x < \delta$ 即 $1 - \delta < x < 1$ 时, 式(1.9)成立. 所以

$$\lim_{x \to 1^-} \sqrt{1 - x^2} = 0$$

类似的, 可得

$$\lim_{x \to (-1)^+} \sqrt{1 - x^2} = 0$$

关于函数极限 $\lim\limits_{x \to x_0} f(x)$ 与相应的左右极限之间的关系, 有下述定理:

定理 1.1 $\lim\limits_{x \to x_0} f(x) = A \Leftrightarrow \lim\limits_{x \to x_0^+} f(x) = \lim\limits_{x \to x_0^-} f(x) = A$

应用定理 1.1,除了可验证函数极限的存在,还常可说明某些函数极限的不存在. 如前面提到的符号函数 sgn x,由于它在 $x = 0$ 处的左右极限不相等,因此 $\lim\limits_{x \to 0} \text{sgn } x$ 不存在.

 习题 1.2

1. 用定义证明下列极限:

(1) $\lim\limits_{n \to \infty} \dfrac{n}{n+1} = 1$ 　　　　　　　(2) $\lim\limits_{x \to a} \dfrac{x^2 - a^2}{x - a} = 2a$

2. 求下列函数极限:

(1) $\lim\limits_{x \to 0^+} \dfrac{x}{|x|}$ 　　(2) $\lim\limits_{x \to 0^+} \dfrac{x}{x^2 + |x|}$ 　　(3) $\lim\limits_{x \to 0^-} \dfrac{x}{x^2 + |x|}$

3. 设 $f(x) = \begin{cases} x^2 & x < 1 \\ x + 1 & x \geqslant 1 \end{cases}$.

(1) 作函数 $y = f(x)$ 的图形.

(2) 观察确定极限 $\lim\limits_{x \to 1^-} f(x)$ 与 $\lim\limits_{x \to 1^+} f(x)$.

(3) 当 $x \to 1$ 时,$f(x)$ 有极限吗?

4. 已知 $f(x) = \dfrac{|x|}{x}$,求 $\lim\limits_{x \to 0^-} f(x)$,$\lim\limits_{x \to 0^+} f(x)$,并判定 $\lim\limits_{x \to 0} f(x)$ 是否存在.

5. 讨论函数 $f(x) = \begin{cases} x & x \geqslant 0 \\ -1 & x < 0 \end{cases}$ 当 $x \to 0$ 时的极限.

6. 讨论当 $x \to 1$ 时,$f(x) = \begin{cases} x + 1 & x > 1 \\ x - 1 & x \leqslant 1 \end{cases}$ 的变化趋向.

7. 设 $f(x) = \begin{cases} ax + 1 & x < 1 \\ 2x + 4 & x > 1 \end{cases}$,如果 $\lim\limits_{x \to 1} f(x)$ 存在,求 a 的值.

8. 利用数列极限定义证明:如果 $\lim\limits_{n \to \infty} u_n = A$,则 $\lim\limits_{n \to \infty} |u_n| = |A|$,并举例说明反之不然.

第三节 极限的性质和运算法则

一、极限的性质

为更好地了解和应用极限的思想,以及本课程后续内容讨论的方便,在这里不加证明地介绍一些关于极限的性质,对证明过程感兴趣的同学,可参阅其他教材,如同济大学编写的《高等数学》等.

1. 数列极限的相关性质

性质 1.1(唯一性) 若数列 $\{a_n\}$ 收敛,则它只有一个极限.

性质 1.2(有界性) 若数列 $\{a_n\}$ 收敛,则 $\{a_n\}$ 为有界数列,即存在正数 M,使得对一切正整数 n 有 $|a_n| \leq M$.

性质 1.3(保号性) 若 $\lim\limits_{n\to\infty} a_n = a > 0$(或 < 0),则对任何 $a' \in (0, a)$(或 $a' \in (a, 0)$),存在正数 N,使得当 $n > N$ 时有

$$a_n > a' \text{(或 } a_n < a')$$

性质 1.4(保不等式性) 设 $\{a_n\}$ 与 $\{b_n\}$ 均为收敛数列.若存在正整数 N_0,使得当 $n > N_0$ 时,有 $a_n < b_n$,则

$$\lim_{n\to\infty} a_n \leq \lim_{n\to\infty} b_n$$

性质 1.5(迫敛性) 设收敛数列 $\{a_n\}$,$\{b_n\}$ 都以 a 为极限,数列 $\{c_n\}$ 满足:存在正数 N_0,当 $n > N_0$ 时有 $a_n \leq c_n \leq b_n$,则数列 $\{c_n\}$ 收敛,且

$$\lim_{n\to\infty} c_n = a$$

性质 1.6(单调有界准则) 单调有界数列必收敛.

2. 函数极限的相关性质

以下性质主要以 $x \to x_0$ 时的函数极限形式给出,对其他类型的函数极限也有极其相似的结论.

性质 1.7(唯一性) 若极限 $\lim\limits_{x\to x_0} f(x)$ 存在,则此极限是唯一的.

性质 1.8(局部有限性) 若 $\lim\limits_{x\to x_0} f(x)$ 存在,则 f 在 x_0 的某空心邻域 $U_\delta^0(x_0)$ 内有界.

性质 1.9（局部保号性）　若 $\lim\limits_{x \to x_0} f(x) = A > 0$（或 < 0），则对任何正数 $r < A$（或 $r < -A$），存在 $U_\delta^0(x_0)$，使得对一切 $x \in U_\delta^0(x_0)$ 有

$$f(x) > r > 0 \text{（或 } f(x) < -r < 0\text{）}$$

性质 1.10（保不等式性）　设 $\lim\limits_{x \to x_0} f(x)$ 与 $\lim\limits_{x \to x_0} g(x)$ 都存在，且在某邻域 $U_\delta^0(x_0)$ 内有 $f(x) \leqslant g(x)$，则

$$\lim_{x \to x_0} f(x) \leqslant \lim_{x \to x_0} g(x)$$

性质 1.11（迫敛性）　设 $\lim\limits_{x \to x_0} f(x) = \lim\limits_{x \to x_0} g(x) = A$，且在某 $U_\delta^0(x_0)$ 内有 $f(x) \leqslant h(x) \leqslant g(x)$，则

$$\lim_{x \to x_0} h(x) = A$$

二、无穷小与无穷大

1. 无穷小量

定义 1.8　如果当 $x \to x_0(x \to \infty)$ 时，函数 $f(x)$ 的极限为零，则称 $f(x)$ 是当 $x \to x_0(x \to \infty)$ 时的无穷小.

针对数列也可同样定义. 例如，由于 $\lim\limits_{x \to \infty} \dfrac{1}{x} = 0$，因此，函数 $f(x) = \dfrac{1}{x}$ 为当 $x \to \infty$ 时的无穷小，又 $\lim\limits_{x \to 1} \dfrac{1}{x} = 1$，所以当 $x \to 1$ 时，函数 $f(x) = \dfrac{1}{x}$ 就不是无穷小.

注意：

（1）说变量 $f(x)$ 是无穷小时，必须指明自变量 x 的变化趋向.

（2）无穷小是变量，不能与很小的数混淆.

（3）零是可作为无穷小的唯一的数.

2. 无穷大量

定义 1.9　如果当 $x \to x_0(x \to \infty)$ 时，$f(x)$ 的绝对值无限增大，则称函数 $f(x)$ 为当 $x \to x_0(x \to \infty)$ 时的无穷大，则记为

$$\lim_{x \to x_0} f(x) = \infty \text{（或} \lim_{x \to \infty} f(x) = \infty\text{）}$$

例如，$\lim\limits_{x \to 0} \dfrac{1}{x} = \infty$. 值得注意的是，无穷大尽管采用极限符号来表示，但实际上它没有极限.

3. 无穷大与无穷小的关系

在自变量的同一变化趋势过程中，无穷大的倒数为无穷小；恒不为零的无

穷小的倒数为无穷大.

4. 极限与无穷小量的关系

定理 1.2 $\lim\limits_{x \to x_0} f(x) = A$ 的充要条件是 $f(x) = A + \alpha(x)$. 其中, $\alpha(x)$ 是当 $x \to x_0$ 时的无穷小量.

定理 1.2 可由极限定义直接得到, 请读者自证.

5. 无穷小的运算性质

性质 1.12   有限个无穷小的代数和为无穷小.

性质 1.13   有界函数与无穷小的积为无穷小.

性质 1.14   有限个无穷小的积为无穷小.

注意: 无穷小量与无穷大量的乘积就不一定是无穷小量; 而无穷多个无穷小量的代数和也未必是无穷小量.

6. 利用无穷小的性质求极限

例 1.20   求 $\lim\limits_{x \to 0} x \sin \dfrac{1}{x}$.

解   因为 $\left| \sin \dfrac{1}{x} \right| \leq 1$, 所以 $\sin \dfrac{1}{x}$ 是有界变量; 而当 $x \to 0$ 时, x 是无穷小量, 所以 $x \sin \dfrac{1}{x}$ 是无穷小量, 由无穷小量的性质 1.3 得

$$\lim_{x \to 0} x \sin \frac{1}{x} = 0$$

三、极限的四则运算法则

设在 x 的同一变化过程中 $\lim f(x) = A$, $\lim g(x) = B$. 这里的 $\lim f(x)$ 和 $\lim g(x)$ 省略了自变量 x 的变化趋势. 对数列极限, 下述法则也成立.

法则 1.1   两个函数的代数和的极限, 等于这两个函数的极限的代数和, 即
$$\lim[f(x) \pm g(x)] = \lim f(x) \pm \lim g(x) = A \pm B$$

法则 1.2   两个函数的积的极限等于这两个函数的极限的积, 即
$$\lim[f(x)g(x)] = \lim f(x) \lim g(x) = AB$$

特别的, 若 $g(x) = C$(常数), 则
$$\lim[f(x)g(x)] = \lim[cf(x)] = \lim c \lim f(x) = c \cdot A$$
即常数因子可提到极限符号外面.

法则 1.3   两个函数商的极限, 若分子、分母的极限都存在, 则当分母的极

限不为零时,商的极限等于这两个函数的极限的商,即

$$\lim \frac{f(x)}{g(x)} = \frac{\lim f(x)}{\lim g(x)} = \frac{A}{B}(B \neq 0)$$

注 法则 1.1 和法则 1.2 可推广到存在极限的有限个函数的情形.

例 1.21 求 $\lim\limits_{x \to 2}(x^2 - x + 1)$.

解 $\lim\limits_{x \to 2}(x^2 - x + 1) = \lim\limits_{x \to 2} x^2 - \lim\limits_{x \to 2} x + \lim\limits_{x \to 2} 1$

$$= (\lim\limits_{x \to 2} x)^2 - \lim\limits_{x \to 2} x + 1 = 2^2 - 2 + 1 = 3$$

从例 1.21 可知,如果函数 $f(x)$ 为多项式,则有

$$\lim\limits_{x \to x_0} f(x) = f(x_0)$$

即对于有理整函数(多项式),求其极限时,只要把自变量 x_0 的值代入函数即可.

例 1.22 求 $\lim\limits_{x \to 2} \dfrac{x - 2}{x^2 - 4}$.

分析 当 $x \to 2$ 时,分子、分母极限均为零,不能直接用商的极限法则,但 $x \to 2$ 时 $x - 2 \neq 0$,故可先分解因式,约去分子、分母中非零公因子,再用商的运算法则.

解 $\lim\limits_{x \to 2} \dfrac{x - 2}{x^2 - 4} = \lim\limits_{x \to 2} \dfrac{x - 2}{(x + 2)(x - 2)} = \lim\limits_{x \to 2} \dfrac{1}{x + 2} = \dfrac{1}{4}$

例 1.23 求 $\lim\limits_{x \to 2} \dfrac{3x^2 + 5}{x^2 - 4}$.

分析 由于 $\lim\limits_{x \to 2}(x^2 - 4) = 0, \lim\limits_{x \to 2}(3x^2 + 5) = 17$. 因此,它不能用法则 1.3,分子分母又无非零公因子可约. 此时,先考察函数倒数的极限. 又 $\lim\limits_{x \to 2} \dfrac{x^2 - 4}{3x^2 + 5} = \dfrac{0}{17} = 0$,据无穷小与无穷大的关系,可得.

解 因为

$$\lim\limits_{x \to 2} \frac{x^2 - 4}{3x^2 + 5} = \frac{0}{17} = 0$$

所以

$$\lim\limits_{x \to 2} \frac{3x^2 + 5}{x^2 - 4} = \infty$$

例 1.24 求 $\lim\limits_{x \to 1}\left(\dfrac{1}{1 - x} - \dfrac{3}{1 - x^3} \right)$.

分析　当 $x \to 1$ 时, $\dfrac{1}{1-x}$, $\dfrac{3}{1-x^3}$ 的极限均不存在,此题属"$\infty - \infty$"型. 通常采用先通分再求极限处理.

解　原式 $= \lim\limits_{x \to 1} \dfrac{1+x+x^2-3}{1-x^3} = \lim\limits_{x \to 1} \dfrac{(x+2)(x-1)}{(1-x)(1+x+x^2)}$

$\qquad\qquad = -\lim\limits_{x \to 1} \dfrac{x+2}{1+x+x^2} = -1$

例 1.25　求 $\lim\limits_{x \to 0} \dfrac{\sqrt{1+x}-1}{x}$.

分析　此题属"$\dfrac{0}{0}$"型,商的法则不能用,可先对分子有理化,然后求极限.

解　$\lim\limits_{x \to 0} \dfrac{\sqrt{1+x}-1}{x} = \lim\limits_{x \to 0} \dfrac{(\sqrt{1+x}-1)(\sqrt{1+x}+1)}{x(\sqrt{1+x}+1)}$

$\qquad\qquad = \lim\limits_{x \to 0} \dfrac{x}{x(\sqrt{1+x}+1)} = \lim\limits_{x \to 0} \dfrac{1}{\sqrt{1+x}+1}$

$\qquad\qquad = \dfrac{1}{\sqrt{1+0}+1} = \dfrac{1}{2}$

例 1.26　求 $\lim\limits_{x \to \infty} \dfrac{3x^2+3}{x^3+4x-1}$.

分析　因当 $x \to \infty$ 时,分子和分母趋于无穷大,故不能直接用法则 1.3. 此时,用分子、分母中自变量的最高次幂 x^3 同除原式中的分子和分母,转化为无穷小的相关问题处理,即

$$\lim\limits_{x \to \infty} \dfrac{3x^2+3}{x^3+4x-1} = \lim\limits_{x \to \infty} \dfrac{\dfrac{3}{x}+\dfrac{3}{x^3}}{1+\dfrac{4}{x^2}-\dfrac{1}{x^3}} = \dfrac{0}{1} = 0$$

上述方法称为无穷小分出法. 一般对于一个分式函数,当 $x \to \infty$ 时,分子和分母都趋于无穷大,求此分式函数的极限时,先用分子、分母中自变量最高次幂去除分子、分母,以分出无穷小,然后再求其极限.

事实上,求有理函数在 $x \to \infty$ 时的极限,当 $a_0 \neq 0, b_0 \neq 0$ 时,有结果为

$$\lim\limits_{x \to \infty} \dfrac{a_0 x^n + a_1 x^{n-1} + \cdots + a_n}{b_0 x^m + b_1 x^{m-1} + \cdots + b_m} = \begin{cases} 0 & \text{若 } m > n \\ \dfrac{a_0}{b_0} & \text{若 } m = n \\ \infty & \text{若 } m < n \end{cases}$$

例 1.27 已知 $f(x) = \begin{cases} x \sin \dfrac{1}{x} + a & x < 0 \\ 1 + x^2 & x > 0 \end{cases}$，则当 a 为何值时 $f(x)$ 在 $x = 0$ 的极限存在？

解 因为

$$\lim_{x \to 0^+} f(x) = \lim_{x \to 0^+} (1 + x^2) = 1$$

$$\lim_{x \to 0^-} f(x) = \lim_{x \to 0^-} \left(x \sin \frac{1}{x} + a \right) = a$$

如果 $f(x)$ 在 $x = 0$ 的极限存在，则

$$\lim_{x \to 0^+} f(x) = \lim_{x \to 0^-} f(x)$$

所以

$$a = 1$$

注 对于求分段函数分段点处的极限，一般要先考察函数在此点的左右极限，只有左右极限存在且相等时极限才存在；否则，极限不存在.

例 1.28 求 $\lim\limits_{n \to \infty} \left(\dfrac{1}{n^2 + 1} + \dfrac{2}{n^2 + 1} + \cdots + \dfrac{n}{n^2 + 1} \right)$.

解

$$\lim_{n \to \infty} \left(\frac{1}{n^2 + 1} + \frac{2}{n^2 + 1} + \cdots + \frac{n}{n^2 + 1} \right)$$

$$= \lim_{n \to \infty} \frac{1}{n^2 + 1} (1 + 2 + \cdots + n)$$

$$= \lim_{n \to \infty} \frac{n(n + 1)}{2(n^2 + 1)} = \frac{1}{2}$$

对于无穷项和的极限不能直接利用极限运算法则. 此时，需要先求出它们的和式，转化为一个代数式的极限问题.

例 1.29 求 $\lim\limits_{x \to 0} x \left[\dfrac{1}{x} \right]$.

解 当 $x > 0$ 时有

$$1 - x < x \left[\frac{1}{x} \right] \leqslant 1$$

而 $\lim\limits_{x \to 0^+} (1 - x) = 1$，故由迫敛性得

$$\lim_{x \to 0^+} x \left[\frac{1}{x} \right] = 1$$

另一方面，当 $x < 0$ 时有

$$1 \leqslant x\left[\frac{1}{x}\right] < 1 - x$$

故又由迫敛性可得

$$\lim_{x \to 0^-} x\left[\frac{1}{x}\right] = 1$$

因此

$$\lim_{x \to 0} x\left[\frac{1}{x}\right] = 1$$

 习题 1.3

1. 已知函数 $x \sin x, \dfrac{1}{x^2}, \dfrac{1}{x}, \ln(1 + x), e^x, e^{-x}$.

(1) 当 $x \to 0$ 时,上述各函数中哪些是无穷小?哪些是无穷大?

(2) 当 $x \to +\infty$ 时,上述各函数中哪些是无穷小?哪些是无穷大?

(3) "$\dfrac{1}{x}$ 是无穷小",这种说法确切吗?

2. 求下列极限:

(1) $\lim\limits_{n \to \infty}\left(\dfrac{1}{1 \cdot 2} + \dfrac{1}{2 \cdot 3} + \cdots + \dfrac{1}{n(n+1)}\right)$

(2) $\lim\limits_{n \to \infty}\left(\dfrac{1}{n^2} + \dfrac{2}{n^2} + \cdots + \dfrac{n}{n^2}\right)$

(3) $\lim\limits_{x \to 2} \dfrac{x^2 + 5}{x - 3}$

(4) $\lim\limits_{x \to 1} \dfrac{x^2 - 2x + 1}{x^2 + 1}$

(5) $\lim\limits_{h \to 0} \dfrac{(x + h)^2 - x^2}{h}$

(6) $\lim\limits_{x \to 1} \dfrac{\sqrt[3]{x} - 1}{\sqrt{x} - 1}$

3. 求下列极限:

(1) $\lim\limits_{n \to \infty} \dfrac{1\,000n}{n^2 + 1}$

(2) $\lim\limits_{n \to \infty} \dfrac{\sqrt{n^2 + n}}{n - 2}$

(3) $\lim\limits_{n \to \infty} \dfrac{1 + a + a^2 + \cdots + a^n}{1 + b + b^2 + \cdots + b^n}$ $(|a| < 1, |b| < 1)$

(4) $\lim\limits_{n \to \infty} \dfrac{(-2)^n + 2^n}{(-2)^{n+1} + 3^{n+1}}$

(5) $\lim\limits_{x \to -1} \dfrac{x^3}{x + 1}$

(6) $\lim\limits_{x \to \frac{1}{2}} \dfrac{4x^2 - 1}{6x^2 - 5x + 1}$

4. 求下列极限:

（1）$\lim\limits_{x \to +\infty}\left(e^{-x} + \dfrac{\sin x}{x}\right)$

（2）$\lim\limits_{x \to 0} x \cdot \cos \dfrac{1}{x}$

（3）$\lim\limits_{n \to \infty} \dfrac{\pi}{n} \sin n\pi$

（4）$\lim\limits_{x \to \infty} \dfrac{\arctan x}{x}$

（5）$\lim\limits_{x \to \infty} \dfrac{e^{-x}}{\arctan x}$

（6）$\lim\limits_{x \to +\infty} e^{-x} \arctan x$

5. 下列各题的做法是否正确?为什么?

（1）$\lim\limits_{x \to 9} \dfrac{x^2 - 9}{x - 9} = \dfrac{\lim\limits_{x \to 9}(x^2 - 9)}{\lim\limits_{x \to 9}(x - 9)} = \infty$

（2）$\lim\limits_{x \to 1}\left(\dfrac{1}{x - 1} - \dfrac{1}{x^2 - 1}\right) = \lim\limits_{x \to 1}\dfrac{1}{x - 1} - \lim\limits_{x \to 1}\dfrac{1}{x^2 - 1} = \infty - \infty = 0$

（3）$\lim\limits_{x \to \infty} \dfrac{\cos x}{x} = \lim\limits_{x \to \infty}\cos x \cdot \lim\limits_{x \to \infty}\dfrac{1}{x} = 0$

6. 已知$\lim\limits_{x \to 3} \dfrac{x^2 - 2x + k}{x - 3} = 4$,求$k$.

7. 已知$\lim\limits_{x \to \infty}\left(\dfrac{x^3 + 1}{x^2 + 1} - ax - b\right) = 1$,求常数$a$ 和b.

第四节　无穷小的阶和两个重要极限

一、无穷小量的比较

定义 1.10　设α 和β 都是$x \to x_0$（或$x \to \infty$ ）时的无穷小.

（1）如果$\lim \dfrac{\beta}{\alpha} = 0$,则称$\beta$ 是比α 高阶的无穷小.

（2）如果$\lim \dfrac{\beta}{\alpha} = \infty$,则称β 是比α 低阶的无穷小.

（3）如果$\lim \dfrac{\beta}{\alpha} = c$（$c$ 是不为零的常数）,则称β 与α 是同阶无穷小;特别的,当$c = 1$ 时,则称β 与α 为等价无穷小,记作$\alpha \sim \beta$.

例 1.30　当$x \to 0$,比较无穷小量$\sin x$ 与x 的阶.

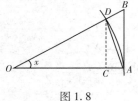

图1.8

解 如图1.8所示作单位圆. 当 $0 < x < \dfrac{\pi}{2}$ 时,显然有

$$S_{\triangle OAD} < S_{扇形OAD} < S_{\triangle OAB}$$

即

$$\frac{1}{2}\sin x < \frac{1}{2}x < \frac{1}{2}\tan x , \ \sin x < x < \tan x$$

该式除以 $\sin x$,可得

$$1 < \frac{x}{\sin x} < \frac{1}{\cos x} \quad 或 \quad 1 > \frac{\sin x}{x} > \cos x \qquad (1.10)$$

由偶函数性质,式(1.10)对 $-\dfrac{\pi}{2} < x < 0$ 时也成立.

故式(1.10)对一切满足不等式 $0 < |x| < \dfrac{\pi}{2}$ 的 x 都成立.

由 $\lim\limits_{x \to 0} \cos x = 1$ 及函数极限的迫敛性立刻可得

$$\lim_{x \to 0} \frac{\sin x}{x} = 1$$

由此可知 $\sin x \sim x, (x \to 0)$.

例1.31 当 $x \to 0$,比较无穷小量 $\sqrt{1+x}-1$ 与 $\dfrac{x}{2}$ 的阶.

解 因为

$$\lim_{x \to 0} \frac{\sqrt{1+x}-1}{\dfrac{x}{2}} = \lim_{x \to 0} \frac{2x}{x(\sqrt{1+x}+1)} = 1$$

故当 $x \to 0$, $\sqrt{1+x}-1 \sim \dfrac{x}{2}$.

根据等价无穷小的定义,即可直接得到下面定理.

定理1.3 若 $\alpha, \alpha', \beta, \beta'$ 均为同一过程中的无穷小,当 $\alpha \sim \alpha'$, $\beta \sim \beta'$ 且 $\lim \dfrac{\beta'}{\alpha}, \lim \dfrac{\beta}{\alpha'}$ 和 $\lim \dfrac{\beta'}{\alpha'}$ 存在时,有

$$\lim \frac{\beta}{\alpha} = \lim \frac{\beta'}{\alpha} = \lim \frac{\beta}{\alpha'} = \lim \frac{\beta'}{\alpha'}$$

这个定理表明:求两个无穷小商的极限时,分子及分母中无穷小因式可分别用与它们等价无穷小来代替,利用这个定理可简化求极限问题. 但需注意:等价无穷小的关系是定义在除法(或乘法)背景下的,因而只有在无穷小与其他部分整体进行乘除的极限时方可使用.

二、两个重要极限

1. 重要极限一

$$\lim_{x \to 0} \frac{\sin x}{x} = 1. \text{ 其一般形式可写为}$$

$$\lim_{\square \to 0} \frac{\sin \square}{\square} = 1$$

证明可根据本节例 1.30 直接得到.

例 1.32   求 $\lim\limits_{x \to 0} \dfrac{\tan x}{x}$.

解 $\lim\limits_{x \to 0} \dfrac{\tan x}{x} = \lim\limits_{x \to 0} \dfrac{\sin x}{x} \dfrac{1}{\cos x} = 1$

由此可得 $x \to 0$ 时, $\tan x \sim x$.

例 1.33   求 $\lim\limits_{x \to 0} \dfrac{x}{\arcsin x}$.

解 $\lim\limits_{x \to 0} \dfrac{x}{\arcsin x} = \lim\limits_{x \to 0} \dfrac{\sin(\arcsin x)}{\arcsin x} = 1$

由此可得 $x \to 0$ 时, $\arcsin x \sim x$.

例 1.34   求 $\lim\limits_{x \to 0} \dfrac{1 - \cos x}{\dfrac{x^2}{2}}$.

解 $\lim\limits_{x \to 0} \dfrac{1 - \cos x}{\dfrac{x^2}{2}} = \lim\limits_{x \to 0} \dfrac{(1 - \cos x)(1 + \cos x)}{\dfrac{x^2}{2}(1 + \cos x)}$

$$= \lim_{x \to 0} \left(\frac{\sin x}{x} \right)^2 \frac{2}{(1 + \cos x)} = 1$$

由此可得 $x \to 0$ 时, $1 - \cos x \sim \dfrac{1}{2} x^2$.

2. 重要极限二

$$\lim_{x \to \infty} \left(1 + \frac{1}{x} \right)^x = e \quad \text{或} \quad \lim_{x \to 0} (1 + x)^{\frac{1}{x}} = e$$

它的形式可推广为

$$\lim_{\square \to \infty} \left(1 + \frac{1}{\square} \right)^{\square} = e \quad \text{或} \quad \lim_{\square \to 0} (1 + \square)^{\frac{1}{\square}} = e$$

证   分以下 3 步进行:

（1）考察数列极限 $\lim\limits_{n\to\infty}\left(1+\dfrac{1}{n}\right)^{n}$.

记 $a_{n}=\left(1+\dfrac{1}{n}\right)^{n}$，应用二项式公式展开可得

$$a_{n}=\sum_{r=0}^{n}C_{n}^{r}\left(\frac{1}{n}\right)^{r}=\sum_{r=0}^{n}\frac{n!}{r!(n-r)!}\left(\frac{1}{n}\right)^{r}$$

$$=\sum_{r=0}^{n}\frac{(n-r+1)(n-r+2)\cdots n}{r!}\left(\frac{1}{n}\right)^{r}$$

$$=\sum_{r=0}^{n}\frac{1}{r!}\left(1-\frac{r-1}{n}\right)\left(1-\frac{r-2}{n}\right)\cdots\left(1-\frac{r-r}{n}\right)$$

上式的总项数与通项均关于 n 的单调递增，因而可知 a_{n} 关于 n 单调递增，即

$$a_{n}=\sum_{r=0}^{n}\frac{1}{r!}\left(1-\frac{r-1}{n}\right)\left(1-\frac{r-2}{n}\right)\cdots\left(1-\frac{r-r}{n}\right)<\sum_{r=0}^{n}\frac{1}{r!}$$

$$<1+\sum_{r=1}^{n}\frac{1}{2^{r-1}}=1+\frac{1-\left(\frac{1}{2}\right)^{n-1}}{1-\frac{1}{2}}<1+\frac{1}{1-\frac{1}{2}}=3$$

这说明，a_{n} 有界. 因此可知 $\{a_{n}\}$ 收敛，即 $\lim\limits_{n\to\infty}\left(1+\dfrac{1}{n}\right)^{n}$ 存在，并记为 e（这就是自然对数的底数最初的来历），即

$$\lim_{n\to\infty}\left(1+\frac{1}{n}\right)^{n}=e$$

（2）考虑 $\lim\limits_{x\to+\infty}\left(1+\dfrac{1}{x}\right)^{x}$，借助取整函数 $[x]$ 的性质 $[x]\leqslant x<[x]+1$ 对 $\left(1+\dfrac{1}{x}\right)^{x}$ 来放缩，即

$$\left(1+\frac{1}{[x]+1}\right)^{[x]}<\left(1+\frac{1}{x}\right)^{x}<\left(1+\frac{1}{[x]}\right)^{[x]+1}$$

在 $x\to+\infty$ 时，令 $[x]=n$，因此对上式换元可得

$$\left(1+\frac{1}{n+1}\right)^{n}<\left(1+\frac{1}{x}\right)^{x}<\left(1+\frac{1}{n}\right)^{n+1}$$

$$\lim_{n\to\infty}\left(1+\frac{1}{n+1}\right)^{n}=\lim_{n\to\infty}\left(1+\frac{1}{n+1}\right)^{n+1}\left(1+\frac{1}{n+1}\right)^{-1}=e$$

且

$$\lim_{n\to\infty}\left(1+\frac{1}{n}\right)^{n+1}=\lim_{n\to\infty}\left(1+\frac{1}{n}\right)^{n}\left(1+\frac{1}{n}\right)^{1}=e$$

由迫敛性可知

$$\lim_{x \to +\infty} \left(1 + \frac{1}{x}\right)^x = e$$

（3）考虑 $\lim\limits_{x \to -\infty} \left(1 + \frac{1}{x}\right)^x$，令 $t = -x$ 作代换得

$$\lim_{x \to -\infty} \left(1 + \frac{1}{x}\right)^x = \lim_{t \to +\infty} \left(1 + \frac{1}{-t}\right)^{-t} = \lim_{t \to +\infty} \left(\frac{-t}{1-t}\right)^t$$

$$= \lim_{t \to +\infty} \left(1 + \frac{1}{t-1}\right)^t$$

$$= \lim_{t \to +\infty} \left(1 + \frac{1}{t-1}\right)^{t-1} \left(1 + \frac{1}{t-1}\right)^1 = e$$

综上可得

$$\lim_{x \to \infty} \left(1 + \frac{1}{x}\right)^x = e$$

例 1.35　求 $\lim\limits_{x \to 0}(1 + 2x)^{\frac{1}{x}}$.

解　　　　$\lim\limits_{x \to 0}(1 + 2x)^{\frac{1}{x}} = \lim\limits_{x \to 0}\left[(1 + 2x)^{\frac{1}{2x}}\right]^2 = e^2$

例 1.36　求 $\lim\limits_{x \to \infty}\left(1 - \frac{2}{x}\right)^x$.

解　　令 $t = -\dfrac{x}{2}$，则 $x = -2t$，因为 $x \to \infty$，故 $t \to \infty$，则

$$\lim_{x \to \infty}\left(1 - \frac{2}{x}\right)^x = \lim_{x \to \infty}\left(1 + \frac{1}{t}\right)^{-2t} = \lim_{t \to \infty}\left(1 + \frac{1}{t}\right)^{-2t}$$

$$= \lim_{t \to \infty}\left[\left(1 + \frac{1}{t}\right)^t\right]^{-2} = e^{-2}$$

例 1.37　求 $\lim\limits_{x \to 0}\dfrac{\ln(x + 1)}{x}$.

解　　$\lim\limits_{x \to 0}\dfrac{\ln(x + 1)}{x} = \lim\limits_{x \to 0}\dfrac{1}{x}\ln(x + 1) = \lim\limits_{x \to 0}\ln(x + 1)^{\frac{1}{x}}$

$$= \ln\left[\lim_{x \to 0}(x + 1)^{\frac{1}{x}}\right] = \ln e = 1$$

由此可得当 $x \to 0$ 时，$\ln(1 + x) \sim x$，若再令 $\ln(1 + x) = t$，则可得 $t \to 0$ 时 $e^t - 1 \sim t$. 至此可总结当 $x \to 0$ 时，常见的等价无穷小关系如下：

$$\sin x \sim x; \tan x \sim x; \arcsin x \sim x; \arctan x \sim x;$$

$$\sqrt{1 + x} - 1 \sim \frac{x}{2}; \ln(1 + x) \sim x; e^x - 1 \sim x$$

例 1.38　求 $\lim\limits_{x\to 0}\dfrac{\tan 3x^2}{x\sin x}$.

解　因为

$$x\to 0,$$
$$\tan 3x^2 \sim 3x^2, \sin x \sim x$$

所以

$$\lim\limits_{x\to 0}\frac{\tan 3x^2}{x\sin x}=\lim\limits_{x\to 0}\frac{3x^2}{x\cdot x}=3$$

 习题 1.4

1. 求下列极限：

（1）$\lim\limits_{x\to 0}\dfrac{\sin ax}{\sin bx}(b\neq 0)$

（2）$\lim\limits_{x\to 0}\dfrac{\tan x-\sin x}{x^3}$

（3）$\lim\limits_{x\to 0}\dfrac{1-\cos x}{x\sin x}$

（4）$\lim\limits_{x\to 0}\dfrac{2x-\tan x}{\sin x}$

（5）$\lim\limits_{x\to 0}\dfrac{\arcsin x}{x}$

（6）$\lim\limits_{x\to\infty}\left(1+\dfrac{2}{x}\right)^x$

（7）$\lim\limits_{t\to\infty}\left(1-\dfrac{1}{t}\right)^t$

（8）$\lim\limits_{x\to\infty}\left(1+\dfrac{1}{x}\right)^{x+3}$

（9）$\lim\limits_{x\to 0}(1+\tan x)^{\cot x}$

（10）$\lim\limits_{x\to\infty}\left(\dfrac{x+a}{x-a}\right)^x$

（11）$\lim\limits_{x\to\infty}\left(\dfrac{x^2+2}{x^2+1}\right)^{x^2+1}$

（12）$\lim\limits_{n\to\infty}\left(1-\dfrac{1}{n^2}\right)^n$

2. 利用等价无穷小的性质，求下列极限：

（1）$\lim\limits_{x\to 0}\dfrac{\sin 2x}{\sin 3x}$

（2）$\lim\limits_{x\to 0}\dfrac{\sin 2x}{\arctan x}$

（3）$\lim\limits_{x\to 0}\dfrac{\sin x^n}{(\sin x)^m}(m,n$ 为正整数$)$

（4）$\lim\limits_{x\to 0^+}\dfrac{x}{\sqrt{1-\cos x}}$

第五节 函数的连续性

在自然界中有许多现象,如气温的变化、植物的生长等都是连续地变化着的.这种现象在函数关系上的反映,就是函数的连续性.在几何上,连续变化的变量表示一条连续不断的曲线.

一、函数的连续性

1. 函数的增量

定义 1.11 设函数 $y = f(x)$ 在 x_0 及其左右附近有定义,若 x 从 x_0 变到 $x_0 + \Delta x$,则 y 从 $f(x_0)$ 变到 $f(x_0 + \Delta x)$,记为 $\Delta x = x - x_0$,$\Delta y = f(x_0 + \Delta x) - f(x_0)$,称 Δx 为自变量的增量,称 Δy 为函数的增量.

2. 函数 $y = f(x)$ 在点 x_0 处连续的定义

先从直观上来理解函数的连续性的意义.如图 1.9 所示,函数 $y = f(x)$ 的图像是一条连续不断的曲线.对于其定义域内一点 x_0,如果自变量 x 在点 x_0 处取得极其微小的改变量 Δx 时,相应改变量 Δy 也有极其微小的改变,且当 Δx 趋于零时,Δy 也趋于零,则称函数 $y = f(x)$ 在点 x_0 处是连续的.而如图 1.10 所示,函数的图像在点 x_0 处间断了,在点 x_0 不满足以上条件,所以它在点 x_0 处不连续.

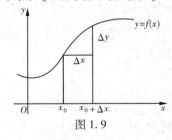

图 1.9

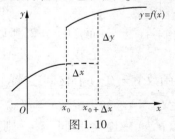

图 1.10

定义 1.12 设函数 $y = f(x)$ 在点 x_0 及其左右附近有定义,如果自变量的增量 $\Delta x = x - x_0$ 趋于零时,对应的函数增量 $\Delta y = f(x) - f(x_0)$ 也趋于零,即 $\lim\limits_{\Delta x \to 0} \Delta y = 0$,则称函数 $f(x)$ 在点 x_0 是连续的.点 x_0 称为 $f(x)$ 的连续点.

注意到 $\Delta x \to 0 \Leftrightarrow x \to x_0$;$\Delta y \to 0 \Leftrightarrow f(x) \to f(x_0)$.由此可得下面定义.

定义 1.13 设函数 $y = f(x)$ 点 x_0 及其左右附近有定义,如果当 $x \to x_0$ 时,

$\lim\limits_{x \to x_0} f(x)$ 存在,且 $\lim\limits_{x \to x_0} f(x) = f(x_0)$,则称函数 $y = f(x)$ 在点 x_0 处连续.

若 $\lim\limits_{x \to x_0^-} f(x) = f(x_0)$,称函数 $f(x)$ 在点 x_0 处左连续;若 $\lim\limits_{x \to x_0^+} f(x) = f(x_0)$,称函数 $f(x)$ 在点 x_0 处右连续.

定理 1.4 $f(x)$ 在点 x_0 处连续的充分必要条件为:$f(x)$ 在点 x_0 处左连续且右连续,即

$$\lim\limits_{x \to x_0^-} f(x) = \lim\limits_{x \to x_0^+} f(x) = f(x_0)$$

上述结论是讨论分段函数在分界点是否连续的依据.

例 1.39 证明:函数 $f(x) = 2x^2 + 1$ 在点 $x = 2$ 处连续.

证 因 $f(x)$ 的定义域为 $(-\infty, +\infty)$,故 $f(x)$ 在点 $x = 2$ 处及其近旁有定义,又因

$$\lim\limits_{x \to 2} f(x) = \lim\limits_{x \to 2} (2x^2 + 1) = 9$$

且

$$f(2) = 2 \times 2^2 + 1 = 9$$

故 $f(x) = 2x^2 + 1$ 在点 $x = 2$ 处连续.

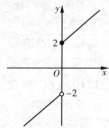

例 1.40 讨论函数 $f(x) = \begin{cases} x + 2 & x \geqslant 0 \\ x - 2 & x < 0 \end{cases}$ 在点 $x = 0$ 的连续性.

解 因为

$$\lim\limits_{x \to 0^+} f(x) = \lim\limits_{x \to 0^+} (x + 2) = 2$$

$$\lim\limits_{x \to 0^-} f(x) = \lim\limits_{x \to 0^-} (x - 2) = -2$$

图 1.11　　而 $f(0) = 2$,所以 $f(x)$ 在点 $x = 0$ 右连续,但不左连续,从而它在 $x = 0$ 处不连续(见图 1.11).

3. 函数 $y = f(x)$ 在区间连续的定义

定义 1.14 如果函数 $y = f(x)$ 在区间 (a, b) 内每一点连续,则称函数 $f(x)$ 在区间 (a, b) 内连续,区间 (a, b) 则称为函数 $y = f(x)$ 的连续区间;若函数 $y = f(x)$ 在区间 (a, b) 内连续,且 $\lim\limits_{x \to a^+} f(x) = f(a)$(右连续),$\lim\limits_{x \to b^-} f(x) = f(b)$(左连续),则函数 $y = f(x)$ 在闭区间 $[a, b]$ 上连续.

二、函数的间断点

由函数连续的定义可知,函数 $f(x)$ 在点 x_0 处连续必须满足以下 3 个条件:

（1）在点 $x = x_0$ 处及其附近有定义.

（2）极限 $\lim\limits_{x \to x_0} f(x)$ 存在.

（3）极限 $\lim\limits_{x \to x_0} f(x)$ 存在,且

$$\lim_{x \to x_0} f(x) = f(x_0)$$

如果上述 3 个条件中只要有一个不满足,则称函数 $f(x)$ 在点 x_0 处不连续,则称点 x_0 为函数 $f(x)$ 的间断点.

$\lim\limits_{x \to x_0^+} f(x)$, $\lim\limits_{x \to x_0^-} f(x)$ 都存在的间断点称为第一类间断点.

（1）当 $\lim\limits_{x \to x_0^-} f(x)$ 与 $\lim\limits_{x \to x_0^+} f(x)$ 都存在,但不相等时,称 x_0 为 $f(x)$ 的跳跃间断点.

（2）当 $\lim\limits_{x \to x_0} f(x)$ 存在,但极限值不等于 $f(x_0)$ 时,称 x_0 为 $f(x)$ 的可去间断点.

$\lim\limits_{x \to x_0^+} f(x)$, $\lim\limits_{x \to x_0^-} f(x)$ 中至少有一个不存在的间断点,称为第二类间断点.

例 1.41 考察函数 $f(x) = \begin{cases} |x| & x \neq 0 \\ 1 & x = 0 \end{cases}$ 在点 $x = 0$ 处的连续性.

解 因函数在点 $x = 0$ 处有定义,即 $f(0) = 1$,且

$$\lim_{x \to 0} f(x) = \lim_{x \to 0} |x| = 0$$

又因

$$\lim_{x \to 0} f(x) \neq f(0)$$

故函数 $f(x)$ 在点 $x = 0$ 处间断,如图 1.12 所示.

如果改变函数 $f(x)$ 在点 $x = 0$ 处的函数值,令 $f(0) = 0$,那么,函数 $f(x)$ 在点 $x = 0$ 处连续. 因此,可称 $x = 0$ 为函数 $f(x)$ 的可去间断点.

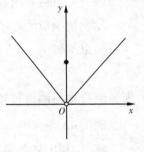

图 1.12

例 1.42（应用案例） 某城市的出租汽车白天实行分段计费,即白天的收费 x（单位:元）与路程 y（单位:km）之间的关系为

$$y = f(x) = \begin{cases} 5 + 1.2x & 0 < x < 6 \\ 12.2 + 2.1(x - 6) & x \geq 6 \end{cases}$$

（1）求 $\lim\limits_{x \to 6^-} f(x)$.

（2）问 $y = f(x)$ 在 $x = 6$ 连续吗?在 $x = 1$ 连续吗?

解 因为

$$\lim_{x \to 6^-} f(x) = \lim_{x \to 6^-} (5 + 1.2x)$$

$$= 12.2 \quad \lim_{x \to 6^+} f(x) = \lim_{x \to 6^+} [12.2 + 2.1(x - 6)] = 12.2$$

所以

$$\lim_{x \to 6} f(x) = 12.2$$

又因为

$$\lim_{x \to 6} f(x) = f(6) = 12.2$$

所以函数 $f(x)$ 在 $x = 6$ 处连续.

$x = 1$ 是初等函数 $5 + 1.2x$ 定义区间上的点,所以函数 $f(x)$ 在 $x = 1$ 处连续.

三、初等函数的连续性

1. 几条结论

(1) 连续函数经四则运算得到的函数仍是连续函数(作为商的函数除数不为零).

(2) 连续函数构成的复合函数仍是连续函数.

(3) 基本初等函数在它们的定义域内都是连续的.

(4) 一切初等函数在其定义区间内都是连续的.

2. 利用函数的连续性求极限

如果函数 $y = f[g(x)]$ 在 x_0 点连续,那么

$$\lim_{x \to x_0} f[g(x)] = f\left[\lim_{x \to x_0} g(x)\right]$$

即极限符号与函数符号可以互相交换位置.

例 1.43　求 $\lim\limits_{x \to 0} \ln(1 + x)^{\frac{1}{x}}$.

解　利用复合函数求极限的方法,有

$$\lim_{x \to 0} \ln(1 + x)^{\frac{1}{x}} = \ln \lim_{x \to 0} (1 + x)^{\frac{1}{x}} = \ln e = 1$$

四、闭区间上连续函数的性质

定理 1.5(**有界定理**)　若 $f(x)$ 在闭区间 $[a, b]$ 上连续,则 $f(x)$ 在 $[a, b]$ 上有界.

定理 1.6(**最值定理**)　若 $f(x)$ 在闭区间 $[a, b]$ 上连续,则 $f(x)$ 在 $[a, b]$ 上必有最大值与最小值.

定理 1.7(**介值定理**)　设 $f(x)$ 是闭区间 $[a, b]$ 上的连续函数,且 $f(a) \neq f(b)$,则对介于 $f(a)$ 与 $f(b)$ 之间的任意一个数 c,则至少存在一点 $\xi \in (a, b)$,

使得 $f(\xi) = c$.

定理 1.8 (零点定理)　若函数 $f(x)$ 在闭区间 $[a,b]$ 上连续,且 $f(a)$ 与 $f(b)$ 异号,则在 (a,b) 内至少存在一点 ξ,使得 $f(\xi) = 0$.

例 1.44　证明方程 $x + e^x = 0$ 在区间 $(-1,1)$ 内有唯一的根.

证　函数 $f(x) = x + e^x$ 是初等函数,它在 $(-\infty, +\infty)$ 内连续,所以它在 $[-1,1]$ 连续,又

$$f(-1)f(1) < 0$$

则在 $(-1,1)$ 内至少存在一点 ξ,使得

$$f(\xi) = 0$$

即

$$f(\xi) = \xi + e^{\xi} = 0$$

所以方程 $x + e^x = 0$ 在区间 $(-1,1)$ 内有唯一的根.

 习题 1.5

1. 指出下列函数的间断点,说明这些间断点属于哪一类,如果是可去间断点,则补充或改变函数的定义使它连续:

(1) $y = \dfrac{x^2 - 1}{x^2 - 3x + 2}$　　　　　(2) $y = \dfrac{n}{\tan x}$

(3) $y = \cos^2 \dfrac{1}{x}$

2. a 为何值时函数 $f(x) = \begin{cases} e^x & 0 \le x \le 1 \\ a + x & 1 < x \le 2 \end{cases}$ 在 $[0,2]$ 上连续?

3. 求下列极限:

(1) $\lim\limits_{x \to 0} \sqrt{x^2 - 2x + 5}$　　　　(2) $\lim\limits_{x \to \frac{\pi}{4}} (\sin 2x)^3$

(3) $\lim\limits_{x \to 0} \dfrac{\sin 5x - \sin 3x}{\sin x}$　　　(4) $\lim\limits_{x \to a} \dfrac{\sin x - \sin a}{x - a}$

(5) $\lim\limits_{x \to b} \dfrac{a^x - a^b}{x - b} (a > 0)$　　(6) $\lim\limits_{x \to 0} \dfrac{\ln(1 + 3x)}{x}$

(7) $\lim\limits_{x \to 0} \dfrac{\sin x}{x^2 + x}$　　　　　(8) $\lim\limits_{x \to +\infty} \dfrac{e^x - e^{-x}}{e^x + e^{-x}}$

（9）$\lim\limits_{x \to -\infty} (x^3 + 2x - 1)$　　　　（10）$\lim\limits_{x \to 2^+} \dfrac{\sqrt{x} - \sqrt{2} + \sqrt{x - 2}}{\sqrt{x^2 - 4}}$

（11）$\lim\limits_{x \to +\infty} \dfrac{\sqrt{x + \sqrt{x + \sqrt{x}}}}{\sqrt{x + 1}}$　　　　（12）$\lim\limits_{x \to 0} \dfrac{\ln(a + x) - \ln a}{x}$ $(a > 0)$

4. 讨论函数 $f(x) = \lim\limits_{n \to \infty} \dfrac{1 - x^{2n}}{1 + x^{2n}} x$ 的连续性. 若有间断点, 判断其类型.

5. 设 $f(x)$ 连续, 证明 $|f(x)|$ 也是连续的.

6. 证明: 方程 $x^5 - 3x = 1$ 在区间 $(1,2)$ 上至少有一个根.

7. 设 $f(x)$ 在闭区间 $[a,b]$ 上连续, $x_1, x_2, \cdots, x_n$ 是 $[a,b]$ 内的 n 个点, 证明: $\exists \xi \in [a,b]$, 使得

$$f(\xi) = \frac{f(x_1) + f(x_2) + \cdots + f(x_n)}{n}$$

复习题一

1. 填空题:

（1）已知 $f(3x - 2) = \log_2 \sqrt{x + 15}$, $f(1) = $ _____ .

（2）函数 $f(x) = \dfrac{1}{x}$, 则 $f[f(x)] = $ _____ .

（3）$\lim\limits_{x \to \infty} \left(1 + \dfrac{2}{x}\right)^{x+1} = $ _____ .

（4）$\lim\limits_{x \to 0} \dfrac{\sqrt{4 + x} - 2}{x} = $ _____ .

（5）要使 $f(x) = (\cos x)^{\frac{1}{x}}$ 在 $x = 0$ 处连续, 则应定义 $f(0) = $ _____ .

（6）$f(x) = \dfrac{1}{x^2 - 1}$ 的间断点是 _____ .

2. 选择题:

（1）函数 $f(x)$ 的定义域是 $[0,1]$ 则 $f(\ln x)$ 的定义域是（ 　　 ）.

A. $[0,1]$ 　　　　 B. $(-\infty, 1]$ 　　　　 C. $[1, +\infty)$ 　　　　 D. $[1, e]$

（2）函数 $y = 1 + x^2 \cos x$ 是（ 　　 ）.

A. 偶函数

B. 奇函数

C. 非奇非偶函数

D. 奇偶函数

(3) 函数 $f(x)$ 在 x_0 连续是 $\lim\limits_{x \to x_0} f(x)$ 存在的(　　).

A. 充分条件　　　B. 必要条件　　　C. 充要条件　　　D. 无关条件

(4) $x \to 0$ 时,下列哪个变量为无穷小量?(　　)

A. $\dfrac{1}{x}\sin x$　　　　B. $\dfrac{1}{x}\cos x$　　　　C. $x\sin\dfrac{1}{x}$　　　　D. $1 - \sin x$

(5) $x = 2$ 是 $f(x) = \sin\dfrac{1}{x-2}$ 的(　　).

A. 连续点

B. 可去间断点

C. 跳跃间断点

D. 第二类间断点

(6) 函数 $y = \sqrt{3-x} + \dfrac{1}{\ln(x+1)}$ 的连续区间是(　　).

A. $(-1,0) \cup (0,3]$

B. $(-1,0) \cup (0,3)$

C. $(-1,3]$

D. $[-1,0) \cup (0,3]$

3. 求下列极限:

(1) $\lim\limits_{x \to 2} \dfrac{x^2 - 4}{x - 2}$

(2) $\lim\limits_{x \to 0} (1 - 2x)^{\frac{1}{x}}$

(3) $\lim\limits_{x \to 1} \dfrac{x - 1}{\sqrt[3]{x} - 1}$

(4) $\lim\limits_{x \to \infty} \dfrac{1 - 3x^2}{x^2 - 1}$

(5) $\lim\limits_{x \to +\infty} (\sqrt{x+2} - \sqrt{x+1})$

(6) $\lim\limits_{x \to 0} x^2 \sin\dfrac{\pi}{x^2}$

4. 解答题:

(1) $\lim\limits_{x \to 2} \dfrac{x^2 + ax + 6}{x - 2} = -1$,求 a 的值.

(2) 求函数 $f(x) = \begin{cases} -x & x \leq 0 \\ 1 + x & x > 0 \end{cases}$ 的连续区间.

(3) 已知 $\lim\limits_{x \to 0} \dfrac{x}{f(3x)} = 2$,求 $\lim\limits_{x \to 0} \dfrac{f(2x)}{x}$.

(4) $f(x) = \begin{cases} x\sin\dfrac{1}{x} & x > 0 \\ a + x^2 & x \leq 0 \end{cases}$,要使函数 $f(x)$ 在 $(-\infty, +\infty)$ 内连续,应

怎样选择 a?

第二章　一元函数微分学及其应用

一元微分学以极限理论为基础,主要研究变量变化的速度和大小问题,它是研究函数性态的有力工具. 微分学的建立不仅对数学的发展产生了深远的影响,而且渗透自然科学、工程技术、社会经济等各个领域.

本章主要介绍导数与微分的基本概念、基本公式和基本方法,讨论导数与微分在实际中的应用.

第一节　导数的概念

一、变化率问题举例

引例 2.1　变速直线运动的瞬时速度.

设一质点按某种规律作变速直线运动,质点运动的路程 S 与时间 t 的关系为 $S = S(t)$,现讨论质点在 t_0 时刻的瞬时速度.

基本思路:虽然整体来说速度是变化的,但局部来说速度可近似地看成不变. 当 Δt 很小时,可认为,从时刻 t_0 到 $t_0 + \Delta t$ 这一段时间内,速度来不及有很大变化,近似地看成作匀速直线运动,因而这段时间内的平均速度就可看成 t_0 时刻的瞬时速度的近似值.

Δt 越小,平均速度就越接近 t_0 时刻的瞬时速度. 令 $\Delta t \to 0$,平均速度的极限即为 t_0 时刻的瞬时速度. 具体步骤如下:

（1）质点从 t_0 到 $t_0 + \Delta t$ 这一段时间内的平均速度为

$$v = \frac{\Delta s}{\Delta t} = \frac{S(t_0 + \Delta t) - S(t_0)}{\Delta t}$$

（2）求极限

$$v\Big|_{t = t_0} = \lim_{\Delta t \to 0} \frac{\Delta S}{\Delta t} = \lim_{\Delta t \to 0} \frac{S(t_0 + \Delta t) - S(t_0)}{\Delta t}$$

引例 2.2　切线问题.

设函数 $y = f(x)$ 的图像如图 2.1 所示，$M_0(x_0, y_0)$ 是其上的一点，求点 M_0 处切线的斜率 k.

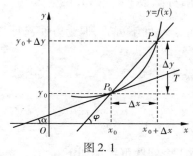

图 2.1

在 M_0 点附近取一动点 $M(x_0 + \Delta x, y_0 + \Delta y)$，$M$ 的位置取决于 Δx，作割线 M_0M，设其倾角为 φ，割线 M_0M 的斜率为

$$\tan \varphi = \frac{\Delta y}{\Delta x} = \frac{f(x_0 + \Delta x) - f(x_0)}{\Delta x}$$

当 $\Delta x \to 0$ 时，点 M 沿曲线 $y = f(x)$ 趋近于 M_0，割线 M_0M 趋近于极限位置 M_0T（切线）.设切线 M_0T 的倾角为 α，则 $\varphi \to \alpha$，从而 $\tan \varphi \to \tan \alpha$，即 $\Delta x \to 0$ 时，$\tan \varphi$ 的极限为 $\tan \alpha$，于是

$$\lim_{\Delta x \to 0} \frac{\Delta y}{\Delta x} = \lim_{\Delta x \to 0} \tan \varphi = \tan \alpha = k$$

上面两个例子的实际意义虽然不同，但从抽象的数学关系来看，其实质是一样的，都是函数的改变量与自变量改变量之比，当自变量趋于零时的极限.把这种特定的极限称为函数的导数.

二、导数的定义

定义 2.1　设函数 $y = f(x)$ 在点 x_0 及其左右附近有定义，当自变量在点 x_0 处取得改变量 $\Delta x(\neq 0)$ 时，函数 $y = f(x)$ 取得相应的改变量 $\Delta y = f(x_0 + \Delta x) -$

$f(x_0)$,如果当 $\Delta x \to 0$ 时,$\lim\limits_{\Delta x \to 0} \dfrac{\Delta y}{\Delta x} = \lim\limits_{\Delta x \to 0} \dfrac{f(x_0 + \Delta x) - f(x_0)}{\Delta x}$ 存在,则称此极限

为函数 $y = f(x)$ 在点 x_0 处的导数,并称函数 $y = f(x)$ 在点 x_0 处可导,记为

$$f'(x_0), y'\Big|x = x_0, \frac{\mathrm{d}y}{\mathrm{d}x}\Big|_{x = x_0}, 或 \frac{\mathrm{d}f(x)}{\mathrm{d}x}\Big|_{x = x_0}$$

即

$$f'(x_0) = \lim_{\Delta x \to 0} \frac{f(x_0 + \Delta x) - f(x_0)}{\Delta x}$$

如果 $\lim\limits_{\Delta x \to 0} \dfrac{\Delta y}{\Delta x}$ 不存在,称函数 $y = f(x)$ 在点 x_0 处不可导. 当极限为无穷大

时,虽然函数 $y = f(x)$ 在点 x_0 处不可导,但为方便起见,有时也称函数 $y = f(x)$

在点 x_0 处的导数为无穷大.

令 $x_0 + \Delta x = x$,则当 $\Delta x \to 0$ 时,有 $x \to x_0$,故函数 $y = f(x)$ 在点 x_0 处的导

数也可表示为

$$f'(x_0) = \lim_{\Delta x \to 0} \frac{f(x) - f(x_0)}{x - x_0}$$

根据导数概念,前面 3 个问题可重述如下:

(1)变速直线运动的质点在 t_0 时刻的瞬时速度,就是路程函数 $S = S(t)$ 在

t_0 处的导数,即

$$v(t_0) = S'(t_0)$$

(2)曲线 $y = f(x)$ 在点 $M_0(x_0, y_0)$ 处的切线的斜率,就是函数 $y = f(x)$ 在

点 x_0 处的导数,即

$$k = f'(x_0)$$

在经济问题中,成本函数 $C(x)$ 对产量 x 的导数 $\dfrac{\mathrm{d}C}{\mathrm{d}x}$,称为边际成本;收益函

数 $R(x)$ 对销量 x 的导数 $\dfrac{\mathrm{d}R}{\mathrm{d}x}$,称为边际收益;利润函数 $L(x)$ 对产量 x 的导数

$\dfrac{\mathrm{d}L}{\mathrm{d}x}$,称为边际利润.

用导数定义求函数 $y = f(x)$ 在点 x_0 处的导数的一般步骤如下:

(1)写出函数的改变量

$$\Delta y = f(x_0 + \Delta x) - f(x_0)$$

(2)计算比值

$$\frac{\Delta y}{\Delta x} = \frac{f(x_0 + \Delta x) - f(x_0)}{\Delta x}$$

（3）求极限

$$\lim_{\Delta x \to 0} \frac{\Delta y}{\Delta x} = \lim_{\Delta x \to 0} \frac{f(x_0 + \Delta x) - f(x_0)}{\Delta x}$$

定义 2.2　若函数 $y = f(x)$ 在区间 (a,b) 内任一点都可导,则称函数在区间 (a,b) 内可导.

定义 2.3　若函数 $y = f(x)$ 在区间 (a,b) 内可导,则对于区间 (a,b) 内的每一个 x 值,都有一个导数值 $f'(x)$ 与之对应,所以 $f'(x)$ 也是 x 的函数,称为函数 $y = f(x)$ 的导函数,简称导数. 记为

$$f'(x), y', \frac{dy}{dx}, \text{或} \frac{df(x)}{dx}$$

即

$$f'(x) = \lim_{\Delta x \to 0} \frac{f(x + \Delta x) - f(x)}{\Delta x}$$

函数在 $y = f(x)$ 点 x_0 处的导数 $f'(x_0)$,就是导函数 $f'(x)$ 在 $x = x_0$ 处的函数值,即

$$f'(x_0) = f'(x) \mid x = x_0$$

定义 2.4　如果 $\lim\limits_{\Delta x \to 0^-} \dfrac{f(x_0 + \Delta x) - f(x_0)}{\Delta x}$ 存在,则称此极限为函数 $y = f(x)$ 在点 x_0 处的左导数,记作 $f'_-(x_0)$;如果 $\lim\limits_{\Delta x \to 0^+} \dfrac{f(x_0 + \Delta x) - f(x_0)}{\Delta x}$ 存在,则称此极限为函数 $y = f(x)$ 在点 x_0 处的右导数,记作 $f'_+(x_0)$.

函数在点 x_0 处可导,当且仅当函数在点 x_0 处的左右导数存在且相等.

例 2.1　根据导数定义求常数函数 $y = C$ 的导数.

解　因为

$$\Delta y = C - C = 0, \qquad \frac{\Delta y}{\Delta x} = 0$$

所以

$$y' = \lim_{\Delta x \to 0} \frac{\Delta y}{\Delta x} = 0$$

例 2.2　根据导数定义求幂函数 $y = x^2$ 的导数.

解　由于

$$\Delta y = f(x + \Delta x) - f(x) = (x + \Delta x)^2 - x^2 = 2x\Delta x + \Delta x^2$$

所以

$$\frac{\Delta y}{\Delta x} = 2x + \Delta x$$

因此

$$y' = \lim_{\Delta x \to 0} \frac{\Delta y}{\Delta x} = \lim_{\Delta x \to 0} (2x + \Delta x) = 2x$$

例2.3 设函数 $f(x) = \begin{cases} \dfrac{1}{x}\sin^2 x & x \neq 0 \\ 0 & x = 0 \end{cases}$，试求 $f(x)$ 在点 $x = 0$ 处

的导数.

解 本题考察的是分段函数,对于分段函数在分界点处的导数,必须由定义来求,即

$$
\begin{aligned}
f'(0) &= \lim_{\Delta x \to 0} \frac{f(0 + \Delta x) - f(0)}{\Delta x} \\
&= \lim_{\Delta x \to 0} \frac{\dfrac{\sin^2 \Delta x}{\Delta x} - 0}{\Delta x} \\
&= \lim_{\Delta x \to 0} \frac{\sin^2 \Delta x}{(\Delta x)^2} = 1
\end{aligned}
$$

如果利用定义求函数的导数,在取极限这一步需要很多的技巧,计算难度太大. 以后求导数,主要是利用基本初等函数的求导公式和相关的求导法则进行,而利用定义求导数则主要是作为推导一些基本求导公式的工具.

三、基本初等函数的导数公式

根据导数的定义,可得出以下 8 个公式:

$$C' = 0 \qquad\qquad\qquad (x^\mu)' = \mu x^{\mu-1}$$

$$(\log_a x)' = \frac{1}{x \ln a}(a > 0 \text{ 且 } a \neq 1) \qquad (\ln x)' = \frac{1}{x}$$

$$(a^x)' = a^x \ln a\,(a > 0 \text{ 且 } a \neq 1) \qquad (e^x)' = e^x$$

$$(\sin x)' = \cos x \qquad\qquad\qquad (\cos x)' = -\sin x$$

另外,一些基本初等函数的导数公式的推导需借助本章第二节的导数的四则运算法则和本章第三节的反函数的导数等结论:

$$(\tan x)' = \sec^2 x \qquad\qquad\qquad (\cot x)' = -\csc^2 x$$

$$(\sec x)' = \sec x \tan x \qquad\qquad (\csc x)' = -\csc x \cot x$$

$$(\arcsin x)' = \frac{1}{\sqrt{1-x^2}} \qquad (\arccos x)' = -\frac{1}{\sqrt{1-x^2}}$$

$$(\arctan x)' = \frac{1}{1+x^2} \qquad (\text{arccot}\, x)' = -\frac{1}{1+x^2}$$

四、导数的几何意义

函数 $y = f(x)$ 在点 x_0 处的导数 $f'(x_0)$，就是曲线 $y = f(x)$ 在点 $(x_0, f(x_0))$ 处的切线斜率，这就是导数的几何意义. 因此，曲线 $y = f(x)$ 在点 $M_0(x_0, y_0)$ 处的切线方程为

$$y - y_0 = f'(x_0)(x - x_0)$$

曲线 $y = f(x)$ 在点 $M_0(x_0, y_0)$ 处的法线方程为

$$y - y_0 = -\frac{1}{f'(x_0)}(x - x_0) \qquad f'(x_0) \neq 0$$

例 2.4　求曲线 $y = \frac{1}{\sqrt{x}}$ 在点 $(1,1)$ 处的切线方程和法线方程.

解　　　$y' = \left(\frac{1}{\sqrt{x}}\right)' = -\frac{1}{2}x^{-\frac{3}{2}},\ k = y'|_{x=1} = -\frac{1}{2}$

切线方程为

$$y - 1 = -\frac{1}{2}(x - 1)$$

即

$$x + 2y - 3 = 0$$

法线方程为

$$y - 1 = 2(x - 1)$$

即

$$2x - y - 1 = 0$$

五、可导与连续的关系

定理 2.1　如果函数 $y = f(x)$ 在点 x_0 处可导，则它在 x_0 处必连续.

这个定理的逆命题不一定成立，即连续是可导的必要条件，不是充分条件.

如函数 $y = |x|$ 在 $x = 0$ 处连续，但不可导. 因为

$$f'_+(0) = \lim_{\Delta x \to 0^+} \frac{\Delta y}{\Delta x} = \lim_{\Delta x \to 0^+} \frac{|\Delta x|}{\Delta x} = \lim_{\Delta x \to 0^+} \frac{\Delta x}{\Delta x} = 1$$

$$f'_-(0) = \lim_{\Delta x \to 0^-} \frac{\Delta y}{\Delta x} = \lim_{\Delta x \to 0^-} \frac{|\Delta x|}{\Delta x} = -\lim_{\Delta x \to 0^-} \frac{\Delta x}{\Delta x} = -1$$

即 $f'_+(0) \neq f'_-(0)$，所以 $f'(0)$ 不存在.

例 2.5（应用案例） 某厂发现销售某产品 $x(t)$ 的利润 $L = 0.000\,2x^3 + 10x$ 万元,求销售该产品 50 t 时的边际利润.

解 由已知 $L = 0.000\,2x^3 + 10x$,得

$$L'(x) = 0.000\,6x^2 + 10$$

于是销售该产品 50 t 时的边际利润为

$$L'(50) = 0.000\,6 \times 50^2 \text{ 万元} + 10 \text{ 万元}$$
$$= 11.5 \text{ 万元}$$

习题 2.1

1. 用导数定义求下列函数的导数:

(1) $y = ax + b$ $(a,b$ 是常数) (2) $f(x) = \cos x$ (3) $y = \dfrac{1}{x}$

2. 利用基本初等函数的导数公式计算下列函数的导数:

(1) $y = \sqrt{x}$ (2) $y = \dfrac{1}{x^2}$ (3) $y = 2^x$

(4) $y = \dfrac{1}{3^x}$ (5) $y = \log_2 x$ (6) $y = \sin \dfrac{\pi}{6}$

3. 求下列函数在指定点处的导数:

(1) $y = \ln x$ 在 $x = 2$ 处. (2) $y = \cos x$ 在 $x = \dfrac{\pi}{4}$ 处.

4. 若函数 $f(x)$ 在 x_0 处可导,求 $\lim\limits_{\Delta x \to 0} \dfrac{f(x_0 + \Delta x) - f(x_0 - \Delta x)}{\Delta x}$.

5. 若函数 $f(x)$ 在 $x = 0$ 处可导,且 $f'(0) = 2$,求 $\lim\limits_{x \to 0} \dfrac{f(2x) - f(0)}{x}$.

6. 求曲线 $y = x^3$ 在 $x = 2$ 处的切线方程和法线方程.

第二节 导数的四则运算法则、高阶导数

一、导数的四则运算法则

利用导数的定义求函数的导数是很繁杂的. 本节将介绍导数的四则运算法则.

法则 2.1 如果 $u = u(x), v = (x)$ 都是 x 的可导函数,则 $y = u \pm x$ 也是 x 的可导函数,并且

$$y' = (u \pm v)' = u' \pm v'$$

证 $y' = \lim\limits_{\Delta x \to 0} \dfrac{[u(x + \Delta x) \pm v(x + \Delta x)] - [u(x) \pm v(x)]}{\Delta x}$

$= \lim\limits_{\Delta x \to 0} \dfrac{u(x + \Delta x) - u(x)}{\Delta x} \pm \lim\limits_{\Delta x \to 0} \dfrac{v(x + \Delta x) - v(x)}{\Delta x}$

$= u'(x) \pm v'(x)$

这个法则可推广到有限个可导函数的和的情形,即

$$(u_1 \pm u_2 \pm \cdots \pm u_n)' = u'_1 \pm u'_2 \pm \cdots \pm u'_n$$

例 2.6 求函数 $y = x^2 - \sin x + 1$ 的导数.

解 $y' = (x^2 - \sin x + 1)' = (x^2)' - (\sin x)' + (1)' = 2x - \cos x$

法则 2.2 如果 $u = u(x), v = v(x)$ 都是 x 的可导函数,则 $y = uv$ 也是 x 的可导函数,并且

$$y' = (uv)' = u'v + uv'$$

特别的,若 $u = c(c$ 为常数$)$,则

$$y' = (cv)' = cv'$$

即常数因子可以从导数记号里提出来.

证 $y' = \lim\limits_{\Delta x \to 0} \dfrac{u(x + \Delta x)v(x + \Delta x) - u(x)v(x)}{\Delta x}$

$= \lim\limits_{\Delta x \to 0} \dfrac{u(x + \Delta x)v(x + \Delta x) - u(x)v(x + \Delta x) + u(x)v(x + \Delta x) - u(x)v(x)}{\Delta x}$

$= \lim\limits_{\Delta x \to 0} \dfrac{u(x + \Delta x) - u(x)}{\Delta x}v(x + \Delta x) + \lim\limits_{\Delta x \to 0} u(x) \dfrac{v(x + \Delta x) - v(x)}{\Delta x}$

$= u'(x)v(x) + u(x)v'(x)$

这法则也可推广到有限个可导函数积的情形,例如
$$(uv\omega)' = u'v\omega + uv'\omega + uv\omega'$$

例 2.7　求函数 $y = x^3 \ln x$ 的导数.

解　　　　　　$y' = (x^3)' \ln x + x^3 (\ln x)' = 3x^2 \ln x + x^2$

例 2.8　设 $f(x) = (1 + x^2)\left(1 - \dfrac{1}{x^2}\right)$,求 $f'(1), f'(-1)$.

解　方法 1:
$$f'(x) = (1 + x^2)'\left(1 - \frac{1}{x^2}\right) + (1 + x^2)\left(1 - \frac{1}{x^2}\right)'$$
$$= 2x\left(1 - \frac{1}{x^2}\right) + (1 + x^2)\frac{2}{x^3} = 2x - \frac{2}{x} + \frac{2}{x} + \frac{2}{x^3}$$
$$= 2x + \frac{2}{x^3}$$

所以
$$f'(1) = 4, f'(-1) = -4$$

方法 2:
$$f(x) = (1 + x^2)\left(1 - \frac{1}{x^2}\right) = 1 - \frac{1}{x^2} + x^2 - 1 = x^2 - \frac{1}{x^2}$$

则
$$f'(x) = 2x + \frac{2}{x^3}$$

所以
$$f'(1) = 4, f'(-1) = -4$$

法则 2.3　设 $u = u(x), v = v(x)$ 都是 x 的可导函数,且 $v \neq 0$,则函数 $y = \dfrac{u}{v}$ 也是 x 的可导函数,并且
$$y' = \left(\frac{u}{v}\right)' = \frac{u'v - uv'}{v^2}$$

证　设 $f(x) = u(x)g(x)$,其中 $g(x) = \dfrac{1}{v(x)}$,现证 $g(x)$ 可导.

由于
$$\frac{g(x + \Delta x) - g(x)}{\Delta x} = \frac{\dfrac{1}{v(x + \Delta x)} - \dfrac{1}{v(x)}}{\Delta x}$$

$$= -\frac{v(x + \Delta x) - v(x)}{\Delta x} \cdot \frac{1}{v(x + \Delta x)v(x)}$$

因此

$$\left(\frac{1}{v(x)}\right)' = g'(x) = \lim_{\Delta x \to 0} \frac{g(x + \Delta x) - g(x)}{\Delta x} = -\frac{v'(x)}{[v(x)]^2}$$

应用法则 2.2 得

$$f'(x) = \left(\frac{u(x)}{v(x)}\right)' = u'(x)\frac{1}{v(x)} + u(x)\left(-\frac{v'(x)}{[v(x)]^2}\right)$$

例 2.9 求函数 $y = \dfrac{2 - x}{2 + x}$ 的导数.

解
$$y' = \frac{(2 - x)'(2 + x) - (2 - x)(2 + x)'}{(2 + x)^2}$$

$$= \frac{-(2 + x) - (2 - x)}{(2 + x)^2} = -\frac{4}{(2 + x)^2}$$

例 2.10 求曲线 $y = x^3 + x$ 在点 $(1,2)$ 处的切线方程和法线方程.

解 因为

$$y = x^3 + x$$

所以

$$y' = (x^3)' + x' = 3x^2 + 1$$

所以

$$k_{切} = y'\big|_{x=1} = 3 \times 1 + 1 = 4$$

$$k_{法} - \frac{1}{k_{切}} = -\frac{1}{4}$$

于是,曲线在点 $(1,2)$ 的切线方程为

$$y - 2 = 4 \times (x - 1)$$

即

$$4x - y - 2 = 0$$

曲线在点 $(1,2)$ 的法线方程为

$$y - 2 = -\frac{1}{4} \times (x - 1)$$

即

$$x + 4y - 9 = 0$$

二、高阶导数

一般来说,函数 $y = f(x)$ 的导数 $y' = f'(x)$ 仍是 x 的函数,如果 $f'(x)$ 仍

可求导,则称 $y' = f'(x)$ 的导数 $(y')' = [f'(x)]'$ 是函数 $y = f(x)$ 的二阶导数, 记为

$$y'', f''(x), \frac{\mathrm{d}^2 y}{\mathrm{d} x^2} \text{ 或 } \frac{\mathrm{d}^2 f(x)}{\mathrm{d} x^2}$$

即

$$y'' = (y')', f''(x) = [f'(x)]', \frac{\mathrm{d}^2 y}{\mathrm{d} x^2} = \frac{\mathrm{d}}{\mathrm{d} x}\left(\frac{\mathrm{d} y}{\mathrm{d} x}\right)$$

相应的,把 $y = f(x)$ 的导数 $f'(x)$ 称为函数 $y = f(x)$ 的一阶导数.

类似的,如果 $y'' = f''(x)$ 的导数存在,则称这个导数为 $y = f(x)$ 的三阶导数,一般如果 $y = f(x)$ 的 $(n-1)$ 阶导数的导数存在,则称为 $y = f(x)$ 的 n 阶导数,它们分别记为

$$y''', y^{(4)}, \cdots, y^{(n)}, \text{ 或 } f'''(x), f^{(4)}(x), \cdots, f^{(n)}(x), \text{ 或 } \frac{\mathrm{d}^3 y}{\mathrm{d} x^3}, \frac{\mathrm{d}^4 y}{\mathrm{d} x^4}, \cdots, \frac{\mathrm{d}^n y}{\mathrm{d} x^n}$$

二阶及二阶以上的导数,统称为高阶导数.

根据高阶导数的定义,求高阶导数运算仍适用前述的求导方法.

例 2.11 求函数的二阶导数.

$(1) y = \mathrm{e}^x + \ln x + 2$ $(2) y = x^2 \sin 3x$

解 (1)
$$y' = \mathrm{e}^x + \frac{1}{x}$$
$$y'' = \mathrm{e}^x - \frac{1}{x^2}$$

(2)
$$y' = 2x \sin 3x + 3x^2 \cos 3x$$
$$y'' = 2 \sin 3x + 6x \cos 3x + 6x \cos 3x - 9x^2 \sin 3x$$
$$= (2 - 9x^2) \sin 3x + 12x \cos 3x$$

例 2.12 $y = a_0 + a_1 x + \cdots + a_{n-1} x^{n-1} + a_n x^n$,求其 n 阶导数.

解 $y' = a_1 + 2a_2 x + \cdots + (n-1)a_{n-1} x^{n-2} + na_n x^{n-1}$
$$y'' = 2a_2 + \cdots + (n-1)(n-2)a_{n-1} x^{n-3} + n(n-1)a_n x^{n-2}$$
$$\vdots$$
$$y^{(n)} = n! a_n$$

例 2.13(应用案例) 飞机起飞的一段时间内,设飞机运动的路程 s(单位:m) 与时间 t(单位:s)的关系满足 $s = t^3 - 2\sqrt{t}$,求当 $t = 4 \text{ s}$ 时飞机的加速度.

解 因为

$$s' = (t^3 - 2\sqrt{t})' = 3t^2 - \frac{1}{\sqrt{t}}$$

$$s'' = \left(3t^2 - \frac{1}{\sqrt{t}}\right)' = 6t + \frac{1}{2t\sqrt{t}}$$

因此,当 $t = 4$ s 时,飞机的加速度为

$$a = s''|_{t=4} = 6 \times 4 \text{ m/s}^2 + \frac{1}{2 \times 4\sqrt{4}} \text{ m/s}^2$$

$$= 24\frac{1}{16} \text{ m/s}^2$$

 习题 2.2

1. 求下列函数的导数:

(1) $y = \tan x + \log_2 x$ 　　　(2) $y = 3^x - \frac{1}{x}$

(3) $y = 3x^3 - 5^x + \cos x$ 　　　(4) $y = \left(1 + \frac{1}{\sqrt{x}}\right)(1 + \sqrt{x})$

(5) $y = xe^x - e^x$ 　　　(6) $y = (x^2 - 3)\sin x$

(7) $y = \frac{3x^2}{\sin x}$ 　　　(8) $y = \frac{1 - \ln x}{1 + \ln x}$

2. 求下列函数的二阶导数:

(1) $y = x\cos x$ 　　(2) $y = \sqrt{a^2 - x^2}$ 　　(3) $y = \frac{2x^3 + \sqrt{x} + 4}{x}$

(4) $y = \tan x$ 　　(5) $y = (1 + x^2)\arctan x$ 　　(6) $y = e^{\sqrt{x}}$

(7) $y = \ln\sin x$ 　　(8) $y = \sin x \cdot \sin 2x \cdot \sin 3x$

(9) $y = \ln(x + \sqrt{x^2 - a^2})$

3. 求下列函数在给定点处的导数值:

(1) 已知 $f(t) = \frac{1 - \sqrt{t}}{1 + \sqrt{t}}$,求 $f'(4)$.

(2) 已知 $f(x) = \frac{3}{5 - x} + \frac{x^2}{5}$,求 $f'(0)$,$f'(2)$.

第三节　复合函数的导数、反函数的导数

本节讨论复合函数的求导法则与反函数的求导法则.

一、复合函数的导数

能不能用公式 $(\sin x)' = \cos x$ 直接得 $(\sin 2x)' = \cos 2x$,回答是否定的. 其原因在于 $y = \sin 2x$ 不是基本初等函数,而是 x 的复合函数. 实际上 $(\sin 2x)' = 2\cos 2x$.

法则 2.4　如果函数 $u = \varphi(x)$ 在点 x 处可导,函数 $y = f(u)$ 在对应点 $u = \varphi(x)$ 可导,则复合函数 $y = f[\varphi(x)]$ 在点 x 可导,且

$$y' = \{f[\varphi(x)]\}'_x = f'(u)\varphi'(x)$$

法则 2.4 可写为

$$y'_x = y'_u \cdot u'_x \quad 或 \quad \frac{\mathrm{d}y}{\mathrm{d}x} = \frac{\mathrm{d}y}{\mathrm{d}u} \cdot \frac{\mathrm{d}u}{\mathrm{d}x}$$

证　因 $y = f(u)$ 在 u 点可导,故

$$\lim_{\Delta u \to 0} \frac{\Delta y}{\Delta u} = f'(u)$$

因此

$$\frac{\Delta y}{\Delta u} = f'(u) + \alpha(其中,\alpha 是 \Delta u \to 0 的无穷小量,即有 \lim_{\Delta u \to 0}\alpha = 0)$$

当 $\Delta u \neq 0$ 时,则

$$\Delta y = \Delta u f'(u) + \Delta u \alpha$$

当 $\Delta u = 0$ 时,则

$$\Delta y = f(u + \Delta u) - f(u) = 0$$

上式也成立.

因此,$\Delta y = \Delta u f'(u) + \Delta u \alpha$,两边同除 $\Delta x (\Delta x \neq 0)$,得

$$\frac{\Delta y}{\Delta x} = \frac{\Delta u}{\Delta x} f'(u) + \frac{\Delta u}{\Delta x} \alpha$$

取 $\Delta x \to 0$ 时的极限,则

$$\frac{\mathrm{d}y}{\mathrm{d}x} = \lim_{\Delta x \to 0} \frac{\Delta y}{\Delta x} = f'(u) \lim_{\Delta x \to 0} \frac{\Delta u}{\Delta x} + \lim_{\Delta x \to 0}\left(\frac{\Delta u}{\Delta x}\alpha\right)$$

$$= f'(u) \lim_{\Delta x \to 0} \frac{\Delta u}{\Delta x} + \lim_{\Delta x \to 0} \frac{\Delta u}{\Delta x} \lim_{\Delta x \to 0} \alpha$$

故 $\varphi(x)$ 在 x 点可导,故 $\varphi(x)$ 在 x 点连续.

因此,$\Delta x \to 0$ 时

$$\Delta u = \varphi(x + \Delta x) - \varphi(x) \to 0$$

即

$$\lim_{\Delta x \to 0} \alpha = \lim_{\Delta u \to 0} \alpha = 0$$

$$\frac{\mathrm{d}y}{\mathrm{d}x} = f'(u) \frac{\mathrm{d}u}{\mathrm{d}x} + \frac{\mathrm{d}u}{\mathrm{d}x} \cdot 0 = \frac{\mathrm{d}y}{\mathrm{d}u} \frac{\mathrm{d}u}{\mathrm{d}x}$$

复合函数的求导法则又称为连锁法则. 它可推广到多个函数复合的情形.

例 2.14　求函数 $y = (x^2 - x)^3$ 的导数.

解　函数 $y = (x^2 - x)^3$ 可看成由 $y = u^3$ 和 $u = x^2 - x$ 复合而成的,因此

$$\frac{\mathrm{d}y}{\mathrm{d}x} = \frac{\mathrm{d}y}{\mathrm{d}u} \frac{\mathrm{d}u}{\mathrm{d}x} = (u^3)'(x^2 - x)'$$
$$= 3u^2 \cdot (2x - 1) = 3(2x - 1)(x^2 - x)^2$$

例 2.15　求函数 $y = \ln\sin x$ 的导数.

解　分析函数结构,令

$$y = \ln u, u = \sin x$$

由复合函数链导法,则

$$y'_x = y'_u \cdot u'_x = (\ln u)'_u \cdot (\sin x)'_x = \frac{1}{u} \cdot \cos x = \frac{\cos x}{\sin x}$$

故

$$y'_x = \cot x$$

从这些例题可知,求复合函数的导数,首先要分析清楚函数的复合结构,求出每一层次函数的导数,然后用连锁法则,即可得到复合函数的导数.

当运用熟练后,在求复合函数的导数时,不必将中间变量写出.

例 2.16　求下列函数的导数:

$(1)y = \sin^3(2x + 1)$ 　　　$(2)y = \mathrm{e}^{\tan\frac{1}{x}}$ 　　　$(3)y = \ln|x|$

解　$(1)y' = [\sin^3(2x + 1)]' = 3\sin^2(2x + 1)(\sin(2x + 1))'$
$$= 3\sin^2(2x + 1)\cos(2x + 1)(2x + 1)'$$
$$= 6\sin^2(2x + 1)\cos(2x + 1)$$
$$= 3\sin(2x + 1)\sin(4x + 2)$$

（2） $y' = (e^{\tan\frac{1}{x}})' = e^{\tan\frac{1}{x}}\left(\tan\frac{1}{x}\right)' = e^{\tan\frac{1}{x}}\sec^2\frac{1}{x}\left(\frac{1}{x}\right)'$

$$= e^{\tan\frac{1}{x}}\sec^2\frac{1}{x}\cdot\left(-\frac{1}{x^2}\right)$$

$$= -\frac{1}{x^2}\sec^2\frac{1}{x}e^{\tan\frac{1}{x}}$$

（3）因为

$$y = \ln|x| = \begin{cases} \ln x & x > 0 \\ \ln(-x) & x < 0 \end{cases}$$

所以

$$y' = \begin{cases} \dfrac{1}{x} & x > 0 \\ \dfrac{1}{-x}(-x)' = \dfrac{1}{x} & x < 0 \end{cases}$$

即

$$y' = (\ln|x|)' = \frac{1}{x}$$

该导数也可以这样来求：

因为

$$y = \ln|x| = \ln\sqrt{x^2}$$

所以

$$y' = \frac{1}{\sqrt{x^2}}\cdot\frac{1}{2\sqrt{x^2}}\cdot 2x = \frac{1}{x} \qquad x \neq 0$$

例 2.17 求函数 $y = \dfrac{1}{x + \sqrt{x^2 + 1}}$ 的导数.

解 先有理化分母，得

$$y = \frac{x - \sqrt{x^2 + 1}}{(x + \sqrt{x^2 + 1})(x - \sqrt{x^2 - 1})} = \sqrt{x^2 + 1} - x$$

然后求导数，得

$$y' = (\sqrt{1 + x^2} - x)' = \frac{2x}{2\sqrt{1 + x^2}} - 1 = \frac{x}{\sqrt{1 + x^2}} - 1$$

一般在求一个函数的导数时，先看原来的函数是否可以化简，再求导，以便降低解题的难度，提高解题的速度.

例2.18　已知在交流电路中,通过的电量 Q 是时间 t 的函数 $Q = Q_m \sin(wt + \varphi_0)$ (其中, Q_m, φ_0, ω 均为常数),求电流.

解　由电学知识和导数定义可知,电流 i 是电量 Q 对时间 t 的导数, 即

$$i = \frac{\mathrm{d}Q}{\mathrm{d}t} = \left[Q_m \sin(wt + \varphi_0) \right]'$$

$$= Q_m \cos(wt + \varphi_0)(wt + \varphi_0)' = Q_m w \cos(wt + \varphi_0)$$

例2.19(应用案例)　假设某钢棒的长度 L (单位:cm) 取决于气温 H (单位:℃),而气温 H 又取决于时间 t (单位:h). 如果气温每升高 1 ℃,钢棒长度增加 2 cm,而每隔 1 h,气温上升 3 ℃,求钢棒长度关于时间的增加率.

解　已知长度对气温的变化率为 $\dfrac{\mathrm{d}L}{\mathrm{d}H} = 2$ cm/℃,气温对时间的变化率为 $\dfrac{\mathrm{d}H}{\mathrm{d}t} = 3$ ℃/h,要求长度对时间的变化率,即 $\dfrac{\mathrm{d}L}{\mathrm{d}t}$.

将 L 看成 H 的函数, H 看成 t 的函数. 由复合函数的链式法则,可得

$$\frac{\mathrm{d}L}{\mathrm{d}t} = \frac{\mathrm{d}L}{\mathrm{d}H} \cdot \frac{\mathrm{d}H}{\mathrm{d}t} = 2 \times 3 \text{ cm/h} = 6 \text{ cm/h}$$

故长度关于时间的增长率为 6 cm/h.

二、反函数的导数

定理2.2　若单调函数 $x = \varphi(y)$ 在 (a,b) 内可导,且 $\varphi''(y) \neq 0$,则它的反函数 $y = f(x)$ 在对应的区间内也可导,且

$$f'(x) = \frac{1}{\varphi'(y)} \quad \text{或} \quad y'_x = \frac{1}{x'_y}$$

证　因为 $y = f(x)$ 在 x_0 点附近单调且连续,故 $x = f^{-1}(y)$ 在 y_0 点附近单调且连续.

给 x_0 以增量 $\Delta x (= x - x_0 \neq 0)$,由 $y = f(x)$ 的单调性可得

$$\Delta y = y - y_0 = f(x_0 + \Delta x) - f(x_0) \neq 0$$

故

$$\frac{\Delta y}{\Delta x} = \frac{1}{\dfrac{\Delta x}{\Delta y}}$$

即

$$\frac{\Delta x}{\Delta y} = \frac{1}{\dfrac{\Delta y}{\Delta x}}$$

上式两边同时取 $\Delta y \to 0$ 时的极限得

$$\lim_{\Delta y \to 0} \frac{\Delta x}{\Delta y} = \frac{1}{\lim\limits_{\Delta y \to 0} \dfrac{\Delta y}{\Delta x}}$$

而因 $y = f(x)$ 在 x_0 点连续, 当 $\Delta x \to 0$ 时, 必有 $\Delta y \to 0$, 则

$$\lim_{\Delta y \to 0} \frac{\Delta x}{\Delta y} = \frac{1}{\lim\limits_{\Delta x \to 0} \dfrac{\Delta y}{\Delta x}} = \frac{1}{f'(x_0)}$$

因 $f'(x_0) \neq 0$, 故 $\lim\limits_{\Delta y \to 0} \dfrac{\Delta x}{\Delta y}$ 存在, 且等于 $\dfrac{1}{f'(x_0)}$, 即

$$[f^{-1}(y_0)]' = \frac{1}{f'(x_0)}$$

注意: 定理的结论也可写为

$$f'(x_0) = \frac{1}{[f^{-1}(y_0)]'}$$

即一个函数的导数等于它反函数导数的倒数. 利用这个定理可来计算一些特殊函数的导数, 这里主要是用它来推导反三角函数的导数公式.

在第一节中已介绍了 4 个反三角函数的求导公式, 现在利用反函数的导数定理来证明这些公式.

例 2.20 求 $y = \arcsin x (-1 < x < 1)$ 的导数.

解 因为 $y = \arcsin x$ 的反函数是 $x = \sin y \left(-\dfrac{\pi}{2} < y < \dfrac{\pi}{2} \right)$, 且 $\dfrac{\mathrm{d}x}{\mathrm{d}y} = \cos y > 0$, 故

$$\frac{\mathrm{d}y}{\mathrm{d}x} = \frac{1}{\dfrac{\mathrm{d}x}{\mathrm{d}y}} = \frac{1}{\cos y} = \frac{1}{\sqrt{1 - \sin^2 y}} = \frac{1}{\sqrt{1 - x^2}}$$

即

$$(\arcsin x)' = \frac{1}{\sqrt{1 - x^2}}$$

同理, 可得

$$(\arccos x)' = -\frac{1}{\sqrt{1 - x^2}}$$

$$(\arctan x)' = \frac{1}{1 + x^2}$$

$$(\text{arccot } x)' = -\frac{1}{1 + x^2}$$

习题 2.3

1. 求下列函数的导数(其中 x, t 是自变量,a, b 是大于零的常数):

$(1)y = \dfrac{1}{\sqrt{a^2 - x^2}}$　　　$(2)y = \dfrac{x^2}{\sqrt{x^2 + a^2}}$　　　$(3)y = \sqrt{1 + \ln^2 x}$

$(4)y = \sqrt{\tan\dfrac{x}{2}}$　　　$(5)y = \sqrt{1 + e^x}$　　　$(6)y = \sqrt{\cos x^2}$

$(7)y = \sqrt{1 + 2x} + \dfrac{1}{\sqrt{1 + x^2}}$　　　$(8)y = \sin^2\dfrac{x}{3}\cot\dfrac{x}{2}$

$(9)y = \sin^2(2x - 1)$　　$(10)y = \sin\sqrt{1 + x^2}$　　$(11)y = \cot\sqrt[3]{1 + x^2}$

$(12)y = \text{sine}^{x^2 + x - 2}$　　$(13)y = \cos^2(\cos^2 x)$　　$(14)y = x^2\sin\dfrac{1}{x}$

$(15)y = \sqrt{1 + \tan\left(x + \dfrac{1}{x}\right)}$　　　$(16)y = 2^{x/\ln x}$

$(17)y = t^3 - 3^t$　　　　　　　$(18)y = \ln(1 + x + \sqrt{2x + x^2})$

$(19)y = e^{\sin 3x}$　　　$(20)y = \ln^3(x^2)$　　　$(21)y = \ln[\ln(\ln t)]$

2. 求与曲线 $y = x^2 + 5$ 相切且通过点 $(1, 2)$ 的直线方程.

3. 设 $f(x)$ 对 x 可导,求 $\dfrac{dy}{dx}$:

$(1)y = f(x^2)$　　　　　　　$(2)y = f(e^x)e^{f(x)}$

$(3)y = f[f(x)]$　　　　　　$(4)y = f(\sin^2 x) + f(\cos^2 x)$

第四节 隐函数的导数、由参数方程所确定的函数的导数

一、隐函数的导数

由二元方程 $F(x,y) = 0$ 所确定的 y 与 x 的函数关系,称为由方程 $F(x,y) = 0$ 所确定的隐函数. 其中,因变量 y 不一定能用自变量 x 表示出来. 例如, $e^y - 2xy + 1 = 0$ 不能写成 $y = f(x)$(显函数)的形式.

求隐函数 $F(x,y) = 0$ 的导数 y'_x(或 y'),从方程 $F(x,y) = 0$ 出发,将等式 $F(x,y) = 0$ 左右两端同时对 x 求导,遇到 y 时,就视 y 为 x 的函数;遇到 y 的式子时,就看成 x 的复合函数, x 是自变量, y 视为中间变量,然后从所得的等式中解出 y'_x(或 y'),即得到隐函数的导数.

例 2.21 求隐函数 $xy^2 - x^2y + y^4 + 1 = 0$ 的导数 y'.

解 两边对 x 求导,得

$$y^2 + 2xyy' - 2xy - x^2y' + 4y^3y' = 0$$

解出 y',得

$$y' = \frac{y(2x - y)}{2xy - x^2 + 4y^3}$$

例 2.22 求隐函数 $e^{xy} - 3\sin y = 5x$ 的导数 y'.

解 两边对 x 求导,得

$$e^{xy}(xy)' - 3(\cos y)y' = 5$$

即

$$e^{xy}(y + xy') - 3y'\cos y = 5$$

解出 y',得

$$y' = \frac{5 - ye^{xy}}{xe^{xy} - 3\cos y}$$

例 2.23 求函数 $y = x^x(x > 0)$ 的导数 y'.

解 方法 1: $y = x^x$ 可变形为 $y = e^{x\ln x}$ 后再求导.

方法 2:对 $y = x^x$ 左右两边同时取自然对数,得

$$\ln y = x\ln x$$

两边同时对 x 求导,得

$$\frac{1}{y} \cdot y' = \ln x + x \cdot \frac{1}{x}$$

因此

$$y' = y(1 + \ln x) = x^x(1 + \ln x)$$

像这样先对等式两边取自然对数,然后用隐函数的求导方法求其导数,这种方法称为对数求导法. 对数求导法适合于求形式为积、商、幂、方根的函数的导数.

例 2.24 求函数 $y = \sqrt{\dfrac{(x-1)(x-2)}{(x-3)(x-4)}}$ 的导数(其中, $x > 4$).

解 对函数两边取自然对数,得

$$\ln y = \frac{1}{2}\big[\ln(x-1) + \ln(x-2) - \ln(x-3) - \ln(x-4)\big]$$

两边对 x 求导,得

$$\frac{1}{y}y' = \frac{1}{2}\left(\frac{1}{x-1} + \frac{1}{x-2} - \frac{1}{x-3} - \frac{1}{x-4}\right)$$

所以

$$y' = y \cdot \frac{1}{2}\left(\frac{1}{x-1} + \frac{1}{x-2} - \frac{1}{x-3} - \frac{1}{x-4}\right)$$

$$= \frac{1}{2}\left(\frac{1}{x-1} + \frac{1}{x-2} - \frac{1}{x-3} - \frac{1}{x-4}\right)\sqrt{\frac{(x-1)(x-2)}{(x-3)(x-4)}}$$

二、由参数方程所确定函数的导数

一般来说,参数方程

$$\begin{cases} x = \varphi(t) \\ y = \psi(t) \end{cases} \quad a \leqslant t \leqslant \beta \tag{2.1}$$

确定了 y 是 x 的函数,有时需要计算由参数方程(2.1)所确定的函数 y 对 x 的导数 $\dfrac{\mathrm{d}y}{\mathrm{d}x}$,但从方程(2.1)中消去参数 t 有时会比较困难,因此,有必要寻求一种能直接由参数方程(2.1)来计算它所确定的函数导数的方法.

在参数方程(2.1)中,如果函数 $x = \varphi(t)$ 具有单调连续反函数 $t = \varphi^{-1}(x)$,则由参数方程(2.1)所确定的函数 y 可看成 $y = \psi(t)$ 和 $t = \varphi^{-1}(x)$ 复合而成的函数 $y = \psi[\varphi^{-1}(x)]$,假定 $x = \varphi(t)$,$y = \psi(t)$ 都可导,且 $\varphi'(t) \neq 0$,则由复合函数的求导法则和反函数的求导法则得

$$\frac{\mathrm{d}y}{\mathrm{d}x} = \frac{\mathrm{d}y}{\mathrm{d}t}\frac{\mathrm{d}t}{\mathrm{d}x} = \frac{\mathrm{d}y}{\mathrm{d}t}\frac{1}{\dfrac{\mathrm{d}x}{\mathrm{d}t}} = \frac{\dfrac{\mathrm{d}y}{\mathrm{d}t}}{\dfrac{\mathrm{d}x}{\mathrm{d}t}}$$

即

$$\frac{\mathrm{d}y}{\mathrm{d}x} = \frac{\dfrac{\mathrm{d}y}{\mathrm{d}t}}{\dfrac{\mathrm{d}x}{\mathrm{d}t}} \quad 或 \quad \frac{\mathrm{d}y}{\mathrm{d}x} = \frac{\psi'(t)}{\varphi'(t)}$$

例 2.25 求由参数方程 $\begin{cases} x = a\cos^3 t \\ y = b\sin^3 t \end{cases}$ 所确定函数的导数 $\dfrac{\mathrm{d}y}{\mathrm{d}x}$.

解 因为

$$\frac{\mathrm{d}x}{\mathrm{d}t} = a(3\cos^2 t)(\cos t)' = -3a\sin t\cos^2 t$$

$$\frac{\mathrm{d}y}{\mathrm{d}t} = b(3\sin^2 t)(\sin t)' = 3b\sin^2 t\cos t$$

所以

$$\frac{\mathrm{d}y}{\mathrm{d}x} = \frac{\dfrac{\mathrm{d}y}{\mathrm{d}t}}{\dfrac{\mathrm{d}x}{\mathrm{d}t}} = \frac{3b\sin^2 t\cos t}{-3a\sin t\cos^2 t} = -\frac{b}{a}\tan t$$

习题 2.4

1. 求下列由方程所确定的隐函数 y 对 x 的导数:

(1) $x^2 + 3xy - 5y^2 = 9$ (2) $e^y - y\sin x = e$

(3) $y = 6 - xe^y$ (4) $x\sin y - y^2 = 2x$

(5) $x^3 y + 3y^2 = 5$ (6) $e^x y^2 + x^2 - 1 = 0$

2. 求下列由方程所确定的隐函数 y 在指定点的导数:

(1) $e^y - y\sin x = e$ 在点 $(0,1)$.

(2) $e^y - e^{-x} + xy = 0$ 在点 $x = 0$ 处.

3. 求下列由方程所确定的隐函数 y 对 x 的导数:

(1) $e^x y^2 + x^2 - 1 = 0$ (2) $\ln\sqrt{x^2 + y^2} = \arctan\dfrac{y}{x}$

4. 用对数求导法求下列函数的导数：

（1）$y = x^{\sin x}(x > 0)$　　　　　　　（2）$y = \sqrt[3]{(x-1)^2} \cdot (2x+1)$

（3）$y = (x-1)(x-2)(x-3)(x > 3)$

第五节　微分及其在近似计算中的应用

一、微分的概念

在实际问题中，通常需要计算当自变量有一微小改变量时相应函数有多大变化的问题.

例如，一块正方形的金属薄片受温度变化的影响，其边长由 x_0 变到 $x_0 + \Delta x$ 时，薄片的面积改变了多少？

设正方形的边长为 x，面积为 y，则

$$y = f(x) = x^2$$

此时，薄片受温度变化的影响时面积的改变量，可看成当自变量 x 在 x_0 取得增量 Δx 时，函数 y 的相应的改变量 Δy，即

$$\Delta y = (x_0 + \Delta x)^2 - x_0^2 = 2x_0 \Delta x + (\Delta x)^2$$

它由两部分所组成：第 1 部分 $2x_0 \Delta x$，它是 Δx 的线性函数，当 $\Delta x \to 0$ 时，它是 Δx 的同阶无穷小；第 2 部分 $(\Delta x)^2$，当 $\Delta x \to 0$ 时，它是较 Δx 高阶的无穷小.

由此可知，当 $f'(x) \neq 0$ 时，在函数的改变量 Δy 中起主要作用的是 $f'(x_0) \Delta x$，它与 Δy 的差是一个较 Δx 高阶的无穷小. 因此，$f'(x_0) \Delta x$ 是 Δy 的主要部分. 又因 $f'(x_0) \Delta x$ 是 Δx 的线性关系式，故通常称 $f'(x_0) \Delta x$ 为 Δy 的线性主部.

当 $|\Delta x|$ 很小时，可用函数改变量的线性主部来近似地代替函数的改变量，即

$$\Delta y \approx f'(x_0) \Delta x$$

定义 2.5　设函数 $y = f(x)$ 定义在点 x_0 的某邻域 $U(x_0)$ 内. 当给 x_0 一个增量 $\Delta x, x_0 + \Delta x \in U(x_0)$ 时，相应可得到函数的增量为

$$\Delta y = f(x_0 + \Delta x) - f(x_0)$$

如果存在常数 A，使得 Δy 能表示为

$$\Delta y = A\Delta x + o(\Delta x) \tag{2.2}$$

则称函数 f 在点 x_0 **可微**,并称式(2.2)中的第 1 项 $A\Delta x$ 为 f 在点 x_0 的**微分**,记为

$$dy\big|_{x=x_0} = A\Delta x \quad \text{或} \quad df(x)\big|_{x=x_0} = A\Delta x \tag{2.3}$$

由定义可知,函数的微分与增量仅相差一个关于 Δx 的高阶无穷小量. 由于 dy 是 Δx 的线性函数,因此当 $A \neq 0$ 时,即微分 dy 是增量 Δy 的**线性主部**.

容易可知,函数 f 在点 x_0 可导和可微是等价的.

定理 2.3 函数 f 在点 x_0 可微的充要条件是函数 f 在点 x_0 可导,而且式(2.2)中的 A 等于 $f'(x_0)$.

证 必要性:若 f 在点 x_0 可微,由式(2.2)有

$$\frac{\Delta y}{\Delta x} = A + \frac{o(\Delta x)}{\Delta x}$$

取极限后,则

$$f'(x_0) = \lim_{\Delta x \to 0} \frac{\Delta y}{\Delta x} = \lim_{\Delta x \to 0}\left(A + \frac{o(\Delta x)}{\Delta x}\right) = A$$

这就证明了 f 在点 x_0 可导且导数等于 A.

充分性:若 f 在点 x_0 可导,则 f 在点 x_0 的有限增量公式

$$\Delta y = f'(x_0)\Delta x + o(\Delta x)$$

表明,函数增量 Δy 可表示为 Δx 的线性部分($f'(x_0)\Delta x$)与 Δx 高阶的无穷小量之和,所以 f 在点 x_0 可微,且有

$$dy\big|_{x=x_0} = f'(x_0)\Delta x$$

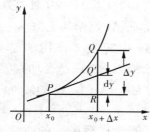

图 2.2

微分的几何解释如图 2.2 所示. 当自变量由 x_0 增加到 $x_0 + \Delta x$ 时,函数增量为

$$\Delta y = f(x_0 + \Delta x) - f(x_0) = RQ$$

而微分则是在点 P 处的切线上与 Δx 所对应的增量,即

$$dy = f'(x_0)\Delta x = RQ'$$

并且

$$\lim_{x \to x_0} \frac{\Delta y - dy}{\Delta x} = \lim_{x \to \Delta x} \frac{Q'Q}{PR} = f'(x_0) \lim_{x \to x_0} \frac{Q'Q}{RQ'} = 0$$

因此,当 $f'(x_0) \neq 0$ 时

$$\lim_{x \to x_0} \frac{Q'Q}{RQ'} = 0$$

这表明,当 $x \to x_0$ 时,线段 $Q'Q$ 的长度比 RQ' 的长度要小得多.

若函数 $y = f(x)$ 在区间 I 上每一点都可微,则称 f 为 I 上的**可微函数**. 函数

$y = f(x)$ 在 I 上任一点 x 处的**微分**记为

$$dy = f'(x)\Delta x \qquad x \in I \qquad (2.4)$$

它不仅依赖于 Δx,而且也依赖于 x.

特别当 $y = x$ 时,$dy = dx = \Delta x$,这表示自变量的微分 dx 就等于自变量的增量. 于是可将式(2.4) 改写为

$$dy = f'(x)dx \qquad (2.5)$$

即函数的微分等于函数的导数与自变量微分的积. 例如

$$d(x^{\alpha}) = \alpha x^{\alpha-1}dx, d(\sin x) = \cos xdx, d(\ln x) = \frac{dx}{x}$$

如果把式(2.5) 写为

$$f'(x) = \frac{dy}{dx}$$

则函数的导数就等于函数微分与自变量微分的商,故导数也称**微商**. 在这以前,总把 $\dfrac{dy}{dx}$ 作为一个运算记号的整体来看待,有了微分概念之后,也不妨把它看成一个分式.

例 2.26　求函数 $y = x^2$ 在 $x = 3$,$\Delta x = 0.01$ 时的 dy 和 Δy.

解　因为 $dy = 2xdx$,所以当 $x = 3$,$\Delta x = 0.01$ 时

$$dy = 2 \times 3 \times 0.01 = 0.06$$

所以

$$\begin{aligned}\Delta y &= (x + \Delta x)^2 - x^2 = 2x\Delta x + (\Delta x)^2 \\ &= 2 \times 3 \times 0.01 + (0.01)^2 = 0.060\ 1\end{aligned}$$

例 2.27　求下列函数的微分:

(1)$y = \ln \sin x$　　　(2)$y = x \sin x$

解　(1)　　　　$dy = (\ln \sin x)'dx = \cot xdx$

(2)　　　　$dy = (x \sin x)'dx = (\sin x + x \cos x)dx$

二、微分的运算法则

由函数微分的定义

$$dy = f'(x)dx$$

可知,要计算函数的微分,只需求出函数的导数,再乘以自变量的微分即可. 因此,微分的运算法则可由导数的基本公式和运算法则直接推出.

1. 函数和、差、积、商的微分运算法则

设函数 $u(x)$ 与 $v(x)$ 均可微,C 是常数,则:

(1) $d[u(x) \pm v(x)] = du(x) \pm dv(x)$

(2) $d[u(x)v(x)] = v(x)du(x) + u(x)dv(x)$

特别的,有 $d[Cu(x)] = Cdu(x)$ (C 为常数).

(3) $d\left[\dfrac{u(x)}{v(x)}\right] = \dfrac{v(x)du(x) - u(x)dv(x)}{v^2(x)}$ ($v(x) \neq 0$)

(4) $d\left[\dfrac{C}{v(x)}\right] = -\dfrac{Cdu(x)}{v^2(x)}$ (C 为常数, $v(x) \neq 0$)

2. 复合函数的微分法则

设函数 $y = f(u)$ 与 $u = \varphi(x)$ 均可微,则复合函数 $y = f[\varphi(x)]$ 的微分为
$$dy = \{f[\varphi(x)]\}'_x dx = f'(u)\varphi'(x)dx$$
由于 $du = \varphi'(x)dx$,因此,复合函数 $y = f[\varphi(x)]$ 的微分公式也可写为
$$dy = f'(u)du$$
这个公式与 $dy = f'(x)dx$ 在形式上完全一致,所含的内容却广泛得多,即无论 u 是自变量还是中间变量,$y = f(u)$ 的微分都可用 $f'(u)du$ 表示,这一性质称为一阶微分形式不变性. 有时,利用一阶微分形式不变性求复合函数的微分比较方便.

例 2.28 利用微分形式的不变性,求下列函数的微分:

(1) $y = e^{\sin x}$ (2) $y = \sin(2x^2 + 3)$

解 (1) $dy = d(e^{\sin x}) = e^{\sin x}d(\sin x) = e^{\sin x}\cos x dx$

(2) $dy = \cos(2x^2 + 3)d(2x^2 + 3) = 4x\cos(2x^2 + 3)dx$

例 2.29 $y = e^{-ax}\sin(x^2 + 1)$,求 dy.

解 $dy = d[e^{-ax}\sin(x^2 + 1)] = \sin(x^2 + 1)d(e^{-ax}) + e^{-ax}d[\sin(x^2 + 1)]$

$= \sin(x^2 + 1)e^{-ax}d(-ax) + e^{-ax}\cos(x^2 + 1)d(x^2 + 1)$

$= -ae^{-ax}\sin(x^2 + 1)dx + 3xe^{-ax}\cos(x^2 + 1)dx$

$= e^{-ax}[2x\cos(x^2 + 1) - a\sin(x^2 + 1)]dx$

三、微分在近似计算中的应用

从微分的定义可知,$\Delta y \approx dy$ ($|\Delta x|$ 很小),即
$$\Delta y = f(x_0 + \Delta x) - f(x_0) \approx f'(x_0)\Delta x$$
因此
$$f(x_0 + \Delta x) \approx f(x_0) + f'(x_0)\Delta x$$
上面两式提供了求函数增量与函数值近似值的方法.

若令上式中 $x = x_0 + \Delta x$ 且 $x_0 = 0$,则得

$$f(x) \approx f(0) + f'(0)x \qquad |x| \text{很小}$$

此公式提供了求在 $x = 0$ 附近函数的近似一次函数的方法.

当 $|x|$ 很小时,由上式可得工程上常用的近似公式如下:

$$e^x \approx 1 + x \qquad\qquad \ln(1 + x) \approx x \qquad\qquad \sin x \approx x$$

$$\tan x \approx x \qquad\qquad \sqrt[n]{1 + x} \approx 1 + \frac{x}{n} \qquad\qquad \arcsin x \approx x$$

例 2.30 计算 $\tan 45°30'$ 的近似值.

解 设 $f(x) = \tan x$,则

$$f'(x) = \sec^2 x$$

因 $45°30' = \dfrac{\pi}{4} + \dfrac{\pi}{360}$,故此处应取 $x_0 = \dfrac{\pi}{4}, \Delta x = \dfrac{\pi}{360}$.

又因 $\dfrac{\pi}{360}$ 比较小,将这些数据代入公式,故

$$\tan 45°30' = \tan\left(\frac{\pi}{4} + \sec^2 \frac{\pi}{360}\right) \approx \tan \frac{\pi}{4} + \sec^2 \frac{\pi}{4} \cdot \frac{\pi}{360}$$

$$= 1 + 2 \times \frac{\pi}{360} \approx 1.017\,4$$

例 2.31(应用案例) 某工厂每周生产 x 件产品所获得利润为 y 元,已知 $y = 6\sqrt{1\,000x - x^2}$,当每周产量由 100 件增至 102 件时,试用微分求其利润增加的近似值.

解 由题可知

$$f(x) = 6\sqrt{1\,000x - x^2}, \quad x_0 = 100, \quad \Delta x = 2$$

因为

$$f'(x) = \left(6\sqrt{1\,000x - x^2}\right)' = \frac{6(500 - x)}{\sqrt{1\,000x - x^2}}$$

故

$$f'(100) = \frac{6(500 - 100)}{\sqrt{1\,000 \times 100 - 100^2}} = 8$$

所以

$$\Delta y \approx f'(x_0)\Delta x = 8 \times 2 \text{ 元} = 16 \text{ 元}$$

即每周产量由 100 件增至 102 件可增加利润约 16 元.

习题 2.5

1. 求下列函数的微分：

（1）$y = 5x^2 + 3x + 1$ ⠀⠀⠀⠀（2）$y = (x^2 + 2x)(x - 4)$

（3）$y = \arcsin(2x^2 - 1)$ ⠀⠀⠀（4）$y = 2\ln^2 x + x$

（5）$y = \ln(\sec t + \tan t)$

2. 求下列函数在指定点的微分：

（1）$y = \arcsin\sqrt{x}$，在 $x = \dfrac{1}{2}$ 和 $x = \dfrac{\alpha^2}{2}$ 处（$|\alpha| < \sqrt{2}$）.

（2）$y = \dfrac{x}{1 + x^2}$，在 $x = 0$ 和 $x = 1$ 处.

3. 求下列函数在指定条件下的微分：

（1）$y = x^2 - x$，$x = 10$，$\Delta x = 0.1$.

（2）$y = \dfrac{1}{(\tan x + 1)^2}$，当 x 从 $\dfrac{\pi}{6}$ 变到 $\dfrac{61\pi}{360}$ 时.

4. 若函数 $y = x^2 + 1$.

（1）在 $x = 1$ 处，$\Delta x = 0.01$，试计算 $\mathrm{d}y$，Δy 及 $\Delta y - \mathrm{d}y$.

（2）将点 x 处的微分 $\mathrm{d}y$，增量 Δy 和 $\Delta y - \mathrm{d}y$ 在函数图形上标出.

5. 填空题：

（1）$\mathrm{d}\underline{\quad\quad} = 2x\mathrm{d}x$ ⠀⠀⠀⠀（2）$\mathrm{d}\underline{\quad\quad} = \dfrac{1}{x}\mathrm{d}x$

（3）$\mathrm{d}\underline{\quad\quad} = \dfrac{1}{x^2}\mathrm{d}x$ ⠀⠀⠀（4）$\mathrm{d}\underline{\quad\quad} = \mathrm{e}^{-x}\mathrm{d}x$

（5）$\mathrm{d}\underline{\quad\quad} = \sin 2x\mathrm{d}x$ ⠀⠀⠀（6）$\mathrm{d}\underline{\quad\quad} = \dfrac{\mathrm{d}x}{2\sqrt{x}}$

（7）$\mathrm{d}\underline{\quad\quad} = \mathrm{e}^{x^2}\mathrm{d}x^2 = \underline{\quad\quad}\mathrm{d}x$

（8）$\mathrm{d}(\sin x + \cos x) = \mathrm{d}\underline{\quad\quad} + \mathrm{d}(\cos x) = \underline{\quad\quad}\mathrm{d}x$

复习题二

1. 选择题：

（1）下列求导运算中正确的是(　　　).

A. $\left(\dfrac{1}{x}\right)' = -\dfrac{1}{x^2}$　　　　　　　　B. $(3^x)' = x3^{x-1}$

C. $\left(\sin\dfrac{\pi}{2}\right)' = \cos\dfrac{\pi}{2}$　　　　　　　D. $\left(\cos\dfrac{\pi}{5}\right)' = -\sin\dfrac{\pi}{5}$

（2）函数 $y = f(x)$ 在 $x = x_0$ 处连续是它在 $x = x_0$ 可导的(　　　).

A. 充分但不必要条件　　　　　　　B. 必要但不充分条件

C. 既充分又必要条件　　　　　　　D. 既不充分又不必要条件

（3）已知函数 $y = \dfrac{1}{10^x}$，则下列正确的是(　　　).

A. $\dfrac{dy}{dx} = 10^{-x}$　　　　　　　　B. $\dfrac{dy}{dx} = -10^{-x}$

C. $\dfrac{dy}{dx} = -10^{-x}\ln 10$　　　　　　D. $\dfrac{dy}{dx} = 10^{-x}\ln 10$

（4）函数 $y = \sin x$ 的二阶导数为(　　　).

A. $\sin x$　　　　　　　　　　　B. $-\sin x$

C. $\cos x$　　　　　　　　　　　D. $-\cos x$

（5）函数 $y = \ln x$ 在 $x = 3$ 处的微分为(　　　).

A. $\dfrac{1}{x}$　　　　B. $\dfrac{1}{x}dx$　　　　C. $\dfrac{1}{3}$　　　　D. $\dfrac{1}{3}dx$

（6）函数 $f(x)$ 在 x_0 点可导是 $f(x)$ 在 x_0 点连续的(　　　).

A. 必要条件　　　　　　　　　　B. 充分条件

C. 充要条件　　　　　　　　　　D. 无关条件

（7）若 $f(u)$ 可导，且 $y = f(\ln^2 x)$，则 $\dfrac{dy}{dx} = ($　　　$)$.

A. $f'(\ln^2 x)$　　　　　　　　　B. $2\ln x f'(\ln^2 x)$

C. $\dfrac{2\ln x}{x}[f(\ln^2 x)]'$　　　　　　D. $\dfrac{2\ln x}{x}f'(\ln^2 x)$

（8）若函数 $f(x)$ 在 $x = 1$ 处可导,且 $f'(1) = 1$,则 $\lim\limits_{\Delta x \to 0} \dfrac{f(1 - \Delta x) - f(1)}{\Delta x} =$ (   ).

　A. 1　　　　　　　B. -1　　　　　C. 2　　　　　　　D. -2

（9）$f(x) = \begin{cases} \ln(1 + x) & -1 < x \leqslant 0 \\ \sqrt{1 + 2x} - 1 & x > 0 \end{cases}$ 在 $x = 0$ 处(   ).

　A. 不可导　　　　　　　　　　　　B. 可导,且 $f'(0) = 2$

　C. 可导,且 $f'(0) = -1$　　　　　　D. 可导,且 $f'(0) = 1$

（10）$\lim\limits_{x \to 0} \dfrac{e^x - e^{-x}}{\sin x} =$ (   ).

　A. 0　　　　　　　B. 2　　　　　　C. c　　　　　　D. ∞

2. 填空题:

（1）$y = \sqrt{x}$,则 $y'|_{x = 4} =$ _____.

（2）函数 $y = \sin x + \cos x$ 的微分 $\mathrm{d}y =$ _____.

（3）若函数 $f(x)$ 在 $x = 1$ 处可导,且 $f'(1) = 1$,则 $\lim\limits_{\Delta x \to 0} \dfrac{f(1 + \Delta x) - f(1)}{\Delta x} =$

_____.

（4）设曲线 $y = 3x^2 - 3x - 17$ 上点 M 处的切线斜率是 15,则点 M 的坐标为

_____.

（5）$y = f(\sin 2x)$ 具有二阶导数,则 $f''(x) =$ _____.

（6）设函数 $y = f(x)$ 是线性函数,且 $f(0) = -1$, $f(2) = 5$,则 $f''(x) =$

_____.

3. 求下列函数的导数:

（1）$y = x^3 e^2$　　　　　　　　　　（2）$y = e^{\cos x^2}$

（3）$y = \sin^2(\cos 3x)$ 求 y'　　　　（4）$y = (\ln x)^x$ 求 y'

4. 求曲线 $y = e^{-x} - x^2$ 在 $(0, 1)$ 点处的切线方程和法线方程.

5. 求由隐函数 $y^2 + 2 \ln y = x^4$ 所确定的函数 y 的导数.

6. 设曲线 $f(x)$ 在 $[0, 1]$ 上可导,且 $y = f(\sin^2 x) + f(\cos^2 x)$,求 $\dfrac{\mathrm{d}y}{\mathrm{d}x}$.

第三章　导数的应用

第一节　拉格朗日中值定理

一、罗尔(Rolle) 中值定理

定理 3.1(罗尔中值定理)　若函数 $f(x)$ 满足以下条件：

(1) $f(x)$ 在闭区间 $[a,b]$ 上连续.

(2) $f(x)$ 在开区间 (a,b) 内可导.

(3) $f(a) = f(b)$.

则在 (a,b) 内至少存在一点 ξ，使得 $f'(\xi) = 0$.

罗尔定理的几何意义是：在每一点都可导的一段连续曲线上，如果曲线的两端点高度相等，则至少存在一条水平切线.

证　因为 $f(x)$ 在 $[a,b]$ 上连续，所以有最大值与最小值，分别用 M 与 m 表示，现分以下两种情况来讨论：

（1）若 $m = M$，则 $f(x)$ 在 $[a,b]$ 上必为常数，结论显然成立.

（2）若 $m < M$，则因 $f(a) = f(b)$，使得最大值 M 与最小值 m 至少有一个（不妨设最大值 M）在 (a,b) 内某点 ξ 处取得，即 $f(\xi) = M$，从而 ξ 是 $f(x)$ 的极大值点. 由条件（2），$f(x)$ 在点 ξ 处可导，可知 $f'_-(\xi) = f'_+(\xi)$，而

$$f'_-(\xi) = \lim_{x \to \xi^-} \frac{f(x) - f(\xi)}{x - \xi} \geq 0$$

$$f'_+(\xi) = \lim_{x \to \xi^+} \frac{f(x) - f(\xi)}{x - \xi} \leqslant 0$$

因此，$f'(\xi) = 0$.

注 定理中的 3 个条件缺少任何一个，结论将不一定成立.

例 3.1 设 $f(x)$ 为 **R** 上的可导函数，证明：若方程 $f'(x) = 0$ 没有实根，则方程 $f(x) = 0$ 至多有一个实根.

证 这可反证如下：倘若 $f(x) = 0$ 有两个实根 x_1 和 x_2（设 $x_1 < x_2$），则函数 $f(x)$ 在 $[x_1, x_2]$ 上满足罗尔定理 3 个条件，从而存在 $\xi \in (x_1, x_2)$，使 $f'(\xi) = 0$，这与 $f'(x) \neq 0$ 的假设相矛盾，命题得证.

例 3.2 验证函数 $y = \sqrt{r^2 - x^2}(r > 0)$ 在区间 $[-r, r]$ 上是否满足罗尔定理. 若满足，则求出定理中的 ξ.

解 设 $f(x) = \sqrt{r^2 - x^2}$，显然，$f(x)$ 在 $[-r, r]$ 上连续，在 $(-r, r)$ 内可导，且 $f(-r) = f(r) = 0$，满足罗尔定理的 3 个条件. 按照罗尔定理的结论，一定能在 $(-r, r)$ 内找到 ξ，使 $f'(\xi) = 0$.

由 $f'(x) = -\dfrac{x}{\sqrt{r^2 - x^2}}$，令 $f'(x) = 0$，解得

$$x = 0 \qquad 0 \in (-r, r)$$

取 $\xi = 0$，有

$$f'(\xi) = f'(0) = 0$$

二、拉格朗日中值定理

定理 3.2（拉格朗日中值定理） 如果函数 $y = f(x)$ 在闭区间 $[a, b]$ 上连续，在开区间 (a, b) 内可导，则在 (a, b) 内至少存在一点 $\xi(a < \xi < b)$，使得

$$f'(\xi) = \frac{f(b) - f(a)}{b - a}$$

证 作辅助函数

$$F(x) = f(x) - f(a) - \frac{f(b) - f(a)}{b - a}(x - a)$$

易见 F 在 $[a, b]$ 上满足罗尔定理条件，故存在 $\xi \in (a, b)$，使得

$$F'(\xi) = f'(\xi) - \frac{f(b) - f(a)}{b - a} = 0$$

即

$$f'(\xi) = \frac{f(b) - f(a)}{b - a}$$

这个定理在几何上是十分明显的. 如图 3.1 所示, 满足定理条件的曲线 $y = f(x)$ 是 $[a,b]$ 上的一条连续曲线, 在 AB 除端点外的每一点都有不垂直于 x 轴的切线, 则弧上除端点外至少存在一点 P, 在这点处曲线的切线 l 平行于弦 AB. 若点 P 的横坐标为 ξ, 则切线 l 的斜率为 $f'(\xi)$. 因为 $l \mathbin{/\!/} AB$, 而 AB 的斜率为 $\dfrac{f(b) - f(a)}{b - a}$, 所以有

$$f'(\xi) = \frac{f(b) - f(a)}{b - a} \quad (a < \xi < b)$$

成立, 这个等式也写为

$$f(b) - f(a) = f'\xi(b - a)$$

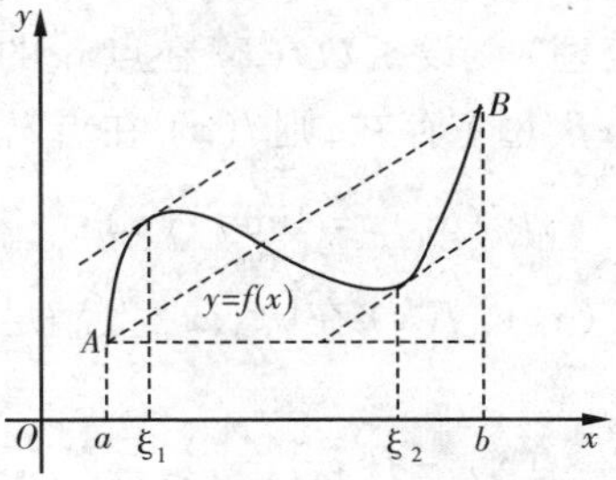

图 3.1

拉格朗日中值定理是微积分学重要定理之一. 它准确地表达了函数在一个闭区间上的平均变化率(或改变量)和函数在该区间内某点处导数之间的关系. 它是用函数的局部性来研究函数的整体性的工具, 应用十分广泛.

例 3.3　证明对一切 $h > -1, h \neq 0$ 成立不等式

$$\frac{h}{1 + h} < \ln(1 + h) < h$$

证　设 $f(x) = \ln(1 + x)$, 则

$$\ln(1 + h) = \ln(1 + h) - \ln 1 = \frac{h}{1 + \theta h} \quad 0 < \theta < 1$$

当 $h > 0$ 时, 由 $0 < \theta < 1$ 可推知

$$1 < 1 + \theta h < 1 + h, \frac{h}{1 + h} < \frac{h}{1 + \theta h} < h$$

当 $-1 < h < 0$ 时, 由 $0 < \theta < 1$ 可推得

$$1 > 1 + \theta h > 1 + h > 0, \frac{h}{1 + h} < \frac{h}{1 + \theta h} < h$$

从而得到所要证明的结论.

推论 3.1 若函数 $f(x)$ 在区间 I 上可导,且 $f'(x) = 0, x \in I$,则 $f(x)$ 为 I 上一个常量函数.

证 任取两点 $x_1, x_2 \in I$(设 $x_1 < x_2$),在区间 $[x_1, x_2]$ 上应用拉格朗日定理,存在 $\xi \in (x_1, x_2) \subset I$,使得

$$f(x_2) - f(x_1) = f'(\xi)(x_2 - x_1) = 0$$

这就证得 $f(x)$ 在区间 I 上任何两点之值相等.

由推论 3.1 又可进一步得到以下结论:

推论 3.2 若函数 $f(x)$ 和 $g(x)$ 均在区间 I 上可导,且 $f'(x) = g'(x), x \in I$,则在区间 I 上 $f(x)$ 与 $g(x)$ 只相差某一常数,即

$$f(x) = g(x) + c (c \text{ 为某一常数})$$

推论 3.3(导数极限定理) 设函数 $f(x)$ 在点 x_0 的某邻域 $U(x_0)$ 内连续,在 $U_\delta^0(x_0)$ 内可导,且极限 $\lim_{x \to x_0} f'(x)$ 存在,则 $f(x)$ 在点 x_0 可导,且

$$f'(x_0) = \lim_{x \to x_0} f'(x)$$

证 (1)任取 $x \in U_+^0(x_0)$,$f(x)$ 在 $[x_0, x]$ 上满足拉格朗日定理条件,则存在 $\xi \in (x_0, x)$,使得

$$\frac{f(x) - f(x_0)}{x - x_0} = f'(\xi)$$

由于 $x_0 < \xi < x$,因此当 $x \to x_0^+$ 时,随之有 $\xi \to x_0^+$ 对上时两端取极限,使得

$$\lim_{x \to x_0^+} \frac{f(x) - f(x_0)}{x - x_0} = \lim_{x \to x_0^+} f'(\xi) = f'(x_0 + 0)$$

(2)同理,可得

$$f'_-(x_0) = f'(x_0 - 0)$$

因为 $\lim_{x \to x_0} f'(x) = k$ 存在,所以

$$f'(x_0 + 0) = f'(x_0 - 0) = k$$

从而

$$f'_+(x_0) = f'_-(x_0) = k$$

即

$$f'(x_0) = k$$

导数极限定理适合于用来求分段函数的导数.

例 3.4 求分段函数 $f(x) = \begin{cases} x + \sin x^2 & x \leqslant 0 \\ \ln(1 + x) & x > 0 \end{cases}$ 的导数.

解 首先易得

$$f'(x) = \begin{cases} 1 + 2x\cos x^2 & x < 0 \\ \dfrac{1}{1+x} & x > 0 \end{cases}$$

进一步考虑 $f(x)$ 在 $x = 0$ 处的导数. 在此之前,只能依赖导数定义来处理,现在则可利用导数极限定理. 由于

$$\lim_{x \to 0^+} f(x) = \lim_{x \to 0^+} \ln(1 + x) = 0 = f(0)$$

$$\lim_{x \to 0^-} f(x) = \lim_{x \to 0^-} (x + \sin x^2) = 0 = f(0)$$

因此,$f(x)$ 在 $x = 0$ 处连续,又因

$$f'(0 - 0) = \lim_{x \to 0^-} (1 + 2x\cos x^2) = 1$$

$$f'(0 + 0) = \lim_{x \to 0^+} \frac{1}{1+x} = 1$$

故 $\lim\limits_{x \to 0} f'(x) = 1$. 依据导数极限定理推知 $f'(x)$ 在 $x = 0$ 处可导,且 $f'(0) = 1$.

三、柯西中值定理

定理 3.3(柯西中值定理)　设函数 $f'(x)$ 和 $g(x)$ 满足:

(1) 在 $[a,b]$ 上都连续.

(2) 在 (a,b) 上都可导.

(3) $f'(x)$ 和 $g'(x)$ 不同时为零.

(4) $g(a) \neq g(b)$,则存在 $\xi \in (a,b)$,使得

$$\frac{f'(\xi)}{g'(\xi)} = \frac{f(b) - f(a)}{g(b) - g(a)}$$

证　作辅助函数

$$F(x) = f(x) - f(a) - \frac{f(b) - f(a)}{g(b) - g(a)} (g(x) - g(a))$$

易见 $F(x)$ 在 $[a,b]$ 上满足罗尔定理条件,故存在 $\xi \in (a,b)$,使得

$$F(\xi) = f'(\xi) - \frac{f(b) - f(a)}{g(b) - g(a)} g'(\xi) = 0$$

因为 $g'(\xi) \neq 0$(否则由上式 $f'(\xi)$ 也为零),所以

$$\frac{f'(\xi)}{g'(\xi)} = \frac{f(b) - f(a)}{g(b) - g(a)}$$

柯西中值定理有着与前两个中值定理相类似的几何意义.

例 3.5　设函数 $f(x)$ 在 $[a,b]$($a > 0$) 上连续,在 (a,b) 内可导,则存在 $\xi \in (a,b)$,使得

$$f(b) - f(a) = \xi f'(\xi) \ln \frac{b}{a}$$

证　设 $g(x) = \ln x$, 显然它在 $[a,b]$ 上与 $f(x)$ 一起满足柯西中值定理条件, 于是存在 $\xi \in (a,b)$, 使得

$$\frac{f(b) - f(a)}{\ln b - \ln a} = \frac{f'(\xi)}{\dfrac{1}{\xi}}$$

整理后, 便得所要证明的等式.

 习题 3.1

1. 以定义在 $[1,3]$ 上的函数 $f(x) = (x-1)(x-2)(x-3)$ 为例, 说明罗尔定理是正确的.

2. 已知函数 $f(x) = 1 - \sqrt[3]{x^2}$, $f(-1) = f(1)$, 但在 $[-1,1]$ 没有导数为零的点, 这与罗尔定理是否矛盾? 为什么?

3. 验证函数 $f(x) = \arctan x$ 在 $[0,1]$ 上满足拉格朗日中值定理的条件, 并在区间 $(0,1)$ 内找出使 $f(b) - f(a) = f'(\xi)(b-a)$ 成立的 ξ.

4. 当 $ab < 0$ 时, 对于函数 $f(x) = \dfrac{1}{x}$ 在 (a,b) 上能否找到满足有限增量公式的 ξ 点? 这与拉格朗日中值定理是否矛盾?

5. 不用求出函数 $f(x) = (x-1)(x-2)(x-3)(x-4)$ 的导数, 说明方程 $f'(x) = 0$ 有几个实根? 并指出它们所在的区间.

6. 证明恒等式: $\arcsin x + \arccos x = \dfrac{\pi}{2}$ $(-1 \leqslant x \leqslant 1)$.

7. 若方程 $a_n x^n + a_{n-1} x^{n-1} + \cdots + a_1 x = 0$ 有一个正根 $x = x_0$, 证明: 方程 $a_n n x^{n-1} + a_{n-1}(n-1)x^{n-2} + \cdots + a_1 = 0$ 必有一个小于 x_0 的正根.

8. 若函数 $f(x)$ 在 (a,b) 上具有二阶导数, 且 $f(x_1) = f(x_2) = f(x_3)$. 其中, $a < x_1 < x_2 < x_2 < b$, 证明: 在 (x_1, x_3) 上至少有一点 ξ, 使得 $f''(\xi) = 0$.

9. 证明下列不等式:

(1) $|\sin x_2 - \sin x_1| \leqslant |x_2 - x_1|$.

(2) $|\arctan x_2 - \arctan x_1| \leqslant |x_2 - x_1|$.

(3) 当 $x > 1$ 时, $e^x > ex$.

第二节　洛必达法则

前面学习无穷小（大）量阶的比较时,已经遇到过两个无穷小（大）量之比的极限. 由于这种极限可能存在,也可能不存在,因此把两个无穷小量或两个无穷大量之比的极限统称为**不定式极限**,分别记为 $\dfrac{0}{0}$ 型或 $\dfrac{\infty}{\infty}$ 型的不定式极限. 现在将以导数为工具研究不定式极限,这个方法通常称为**洛必达（L'Hospital）法则**. 柯西中值定理则是建立洛必达法则的理论依据.

一、$\dfrac{0}{0}$ 型不定式

定理 3.4（洛必达法则 1）　设 $f(x),\varphi(x)$ 在点 x_0 的左右近旁有定义,若有:

(1) $\lim\limits_{x \to x_0} f(x) = \lim\limits_{x \to x_0}\varphi(x) = 0$.

(2) $f(x),\varphi(x)$ 在点 x_0 的左右近旁可导,且 $\varphi(x) \neq 0$.

(3) $\lim\limits_{x \to x_0} \dfrac{f'(x)}{\varphi'(x)} = A$（或无穷大）.

则

$$\lim_{x \to x_0} \frac{f(x)}{\varphi(x)} = \lim_{x \to x_0} \frac{f'(x)}{\varphi'(x)} = A\text{（或无穷大）}$$

定理 3.4 中将 $x \to x_0$ 换为 $x \to \infty$,结论也成立.

例 3.6　求 $\lim\limits_{x \to 0} \dfrac{(1 + x)^{\mu} - 1}{x}$（其中,$\mu$ 是常数）.

解　这是 $\dfrac{0}{0}$ 型不定式,应用洛必达法则得

$$\lim_{x \to 0} \frac{(1 + x)^{\mu} - 1}{x} = \lim_{x \to 0} \frac{\mu(1 + x)^{\mu-1}}{1} = \mu$$

例 3.7　求 $\lim\limits_{x \to 0} \dfrac{e^x - 1}{\sin x}$.

解　这是 $\dfrac{0}{0}$ 型不定式,应用洛必达法则得

$$\lim_{x \to 0} \frac{e^x - 1}{\sin x} = \lim_{x \to 0} \frac{e^x}{\cos x} = 1$$

二、$\dfrac{\infty}{\infty}$ 型不定式

定理 3.5（洛必达法则 2） 设 $f(x)$，$\varphi(x)$ 在点 x_0 的左右近旁有定义，若有：

(1) $\lim\limits_{x \to x_0} f(x) = \infty$，$\lim\limits_{x \to x_0} \varphi(x) = \infty$.

(2) $f(x)$，$\varphi(x)$ 在点 x_0 的左右近旁可导，且 $\varphi'(x) \neq 0$.

(3) $\lim\limits_{x \to x_0} \dfrac{f'(x)}{\varphi'(x)} = A$（或无穷大）.

则

$$\lim_{x \to x_0} \frac{f(x)}{\varphi(x)} = \lim_{x \to x_0} \frac{f'(x)}{\varphi'(x)} = A（或无穷大）$$

定理 3.5 中将 $x \to x_0$ 换为 $x \to \infty$，结论也成立.

例 3.8 求 $\lim\limits_{x \to +\infty} \dfrac{x^2}{e^x}$.

解 这是 $\dfrac{\infty}{\infty}$ 型的不定式，应用洛必达法则得

$$\lim_{x \to +\infty} \frac{x^2}{e^x} = \lim_{x \to +\infty} \frac{2x}{e^x} = \lim_{x \to +\infty} \frac{2}{e^x} = 0$$

例 3.8 表明，在求不定式极限的过程中，只要分子、分母满足洛必达法则条件，就可多次重复使用法则.

例 3.9 求 $\lim\limits_{x \to +\infty} \dfrac{x^n}{e^x}$.

解 $\lim\limits_{x \to +\infty} \dfrac{x^n}{e^x} \xlongequal{\left(\frac{\infty}{\infty}\right)} \lim\limits_{x \to +\infty} \dfrac{nx^{n-1}}{e^x} \xlongequal{\left(\frac{\infty}{\infty}\right)} \lim\limits_{x \to +\infty} \dfrac{n(n-1)x^{n-2}}{e^x} \xlongequal{\left(\frac{\infty}{\infty}\right)} \cdots$

$$= \lim_{x \to +\infty} \frac{n!}{e^x} = 0$$

三、其他类型的不定式

不定式除 $\dfrac{0}{0}$ 和 $\dfrac{\infty}{\infty}$ 型外，还有 $0 \cdot \infty$，$\infty - \infty$，1^∞，∞^0，0^0 等类型. 一般对这些类型的不定式，通过变形总可化为 $\dfrac{0}{0}$ 或 $\dfrac{\infty}{\infty}$ 型的不定式，再用洛必达法则求极限.

例 3.10 求 $\lim\limits_{x \to +\infty} xe^{-x}$.

解 $\lim\limits_{x \to +\infty} xe^{-x} \xlongequal{0 \cdot \infty} \lim\limits_{x \to +\infty} \dfrac{x}{e^x} \xlongequal{\frac{\infty}{\infty}} \lim\limits_{x \to +\infty} \dfrac{1}{e^x} = 0$

例 3.11 求 $\lim\limits_{x\to 0}\left(\dfrac{1}{\sin x}-\dfrac{1}{x}\right).$

解 $\lim\limits_{x\to 0}\left(\dfrac{1}{\sin x}-\dfrac{1}{x}\right)\xlongequal{(\infty-\infty)}\lim\limits_{x\to 0}\dfrac{x-\sin x}{x\sin x}\xlongequal{\left(\frac{0}{0}\right)}\lim\limits_{x\to 0}\dfrac{1-\cos x}{\sin x+x\cos x}$

$$\xlongequal{\left(\frac{0}{0}\right)}\lim\limits_{x\to 0}\dfrac{\sin x}{2\cos x-x\sin x}=0$$

例 3.12 求 $\lim\limits_{x\to 0}(1-x)^{\frac{1}{x}}.$

解 $\lim\limits_{x\to 0}(1-x)^{\frac{1}{x}}\xlongequal{(1^{\infty})}\lim\limits_{x\to 0}e^{\ln(1-x)^{\frac{1}{x}}}=\lim\limits_{x\to 0}e^{\frac{\ln(1-x)}{x}}$

$$=e^{\lim\limits_{x\to 0}\frac{\ln(1-x)}{x}}\xlongequal{\left(\frac{0}{0}\right)}e^{\lim\limits_{x\to 0}\frac{\frac{-1}{1-x}}{1}}$$

$$=e^{\lim\limits_{x\to 0}\frac{1}{x-1}}=e^{-1}$$

例 3.13 求 $\lim\limits_{x\to +\infty}(\ln x)^{\frac{1}{x}}.$

解 $\lim\limits_{x\to +\infty}(\ln x)^{\frac{1}{x}}\xlongequal{(\infty^{0})}\lim\limits_{x\to +\infty}e^{\left[\ln(\ln x)^{\frac{1}{x}}\right]}=\lim\limits_{x\to +\infty}e^{\left[\frac{\ln(\ln x)}{x}\right]}$

$$=e^{\left[\lim\limits_{x\to +\infty}\frac{\ln(\ln x)}{x}\right]}\xlongequal{\left(\frac{\infty}{\infty}\right)}e^{\left(\lim\limits_{x\to +\infty}\frac{1}{x\ln x}\right)}=e^{0}=1$$

例 3.14 求 $\lim\limits_{x\to 0^{+}}x^{\sin 2x}.$

解 $\lim\limits_{x\to 0^{+}}x^{\sin 2x}\xlongequal{(0^{0})}\lim\limits_{x\to 0^{+}}e^{\ln x^{\sin 2x}}=\lim\limits_{x\to 0^{+}}e^{\sin 2x\ln x}=e^{\left(\lim\limits_{x\to 0^{+}}\sin 2x\ln x\right)}$

$$\xlongequal{(0\cdot\infty)}e^{\left(\lim\limits_{x\to 0^{+}}\frac{\ln x}{\csc 2x}\right)}\xlongequal{\frac{\infty}{\infty}}e^{\left(\lim\limits_{x\to 0^{+}}\frac{\frac{1}{x}}{-2x\csc 2x\cot 2x}\right)}$$

$$=e^{\left(\lim\limits_{x\to 0^{+}}\frac{\sin 2x\cdot\sin 2x}{-2x\cos 2x}\right)}$$

而

$$\lim\limits_{x\to 0^{+}}\dfrac{\sin 2x}{2x}=1$$

因此

$$\lim\limits_{x\to 0^{+}}x^{\sin 2x}=e^{\left[\lim\limits_{x\to 0^{+}}(-\tan 2x)\right]}=e^{0}=1$$

必须注意,对一个分式极限式使用洛必达法则,其极限式必须是 $\dfrac{0}{0}$ 或 $\dfrac{\infty}{\infty}$ 型

不定式. 例如,极限 $\lim\limits_{x\to 0}\dfrac{ax}{e^{x}}=0$,若不加考虑就应用洛必达法则,得

$$\lim\limits_{x\to 0}\dfrac{ax}{e^{x}}=\lim\limits_{x\to 0}\dfrac{(ax)'}{(e^{x})'}=\lim\limits_{x\to 0}\dfrac{a}{e^{x}}=a$$

这显然是错误的,其原因在于 $\lim\limits_{x\to 0}\dfrac{ax}{e^x}$ 不是不定式. 另外,有些极限式虽然是上述两种不定式,但它不满足洛必达法则的条件,这时仍不能用洛必达法则.

例 3.15   求 $\lim\limits_{x\to\infty}\dfrac{x-\cos x}{x+\cos x}$.

解   这是 $\dfrac{\infty}{\infty}$ 型不定式,但因

$$\lim_{x\to\infty}\frac{(x-\cos x)'}{(x+\cos x)'}=\lim_{x\to\infty}\frac{1+\sin x}{1-\sin x}$$

不存在,故不能用洛必达法则求这极限. 但此极限是存在的. 事实上

$$\lim_{x\to\infty}\frac{(x-\cos x)}{(x+\cos x)}=\lim_{x\to\infty}\frac{1-\dfrac{\cos x}{x}}{1+\dfrac{\cos x}{x}}=1$$

可知,用洛必达法则,要先确认式子是不是不定式,再检查是否满足定理的条件,以确定能不能用法则.

习题 3.2

1. 求下列各题的极限:

(1) $\lim\limits_{x\to 0}\dfrac{\ln(1+x)}{x}$

(2) $\lim\limits_{x\to a}\dfrac{\sqrt[3]{x}-\sqrt[3]{a}}{\sqrt{x}-\sqrt{a}}(a>0)$

(3) $\lim\limits_{x\to 0^+}\dfrac{\ln\sin 3x}{\ln\sin x}$

(4) $\lim\limits_{x\to 0}\dfrac{e^x-e^{-x}}{\sin x}$

(5) $\lim\limits_{x\to 0}x^2 e^{\frac{1}{x^2}}$

(6) $\lim\limits_{x\to +\infty}\ln\dfrac{\left(1+\dfrac{1}{x}\right)}{\text{arccot }x}$

(7) $\lim\limits_{x\to 1^+}\ln x\cdot\ln(x-1)$

(8) $\lim\limits_{x\to 1}\left(\dfrac{x}{x-1}-\dfrac{1}{\ln x}\right)$

(9) $\lim\limits_{x\to 0^+}x^{\sin x}(x>0)$

(10) $\lim\limits_{x\to 0^+}\left(\dfrac{1}{x}\right)^{\tan x}$

(11) $\lim\limits_{x\to +\infty}\dfrac{x^n}{a^x}(a>1,n>0)$

(12) $\lim\limits_{x\to 0}\left(\dfrac{\sin x}{x}\right)^{x^3}$

2. 验证 $\lim\limits_{x\to +\infty}\dfrac{x-\sin x}{x+\cos x}$ 存在,但不能用洛必达法则计算.

第三节 函数的极值与最值

一、函数单调性的判定

以前,用定义来判断函数的单调性.在假设$x_1 < x_2$的前提下,比较$f(x_1)$与$f(x_2)$的大小,在函数$y = f(x)$比较复杂的情况下,比较$f(x_1)$与$f(x_2)$的大小并不容易.如果利用导数来判断函数的单调性,则比较简单.

定理3.6 设函数$y = f(x)$在$[a,b]$上连续,在(a,b)内可导.

(1)如果在(a,b)内$f'(x) > 0$,那么,函数在$[a,b]$上单调增加.

(2)如果在(a,b)内$f'(x) < 0$,那么,函数在$[a,b]$上单调减少.

例3.16 判定函数$y = x^3 + 2x$的单调性.

解 函数$y = x^3 + 2x$的定义域为$(-\infty, +\infty)$,$y = 3x^2 + 2$在$(-\infty, +\infty)$内$y > 0$.

因此,$y = x^3 + 2x$在$(-\infty, +\infty)$内单调递增.

例3.17 求函数$y = x^3 - 3x$的单调区间.

解 函数$y = x^3 - 3x$的定义域为$(-\infty, \infty)$,$f'(x) = 3x^2 - 3$,令$f'(x) = 0$,解方程可得$x_1 = -1, x_2 = 1$,即x_1和x_2把$(-\infty, +\infty)$分成3个部分区间$(-\infty, -1], (-1,1), [1, +\infty)$.

在区间$(-\infty, -1)$内,$f'(x) > 0$,因此,$f(x)$在区间$(-\infty, -1)$内单调递增.

在区间$(-1,1)$内,$f'(x) < 0$,因此,$f(x)$在区间$(-1,1)$内单调递减.

在区间$(1, +\infty)$内,$f'(x) > 0$,因此,$f(x)$在区间$(1, +\infty)$内单调递增.

$f(x)$,$f'(x)$在各个部分区间的变化情况见表3.1.

表3.1

x	$(-\infty, -1)$	-1	$(-1,1)$	1	$(1, +\infty)$
$f'(x)$	+	0	−	0	+
$f(x)$	↗		↘		↗

从例3.17可知,有些函数虽然在它的定义区间上不是单调的,对在定义区

间有连续导数的函数,当用导数等于零的点(称为驻点)来划分它的定义区间以后,就可使函数在每个部分区间具有单调性. 如果函数在某些点处不可导,则划分定义区间的点还应包括这些不可导的点.

求函数 $f(x)$ 的单调区间的一般步骤如下:

(1)确定函数 $f(x)$ 的定义域.

(2)求出 $f(x)$ 的全部驻点(即使得 $f'(x) = 0$ 的 x 的值)和导数 $f'(x)$ 不存在的点,并用这些点按从小到大的顺序把定义区间划分为若干部分区间.

(3)列表,并将表中的有关内容填上(仿例 3.17).

二、函数的极值

定义 3.1 设函数 $f(x)$ 在区间 (a,b) 内有定义,x_0 是 (a,b) 内一点,若对于 x_0 及其左右附近的任何点 $x(x_0$ 点除外),若:

(1)$f(x) \leqslant f(x_0)$ 均成立,则称 $f(x_0)$ 是 $f(x)$ 的一个极大值,点 x_0 是 $f(x)$ 的极大点.

(2)$f(x) \geqslant f(x_0)$ 均成立,则称 $f(x_0)$ 是 $f(x)$ 的一个极小值,点 x_0 是 $f(x)$ 的极小点.

函数的极大值与极小值统称为函数的极值,极大点与极小点统称为极值点.

应当注意,极值是一个局部性概念,而不是整体性概念. 极大值和极小值实际上就是局部的最大值和最小值,因而可能出现函数的某极大值小于某极小值的情况.

根据极值的定义,函数的极值点应该是函数增与减的分界点,即函数的极值只可能在驻点(即使 $f'(x) = 0$ 的点)和 $f'(x)$ 不存在的点处取到. 那么,怎样判断这些 $f'(x) = 0$ 或 $f'(x)$ 不存在的点是否是极值点呢?下面介绍两种判断极值(极值点)的方法.

定理 3.7(第一充分条件) 设函数 $f(x)$ 在点 x_0 连续,在点 x_0 的左右附近可导(点 x_0 可除外).

(1)如果在点 x_0 的左侧附近,$f'(x) > 0$,在点 x_0 的右侧邻近,$f'(x) < 0$,则 $f(x_0)$ 是 $f(x)$ 的极大值.

(2)如果在点 x_0 的左侧附近,$f'(x) < 0$,在点 x_0 的右侧邻近,$f'(x) > 0$,则 $f(x_0)$ 是 $f(x)$ 的极小值.

(3)如果在点 x_0 的左右两侧附近(点 x_0 除外),$f'(x)$ 同号,则 $f(x_0)$ 不是极值.

易知,应用定理 3.7 求函数极值的一般步骤如下:

(1)确定所给函数的定义域,并找出所有的驻点和一阶导数不存在的点.

(2)考察上述点两侧导数的符号,确定极值点.

(3)求出极值点处的函数值,得到极值.

定理 3.8(第二充分条件) 设函数 $f(x)$ 在点 x_0 处有一、二阶导数,且 $f'(x_0) = 0$, $f''(x_0) \neq 0$.

(1)如果 $f''(x_0) > 0$,则函数 $f(x)$ 在点 x_0 处有极小值 $f(x_0)$;

(2)如果 $f''(x_0) < 0$,则函数 $f(x)$ 在点 x_0 处有极大值 $f(x_0)$.

易知,应用定理 3.8 求函数极值的一般步骤如下:

(1)确定所给函数的定义域,并找出所有的驻点.

(2)考察上述函数的二阶导数在驻点处的符号,确定极值点.

(3)求出极值点处的函数值,得到极值.

注意:应用定理 3.8 只能判断驻点是否是极值点,而要确定一阶导数不存在的点是不是极值点,则应用定理 3.7 来判断.

例 3.18 求函数 $f(x) = \dfrac{2}{3}x - x^{\frac{2}{3}}$ 的极值.

解 函数 $f(x)$ 的定义域为 $(-\infty, +\infty)$,则

$$f'(x) = \frac{2}{3} - \frac{2}{3}x^{-\frac{1}{3}} = \frac{2}{3}\left(1 - \frac{1}{\sqrt[3]{x}}\right) = \frac{2}{3} \cdot \frac{\sqrt[3]{x} - 1}{\sqrt[3]{x}}$$

令 $f'(x) = 0$,解得 $x = 1$. 而当 $x = 0$ 时, $f'(x)$ 不存在.

$x = 0$ 和 $x = 1$ 将 $f(x)$ 的定义域分成 $(-\infty, 0)$, $(0, 1)$, $(1, +\infty)$ 3 个子区间,列表 3.2 讨论.

表 3.2

x	$(-\infty, 0)$	0	$(0, 1)$	1	$(1, +\infty)$
$\sqrt[3]{x}$	$-$		$+$		$+$
$\sqrt[3]{x} - 1$	$-$		$-$		$+$
$f'(x)$	$+$	不存在	$-$	0	$+$
$f(x)$	↗	极大值 0	↘	极小值 $-\dfrac{1}{3}$	↗

因此,函数的极大值为 $f(0) = 0$,极小值为 $f(1) = -\dfrac{1}{3}$.

例 3. 19   求函数 $y = x^3 - 3x^2 - 9x + 1$ 的极值点和极值.

解   所给函数的定义域为 $(-\infty, +\infty)$,则
$$y' = 3x^2 - 6x - 9 = 3(x + 1)(x + 3)$$
令 $y' = 0$,得函数的两个驻点
$$x_1 = -1, x_2 = 3, y'' = 6x - 6$$
因
$$y''|_{x=-1} = 6(-1) - 6 = -12 < 0$$
$$y''|_{x=3} = 6 \times 3 - 6 = 12 > 0$$
可知,$x_1 = -1$ 是函数的极大点,相应的极大值为
$$y|_{x=-1} = 6$$
$x_2 = 3$ 是函数的极小点,相应的极小值为
$$y|_{x=3} = -26$$

三、函数的最值

在工农业生产、科学技术研究、经营管理中,通常要求解决在一定条件下"产量最多""用料最省""效率最高"以及"成本最低"等最优化问题,这些问题反映在数学上,有时就是求函数的最值问题.

定义 3. 2   在区间 $[a, b]$ 上的连续函数 $f(x)$,如果在点 x_0 处的函数值 $f(x_0)$ 与区间上其余各点的函数值 $f(x)(x \neq x_0)$ 相比较,都有:

(1)$f(x) \leqslant f(x_0)$ 成立,则称 $f(x_0)$ 为 $f(x)$ 在 $[a, b]$ 上的最大值,点 x_0 为 $f(x)$ 在 $[a, b]$ 上的最大点.

(2)$f(x) \geqslant f(x_0)$ 成立,则称 $f(x_0)$ 为 $f(x)$ 在 $[a, b]$ 上的最小值,点 x_0 为 $f(x)$ 在 $[a, b]$ 上的最小点.

最大值和最小值统称为最值;最大点和最小点统称为最值点.

由极值与最值的定义可知,极值是局部性概念,而最值是整体性概念. 因此,如果函数 $f(x)$ 在 (a, b) 内的某点 x_0 处达到最值,那么这个最值一定是极值,点 x_0 一定是 $f(x)$ 的极值点.

函数的最值可能在区间 (a, b) 内取得,也可能在区间的端点取得.

求函数 $f(x)$ 在 $[a, b]$ 内的最值的一般步骤如下:

(1)求出 $f(x)$ 在 (a, b) 内的所有极值(或求出 $f(x)$ 在 (a, b) 内的所有可能极值点处的函数值,可以不判定是不是极值).

(2)求出函数值 $f(a)$,$f(b)$.

（3）比较 $f(a)$，$f(b)$ 和所有极值（或所有可能极点处的函数值）的大小. 其中，最大者为最大值，最小者为最小值.

例 3.20　求函数 $f(x) = x^4 - 2x^2 - 5$ 在区间 $[-2,2]$ 上的最值.

解　$$f'(x) = 4x^2 - 4x = 4x(x^2 - 1)$$

令 $f'(x) = 0$ 得驻点 $x_1 = -1$，$x_2 = 0$，$x_3 = 1$. 驻点处的函数值为

$$f(-1) = f(1) = -6, f(0) - 5$$

端点处的函数值为

$$f(-2) = f(2) = 3$$

因此，在区间 $[-2,2]$ 上函数的最大值为 $f(\pm 2) = 3$，最小值为 $f(\pm 1) = -6$.

以下两种情形，求函数的最值更为简捷：

（1）如果连续函数 $f(x)$ 在 $[a,b]$ 上单调递增，则 $f(x)$ 的最大值与最小值分别为 $f(b)$，$f(a)$；如果连续函数 $f(x)$ 在 $[a,b]$ 上单调递减，则 $f(x)$ 的最大值与最小值分别为 $f(a)$，$f(b)$.

（2）如果函数 $f(x)$ 在一个区间（有限或无限、开或闭）内可导且只有一个驻点 x_0，并且该驻点 x_0 为 $f(x)$ 的极值点，当 $f(x_0)$ 是极大值时，则 $f(x_0)$ 为 $f(x)$ 在该区间上的最大值；当 $f(x_0)$ 是极小值时，则 $f(x_0)$ 为 $f(x)$ 在该区间上的最小值.

例 3.21　求函数 $f(x) = e^{-x^2}$ 在给定区间上的最值.

（1）$[1, \sqrt{5}]$　　　　　　　　　　（2）$(-\infty, +\infty)$

解　（1）在 $[1, \sqrt{5}]$ 内，$f'(x) = -2xe^{-x^2} < 0$，因此，$f(x)$ 在区间 $[1, \sqrt{5}]$ 上单调递减，故 $f(x)$ 在 $[1, \sqrt{5}]$ 上的最大值为 $f(1) = e^{-1}$，最小值为 $f(\sqrt{5}) = e^{-5}$.

（2）在 $(-\infty, +\infty)$ 内，由 $f'(x) = -2xe^{-x^2} = 0$，得驻点 $x = 0$. 又

$$f''(x) = 2(2x^2 - 1)e^{-x^2}, f''(0) < 0$$

因此，$f(x)$ 在 $x = 0$ 处取得极大值 $f(0) = 1$，故 $f(x)$ 在 $(-\infty, +\infty)$ 的最大值为 $f(0) = 1$，且 $f(x)$ 无最小值.

四、函数最值应用举例

在用导数研究应用问题的最值时，如果所建立的函数 $f(x)$ 在区间 (a,b) 内可导，并且 $f(x)$ 在 (a,b) 内只有一个驻点 x_0，又根据问题本身的实际意义，可判定在 (a,b) 内必有最大（小）值，则 $f(x_0)$ 就是所求的最大（小）值，不必再进行数学判断.

例 3.22（应用案例）　用边长为 48 cm 的正方形铁皮制作一个无盖的铁盒，

在铁皮的四周各截去面积相等的小正方形,然后把四周折起,焊成铁盒,问在四周截去多大的正方形才能使所制作的铁盒容积最大?

解 设截去的小正方形的边长为 $x(\mathrm{cm})$,铁盒容积为 $V(\mathrm{cm})$. 根据题意有
$$V = x(48 - 2x)^2 \qquad x \in (0, 24)$$

问题归结为求 x 为何值时,函数 V 在区间 $(0, 24)$ 内取得最大值,即
$$V' = (48 - 2x)^2 + 2x(48 - 2x)(-2) = 12(24 - x)(8 - x)$$

令 $V' = 0$,求得在 $(0, 24)$ 内的驻点 $x = 8$. 由于函数在 $(0, 24)$ 内只有一个驻点,因此,当 $x = 8$ 时,V 取最大值,即当截去的正方形边长为 $8 \ \mathrm{cm}$ 时,铁盒容积最大.

例 3.23(应用案例) 已知电源电压为 E,内电阻为 r,求负载电阻 R 多大时,输出功率最大?

解 从电学可知,消耗在负载电阻上的功率 $P = I^2 R$,其中,I 为电路中的电流. 又由欧姆定律得
$$I = \frac{E}{r + R}$$

代入功率 P,得
$$P = \left(\frac{E}{r + R}\right)^2 R = \frac{E^2 R}{(r + R)^2} \qquad R \in (0, +\infty)$$
$$P' = E^2 \cdot \frac{r - R}{(r + R)^3}$$

令 $P' = 0$,得唯一驻点 $R = r$. 因此,当 $R = r$ 时,输出功率 P 最大.

例 3.24(应用案例) 某工厂生产产量为 x(件)时,生产成本函数 $C(x)$(元)为
$$C(x) = 9\,000 + 40x + 0.001x^2$$
该厂生产多少件产品时,平均成本达到最小?并求出其最小平均成本和相应的边际成本.

解 平均成本函数为
$$\overline{C}(x) = \frac{C(x)}{x} = \frac{9\,000}{x} + 40 + 0.01x$$
$$\overline{C}'(x) = -\frac{9\,000}{x^2} + 0.001$$
$$\overline{C}''(x) = \frac{1\,800}{x^3} > 0$$

令 $\overline{C}'(x) = 0$ 得 $x = 3\,000$. 因为驻点唯一,所以当 $x = 3\,000$ 是区间

（0，+ ∞）唯一的极小点. 当产量 $x = 3\ 000$ 件时, 平均成本最小, 且最小平均成本为

$$\overline{C}(3\ 000) = 46\ 元／件$$

而边际成本函数为

$$C'(x) = 40 + 0.002x$$

所以 $x = 3\ 000$ 时, 相应的边际成本为

$$C'(3\ 000) = 46\ 元／件$$

显然, 最小平均成本等于其相应的边际成本.

习题 3.3

1. 判定函数 $f(x) = x + \cos x (0 \leqslant x \leqslant 2\pi)$ 的单调性.

2. 证明: $y = x^3 + x$ 单调增加.

3. 证明: $y = \dfrac{x^2 - 1}{x}$ 在不含点 $x = 0$ 的任何区间都是单调增加的.

4. 求下列函数的单调区间:

（1）$y = 2x^3 - 6x^2 - 18x - 1$ 　　　　（2）$y = (x - 2)^5 (2x + 1)^4$

（3）$y = \dfrac{10}{4x^3 - 9x^2 + 6x}$ 　　　　（4）$y = \sqrt[3]{(2x - a)(a - x)^2}$ 　（$a > 0$）

（5）$y = 2x^2 - \ln x$ 　　　　　　（6）$y = \ln(x + \sqrt{1 + x^2})$

5. 证明下列不等式:

（1）$1 + \dfrac{1}{2}x > \sqrt{1 + x}$ 　（$x > 0$）

（2）$1 + x \ln(x + \sqrt{1 + x^2}) > \sqrt{1 + x^2}$ 　（$x > 0$）

（3）$\sin x + \tan x > 2x \left(0 < x < \dfrac{\pi}{2}\right)$

（4）$\arctan x \geqslant x$ 　（$x \leqslant 0$）

6. 试证方程 $\sin x = x$ 只有一个实根.

7. 试确定方程 $x^3 - 3x^2 - 9x + 2 = 0$ 的实根个数, 并指出这些根的所在范围.

8. 求下列函数的极值:

（1）$y = 2x^3 - 3x^2$ 　　　　（2）$y = \dfrac{1 + 3x}{\sqrt{4 + 5x^2}}$ 　　　　（3）$y = x - \ln(1 + x^2)$

$(4) y = x^{\frac{1}{x}}$ $\qquad\qquad (5) y = 2e^x + e^{-x}$ $\qquad\qquad (6) y = x + \tan x$

9. 求下列函数在指定区间上的最大值和最小值:

$(1) y = x^5 - 5x^4 + 5x^3 + 1, [-1, 2]$

$(2) y = \dfrac{1 - x + x^2}{1 + x - x^2}, [0, 1]$

$(3) y = \dfrac{a^2}{x} + \dfrac{b^2}{1 - x}, (0, 1), (a > b > 0)$

$(4) y = x + \sqrt{1 - x}, [-5, 1]$

$(5) y = \sin 2x - x, \left[-\dfrac{\pi}{2}, \dfrac{\pi}{2} \right]$

$(6) y = \arctan \dfrac{1 - x}{1 + x}, [0, 1]$

$(7) f(x) = |x^2 - 3x + 2|, [-10, 10]$

10. 将 8 分为两部分,怎样分才使它们的立方之和为最小?

11. 设一球的半径为 R,内接于此球的圆柱体的最高为 h,问 h 为多大时圆柱的体积最大?

12. 过平面上一已知点 $P(1, 4)$ 引一条直线,要使它在二坐标轴上的截距都为正,且它们之和为最小,求此直线的方程.

13. 对某个量 x 进行 n 次测量,得到 n 个测量值 $x_1, x_2, \cdots, x_n$,试证:当 x 取这 n 上数的算术平均值 $\dfrac{x_1 + x_2 + \cdots + x_n}{n}$ 时,所产生的误差的平方和 $(x - x_1)^2 + (x - x_2)^2 + \cdots + (x - x_n)^2$ 为最小.

第四节 导数在经济中的应用

一、边际分析

在经济分析中,通常用平均变化率和瞬时变化率来描述因变量 y 关于自变量 x 的变化情况. 显然,平均变化率是函数 y 的改变量与自变量 x 的改变量之比;而瞬时变化率则表示在 x 的某一个值的"边缘"上 y 的变化情况,即当 x 的一个给定值的改变量趋于零时平均变化率的极限. 显然,此极限就是函数 y 在点 x 处的导数.

边际是经济学中的重要概念,用导数来研究经济变量的边际的方法,称为边际分析.

定义 3.3　经济学中,把函数 $f(x)$ 的导数 $f'(x)$ 称为 $f(x)$ 的边际函数. $f'(x)$ 在点 x_0 的值 $f'(x_0)$ 称为 $f(x)$ 在 x_0 的边际值(或变化率).

因为

$$f'(x_0) = \lim_{\Delta x \to 0} \frac{f(x_0 + \Delta x) - f(x_0)}{\Delta x}$$

故

$$\frac{f(x_0) + \Delta x - f(x_0)}{\Delta x} = f'(x_0) + \alpha \qquad \lim_{\Delta x \to 0} \alpha = 0$$

当 $\Delta x \to 0$(即很小)时,有

$$\frac{f(x_0 + \Delta x) - f(x_0)}{\Delta x} \approx f'(x_0)$$

在经济学中,通常取 $\Delta x = 1$,就认为 Δx 达到很小(再小的话也没有什么实际意义了). 所以有

$$f(x_0 + \Delta x) - f(x_0) \approx f'(x_0)$$

在实际问题中,通常略去"近似"二字,就得到 $f(x)$ 在 x_0 的边际值 $f'(x_0)$ 的经济意义:它表示当自变量 x 在 x_0 的基础上再增加一个单位时,函数 y 的改变量.

例 3.25　某商品生产 x 件的成本为

$$C(x) = \frac{1}{2}x^2 + 20x + 100 \text{ 万元}$$

求:

(1)当产量为 40 件时的总成本和平均成本.

(2)平均成本函数.

(3)当产量为 40 件时的边际成本,并说明经济意义.

解　(1)当产量为 40 件时的总成本为

$$C(40) = 1\,700 \text{ 万元}$$

当产量为 40 件时的平均成本为

$$\frac{C(40)}{40} = 42.5 \text{ 万元}$$

(2)平均成本函数为

$$\frac{C(x)}{x} = \frac{1}{2}x + 20 + \frac{100}{x} \qquad 万元$$

（3）当产量为40件时的边际成本,因为

$$C'(x) = x + 20$$

故

$$C(40) = 60 \; 万元$$

经济意义:当产量为40件时,再增加1件,成本增加60万元.

例3.26 已知某商品的价格是销量的函数,销售 q 件的价格为 $p = 100 - \frac{1}{2}q$ 万元,求销量为60件时的边际收益,并说明经济意义.

解 因为收益函数为

$$R = R(q) = pq = 100q - \frac{1}{2}q^2$$

所以边际收益为

$$R' = R'(q) = 100 - q$$

故

$$R'(60) = 40 \; 万元$$

经济意义:在销量为60件的基础上,再多销售1件,收入将增加40万元.

例3.27 某糕点加工厂生产A类糕点的总成本函数和总收入函数分别为

$$C(x) = 100 + 2x + 0.02x^2 \; 和 \; R(x) = 7x + 0.01x^2$$

求边际利润函数和当日产量分别是 $200,250,300 \; kg$ 时的边际利润,并说明其经济意义.

解 （1）总利润函数为

$$L(x) = R(x) - C(x) = 5x - 100 - 0.01x^2$$

边际利润函数为

$$L'(x) = 5 - 0.02x$$

（2）当日产量分别是 $200,250,300 \; kg$ 时的边际利润分别为

$$L'(200) = L'(x)\big|_{x=200} = 1 \; 元$$

$$L'(250) = L'(x)\big|_{x=250} = 0 \; 元$$

$$L'(300) = L'(x)\big|_{x=300} = -1 \; 元$$

经济意义:当日产量为200 kg时,再增加1 kg,则总利润可增加1元.当日产量为250 kg时,再增加1 kg,则总利润无增加.当日产量为300 kg时,再增加1 kg,则总利润不但不增加,反而减少1元.

由此可知,当某一产品的生产量超过边际利润的零点($L'(x) = 0$)时,将无利可图.

二、弹性分析

弹性是用来描述一个经济变量对另一个经济变量变化时所作出反映的强弱程度,即弹性是用来描述一个量对另一个量的相对变化率的一个量.

定义 3.4 若函数 $y = f(x)$ 在点 $x_0(x_0 \neq 0)$ 及其左右附近有定义,且 $f(x_0) \neq 0$ 则称 Δx 和 Δy 分别是 x 和 y 在 x_0 处的绝对增量,并称 $\dfrac{\Delta x}{x_0}$ 与 $\dfrac{\Delta y}{y_0} = \dfrac{f(x_0 + \Delta x) - f(x_0)}{f(x_0)}$ 分别为自变量 x 与函数 y 在点 x_0 处的相对增量.

定义 3.5 设 $y = f(x)$ 当 $\Delta x \to 0$ 时,极限 $\lim\limits_{\Delta x \to 0} \dfrac{\Delta y / y_0}{\Delta x / x_0}$ 存在,则称此极限值为函数 $f(x)$ 在点 x_0 处的弹性,记为 $\eta(x_0)$.

一般若 $f(x)$ 可导,则把 $f'(x) \dfrac{x}{f(x)}$ 称为 $f(x)$ 的弹性函数,记为 $\eta(x)$. 函数 $f(x)$ 在 x_0 的弹性实际上就是弹性函数 $\eta(x)$ 在点 x_0 处的函数值.

由弹性的定义可知:

(1) 若 $y = f(x)$ 在点 x_0 处可导,则它在 x_0 处的弹性为

$$\eta(x_0) = \lim_{\Delta x \to 0} \left(\frac{\Delta y}{\Delta x} \cdot \frac{x_0}{y_0} \right) = x_0 \frac{f'(x_0)}{f(x_0)}$$

(2) $\eta(x_0)$ 的实际意义是:在 x_0 点处,产生 1% 的改变量,则函数 $y = f(x)$ 就会产生 $\eta(x_0)\%$ 的改变,且当 $\eta(x_0) > 0$ 时,x 与 y 的变化方向相同;当 $\eta(x_0) < 0$ 时,x 与 y 的变化方向相反.

(3) 弹性是一个无量纲的数值,这一数值与计量单位无关.

例 3.28 求函数 $f(x) = \dfrac{x}{x + 2}$ 在 $x = 1$ 的弹性并说明其意义.

解 $\eta(x) = f'(x) \dfrac{x}{f(x)} = \dfrac{2}{(x+2)^2} \cdot \dfrac{x}{\dfrac{x}{x+2}} = \dfrac{2}{x + 2} \dfrac{n!}{r!(n-r)!}$

$$\eta(1) = \frac{2}{3} \approx 0.67$$

它表示当 $x = 1$ 时,再增加 1%,函数值便从 $f(1) = \dfrac{1}{3}$ 再相应增加 0.67%.

例 3.29 设某商品的需求函数为 $Q = f(p) = 250 - 25p$,求:

(1)需求弹性函数.

(2)在 $p = 3, p = 5, p = 8$ 处的弹性,并说明其经济意义.

解 (1)需求弹性函数为

$$\eta(p) = f'(p) \frac{p}{f(p)} = -25 \frac{p}{250 - 25p} = \frac{p}{p - 10}$$

(2) $$\eta(3) = \frac{3}{3 - 10} = \frac{3}{7} \approx -0.43$$

$$\eta(5) = \frac{5}{5 - 10} = -1$$

$$\eta(8) = \frac{8}{8 - 10} = -4$$

其经济意义是:当 $p = 3$ 时,$\eta \approx -0.43$,这表明需求变动的幅度小于价格变动的幅度,当价格上涨 1% 时,需求只减少 0.43%.

当 $p = 8$ 时,$\eta = -4$,这表明需求变动的幅度大于价格变动的幅度,当价格上涨 1% 时,需求减少 4%,即价格的变动对需求量的影响幅度较大;

当 $p = 5$ 时,$\eta = -1$,这表明需求变动的幅度与价格变动的幅度相同,当价格上涨 1% 时,需求就要减少 1%.

三、函数最值在经济中的应用

在经济管理中,有时需要寻求企业的最小生产成本或制订获得利润最大的一系列价格策略等,这些问题都可归结为求函数的最大值和最小值问题.

例 3.30 某商家销售某种商品的价格满足关系 $p = 7 - 0.2x$ 万元/t,且 x 为销售量(单位:t),商品的成本函数为

$$C(x) = 3x + 1 \qquad 万元$$

(1)若每销售 1 t 商品,政府要征税 k(万元),求该商家获得最大利润时的销售量.

(2)k 为何值时,政府税收总额最大.

解 (1)当该商品的销售量为 x 时,商品销售总收入为

$$R = px = 7x - 0.2x^2$$

设政府征总税额为 T,则有 $T = kx$,且利润函数为

$$L = R - T - C = -0.2x^2 + (4 - k)x - 1$$

$$L'(x) = -0.4 + 4 - k$$

令 $L'(x) = 0$,得驻点

$$x = \frac{5}{2}(4 - k)$$

而 $L''(x) = -0.4 < 0$,且驻点 $x = \frac{5}{2}(4 - k)$ 唯一,所以 $L(x)$ 在 $x = \frac{5}{2}(4 - k)$

时取得最大值,即 $x = \frac{5}{2}(4 - k)$ 是使商家获得最大利润的销售量.

（2）由（1）的结果可知,政府税收总额为

$$k = kx = \frac{5}{2}(4 - k)k = 10 - \frac{5}{2}(k - 2)^2$$

显然,当 $k = 2$ 时,政府税收总额最大. 但必须指出的是:为了使商家在纳税的情况下仍能获得最大利润,就应该使 $x = \frac{5}{2}(4 - k) > 0$,即 k 满足限制条件 $0 < k < 4$. 显然 $k = 2$ 并未超出 k 的限制范围.

习题 3.4

1. 设某企业的总利润 L（万元）和每月产量 $Q(\mathrm{t})$ 的关系为

$$L = 70Q - Q^2$$

分别求每月生产 30 t、35 t、40 t 时的边际成本,并说明其经济意义.

2. 某厂生产某种产品,总成本函数为

$$C(q) = 200 + 4q + 0.05q^2 \qquad 元$$

（1）指出固定成本、可变成本.

（2）求边际成本函数及产量 $q = 200$ 时的边际成本.

（3）说明其经济意义.

3. 已知某商品的成本函数为 $C(Q)$ 为其产量 Q 的函数

$$C(Q) = 1\,000 + \frac{Q^2}{10}$$

（1）求当 $Q = 100$ 时的边际成本,说明其经济意义.

（2）当日产量 Q 为多少时平均成本最小,求最小平均成本.

4. 已知某商品的成本函数为

$$C(Q) = 1\,000 + \frac{Q^2}{10}$$

其中,Q 为产量.

(1)求当 $Q = 120$ 时的总成本,平均成本及边际成本.

(2)当日产量 Q 为多少时平均成本最小,求最小平均成本.

5.求函数 $y = 120e^{4x}$ 的弹性函数.

6.设某商品的需求函数为 $p = 145 - \dfrac{Q}{4}$,成本函数为 $C = 200 + 30Q$,其中,Q 为产量.

(1)求当 $Q = 100$ 时的利润、平均利润和边际利润.

(2)说明其经济意义.

7.已知某产品的价格 p 是销量 Q 的函数,即

$$p = p(Q) = 25 - 2Q$$

(1)请写出销售量为 Q 的收益函数(收入用符号 R 表示).

(2)求(1)题中所求收益函数的边际收益函数.

(3)求产量 $Q = 5$ 时的边际收益,并说明其经济意义.

8.设某商品的需求函数为其价格 p 的函数

$$Q = e^{-\frac{p}{3}}$$

求:

(1)需求弹性函数.

(2)在 $p = 3$,$p = 6$ 处的弹性,并说明经济意义.

9.生产一种产品,每件成本 200 元,如果每件以 250 元出售,则每月可卖出 3 600 件;如果每件加价 1 元,则每月少卖出 240 件;如果每件少卖 1 元,则每月可多卖出 240 件,超过 1 元也以此类推.问每件售多少元可使每月获利最大?最大利润是多少?

复习题三

1.选择题:

(1)函数 $y = x - e^x$ 的单调递增区间为(　　).

A.$(-\infty, 0)$ 　　　　　　　　　　 B.$(0, +\infty)$

C.$(-\infty, +\infty)$ 　　　　　　　　 D.以上答案都不对

(2)关于函数的极值下列说法正确的是(　　).

A. 极小值就是函数的最小值

B. 极大值就是函数的最大值

C. 函数的极大值一定大于它的极小值

D. 函数的极大值可能小于它的极小值

（3）函数 $y = \dfrac{x^2}{1+x}$ 在 $\left[-\dfrac{1}{2}, 1\right]$ 上最小值是（　　）.

A. 0　　　　　　B. $\dfrac{1}{6}$　　　　　　C. $\dfrac{1}{2}$　　　　　　D. 1

（4）若某利润函数 $L = L(q)$ 元在 $q = 100$ 个单位时的边际利润 $L'(100) = 30$ 元,则它的经济意义为（　　）.

A. 产量为 100 时利润是 30 元

B. 在 $q = 100$ 的基础上产量每增加 1 个单位利润增加 30 元

C. 产量为 100 时的利润大于 30 元

D. 产量为 100 时的利润小于 30 元

（5）若函数 $y = f(x)$ 在 $x = 20$ 处的弹性是 3,它的意义是（　　）.

A. $x = 20$ 时,$y = 3$

B. $x = 20$ 时,x 再增加 1,y 将增加 3

C. $x = 20$ 时,x 再增加 1%,y 将增加 3

D. $x = 20$ 时,x 再增加 1%,y 将增加 3%

（6）函数 $y = \dfrac{1}{x}\mathrm{e}^{-x}$ 在区间 $(-1, 0)$ 域内（　　）.

A. 单调递增　　　　　　　　　　B. 单调递减

C. 有增有减　　　　　　　　　　D. 无法判定

（7）函数 $f(x) = 2x^2 - \ln x$ 的单调递减区间为（　　）.

A. $(-1, +\infty)$　　　　　　　　B. $(0, +\infty)$

C. $-\left(\dfrac{1}{2}, 0\right)$　　　　　　　　D. $\left(-1, -\dfrac{1}{2}\right) \cup \left(0, \dfrac{1}{2}\right)$

（8）如果函数 $y = f(x)$ 在区间 (a, b) 上连续且单调递减,则 $y = f(x)$ 在区间 $[a, b]$ 内的最大值为（　　）.

A. $f(a)$　　　　　　　　　　　　B. $f(b)$

C. 介于 $f(a)$ 和 $f(b)$ 之间某一数值　　D. 以上答案都不对

（9）函数 $y = \dfrac{x-1}{x+1}$ 在 $[0, 4]$ 上最小值是（　　）.

A. -1　　　　　　B. 0　　　　　　C. $\dfrac{1}{2}$　　　　　　D. 1

（10）若某利润函数为 $L = L(q) = 150q - \dfrac{q^2}{2} - 10\ 000$，$q$ 为产量，则 $q = 100$ 时的边际利润为（　　）.

　A. 100　　　　　　　B. 50　　　　　　　C. 0　　　　　　　D. -50

2. 填空题：

（1）极限 $\lim\limits_{x\to 0} \dfrac{x^3 + x^2}{1 - \cos x} = $ _____.

（2）$\lim\limits_{x\to 1}\left(\dfrac{1}{\ln x} - \dfrac{x}{\ln x} \right) = $ _____.

（3）函数 $y = \dfrac{x^2 - 1}{x}$ 的单调递增区间是 _____.

（4）函数 $y = x^2 \ln x$ 在 $x = $ _____ 处取到极小值.

3. 求函数 $f(x) = \dfrac{1}{3}x^3 - x^2 - 3x + 2$ 的单调区间和极值.

4. 求函数 $f(x) = 2x^3 - 6x^2 + 3$ 在区间 $[-1, 1]$ 上的最大值和最小值.

5. 利用洛必达法则求极限 $\lim\limits_{x\to 0^+} x^{\frac{1}{\ln(e^x - 1)}}$.

6. 求函数 $f(x) = \dfrac{1 - x + x^2}{1 + x - x^2}$ 在区间 $[0, 1]$ 上的最大值和最小值.

7. 铁路线上自西向东的 AB 段相距 200 km，工厂 C 位于 A 站正南 40 km 处，现准备在 AB 线上选定一中转站 D 向工厂筑一条公路，已知每箱产品的铁路运费为 3 元/km，公路运费为 5 元/km，该工厂产品均需运到 B 站向外转发，问 D 站应选在距 A 站多少千米处，才能使产品发运到 B 站的总费用最省？

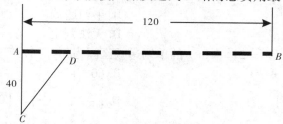

8. 已知某商品的价格函数为 $p = 150 - \dfrac{q}{2}$ 才能使生产出来的商品刚好卖完. 成本函数为 $C = 500 + 40q$，这里 p 为价格，q 为产量，求当 $q = 100$ 时的边际利润，并说明经济意义.

9. 有甲乙两城，甲城位于一直线形的河岸，乙城离岸 40 km，乙城到岸的垂足与甲城相距 50 km. 两城在此河边合设一水厂取水处，从水厂到甲城和乙城的水管费用分别为每千米 500 元和 700 元，问此水厂应设在河边何处，才能使水管费用为最省？

第四章 一元函数积分学及其应用

前面已经学习了导数及微分的概念和运算,本章主要介绍积分的概念、性质、积分方法及积分在实际中的简单应用.

第一节 定积分的概念

一、实例分析

1. 曲边梯形的面积

设函数 $y = f(x)$ 在区间 $[a,b]$ 上连续且非负,由曲线 $y = f(x)$ 及 3 条直线 $x = a, x = b$ 和 $y = 0$ 所围成的平面图形,称为曲边梯形,如图 4.1 所示. 如果会求这种曲边梯形的面积,那么,一般平面图形的面积计算就可基本解决.

引例 4.1 如图 4.2 所示,求由曲线所围成的平面图形的面积.

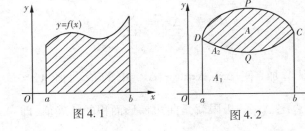

图 4.1   图 4.2

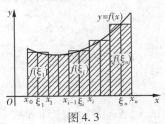

图 4.3

分析　图中阴影部分的面积可转化为曲边梯形 $abCPD$ 的面积 A_1 与曲边梯形 $abCQD$ 的面积 A_2 的差. 这样平面图形的面积计算就已经转化为计算曲边梯形的面积.

怎样求曲边梯形的面积呢?如果把曲边梯形与矩形进行比较,两者的差异在于矩形的四边都是直的,而曲边梯形有 3 边是直的,一边为"曲"的,也就是说矩形的高"不变",曲边梯形的高要"变",这就需要解决"直"与"曲"的矛盾,为此采用"近似逼近"的方法来解决:当曲边梯形的底边较小时,可将它近似地作为矩形来计算. 于是,用一组垂直于底边的直线将整个曲边梯形分割成许多小曲边梯形(见图 4.3),在每个小曲边梯形里用 $y = f(x)$ 上的某点处的高画出相对应的矩形,这样就可用小矩形的面积作为小曲边梯形的近似值. 为减少误差,则需要把曲边梯形分割更细,当分割后的小曲边梯形的所有底边中最长的边都趋于零时,则所有小矩形面积之和的极限就是曲边梯形面积的准确值. 这就是定积分的基本思想.

其具体步骤如下:

(1) 分割

任取分点 $a = x_0 < x_1 < x_2 < \cdots < x_n = b$,即把区间 $[a,b]$ 分成 n 个小区间 $[x_{i-1}, x_i](i = 1,2,\cdots,n)$. 相应的,作直线 $x = x_i(i = 1,2,\cdots,n-1)$ 将曲边梯形分割成 n 个小曲边梯形,它们的面积分别记为

$$\Delta A_1, \Delta A_2, \cdots, \Delta A_n$$

(2) 近似代替(以直代曲)

在每个小区间 $[x_{i-1}, x_i]$ 上任取一点 ξ_i,以 $f(\xi_i)$ 为高,$\Delta x_i(\Delta x_i = x_i - x_{i-1})$ 为底的小矩形面积作为同底的小曲边梯形的近似值,即

$$\Delta A_i \approx f(\xi_i)\Delta x_i \qquad i = 1,2,3,\cdots,n$$

(3) 求和

用 n 个小矩形面积和作为整个曲边梯形的面积 A 的近似值,即

$$A \approx f(\xi_1) \cdot \Delta x_1 + f(\xi_2) \cdot \Delta x_2 + \cdots + f(\xi_n) \cdot \Delta x_n = \sum_{i=1}^{n} f(\xi_i) \cdot \Delta x_i$$

(4) 取极限

为使 $[a,b]$ 内的分点无限增加,使 $\Delta x_1, \Delta x_2, \cdots, \Delta x_n$ 中的最大值 $\lambda = \max\limits_{1 \leq i \leq n}\{\Delta x_i\} \to 0$,这样和式 $\sum\limits_{i=1}^{n} f(\xi_i) \cdot \Delta x_i$ 的极限就是曲边梯形面积的精确值,即

$$A = \lim_{x \to 0} \sum_{i=1}^{n} f(\xi_i) \Delta x_i$$

2. 变速直线运动的路程

引例4.2　设一物体作直线运动,已知速度 $v = v(t)$ 是时间间隔 $[T_0, T]$ 上的连续函数,且 $v(t) \geq 0$,求物体在这段时间内所走的路程.

分析　现在速度是变量,路程就不能用初等方法求得了,必须解决速度"变"与"不变"的矛盾. 为此,设想把时间间隔 $[T_0, T]$ 分成若干个小的时间间隔,当时间间隔很短时,以"不变"的速度代替"变"的速度在这个小的时间间隔内,用匀速直线运动的路程近似表示这段时间内变速直线运动的路程,再把每一时间间隔路程的近似值加起来取极限,从而得到路程的准确值.

其具体步骤如下:

(1) 分割

任取分点 $T_0 = t_0 < t_1 < t_2 < \cdots < t_n = T$,把 $[T_0, T]$ 分成 n 个区间,每个小区间的长度为

$$\Delta t_i = t_i - t_{i-1} \qquad i = 1, 2, \cdots, n$$

(2) 近似代替

将每个小时间间隔的运动看成匀速运动,任取时刻 $\xi = [t_{i-1}, t_i]$,则以 $v(\xi_i) \cdot \Delta t_i$ 作为这小段时间所走路程 Δs_i 的近似值,即

$$\Delta s_i \approx v(\xi_i) \cdot \Delta t_i \qquad i = 1, 2, \cdots, n$$

(3) 求和

把 n 个小段时间上的路程相加,就得到总路程 S 的近似值,即

$$S = \sum_{i=1}^{n} v(\xi_i) \cdot \Delta t_i$$

(4) 取极限

当 $\lambda = \max_{1 \leq i \leq n} \{\Delta x_i\} \to 0$ 时,就得到总路程 S 的准确值,即

$$S = \lim_{\lambda \to 0} \sum_{i=1}^{n} v(\xi_i) \cdot \Delta t$$

上面两个实例中要计算的量具有不同的实际意义,但无论求曲边梯形的面积,还是求变速直线运动物体所走的路程,其计算这些量的思想方法和步骤都是相同的,不考虑其实际意义,可抽出定积分的数学模型 —— 和式的极限.

二、定积分的概念

定义 4.1 设函数 $y = f(x)$ 在区间 $[a,b]$ 上有定义,任取分点 $x_1, x_2, \cdots,$ x_{n-1},且

$$a = x_0 < x_1 < x_2 < \cdots < x_n = b$$

将区间 $[a,b]$ 分割成 n 个小区间 $[x_{i-1}, x_i]$,小区间的长度记为

$$\Delta x_i = x_i - x_{i-1}$$

且在每个小区间 $[x_{i-1}, x_i]$ 上任取一点 ξ_i,作乘积 $f(\xi_i) \cdot \Delta x_i$ 的和式 $\sum\limits_{i=1}^{n} f(\xi_i) \cdot \Delta x_i$

如果对区间 $[a,b]$ 不论采用何种分法以及 ξ_i 如何选取,$\lambda = \max\limits_{1 \leqslant i \leqslant n}\{\Delta x_i\} \to 0$,上述和式的极限存在,则称此极限为 $f(x)$ 在区间 $[a,b]$ 上的定积分,记为

$$\int_a^b f(x)\,\mathrm{d}x = \lim_{\lambda \to 0} \sum_{1 \leqslant i \leqslant n}^{n} f(\xi_i) \cdot \Delta x_i$$

其中,$f(x)$ 为被积函数,$f(x)\mathrm{d}x$ 为被积表达式,x 为积分变量,$[a,b]$ 为积分区间,a,b 分别称为积分下限和上限.

注意:定积分是一种特殊的和式极限,其值是一个实数,其大小由被积函数和积分上下限确定,而与积分变量的记号无关,即

$$\int_a^b f(x)\,\mathrm{d}x = \int_a^b f(u)\,\mathrm{d}u = \int_a^b f(t)\,\mathrm{d}t$$

概括定积分的概念,前面两个例子均可用定积分表示如下

(1)因为 $x \in [a,b]$ 时 $f(x) > 0$,则曲边梯形面积为

$$A = \int_a^b f(x)\,\mathrm{d}x$$

(2)变速直线运动的路程为

$$S = \int_{T_0}^{T} v(t)\,\mathrm{d}t$$

三、定积分的几何意义

(1)若在 $[a,b]$ 上 $f(x) \geqslant 0$,则 $\int_a^b f(x)\,\mathrm{d}x$ 表示曲线 $y = f(x)$ 与直线 $x = a$, $x = b$ 和 $y = 0$ 围成曲边梯形面积值(见图 4.4),即

$$\int_a^b f(x)\,\mathrm{d}x = A$$

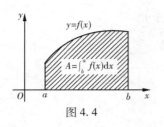

图 4.4

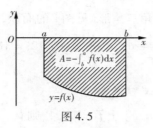

图 4.5

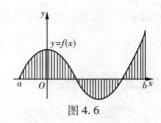

图 4.6

（2）若在 $[a,b]$ 上 $f(x) \leqslant 0$，则 $\int_a^b f(x)\mathrm{d}x$ 表示曲线 $y = f(x)$ 与直线 $x = a$，$x = b$ 和 $y = 0$ 围成曲边梯形面积值的相反数（见图 4.5），即

$$\int_a^b f(x)\mathrm{d}x = -A$$

（3）若在 $[a,b]$ 上 $f(x)$ 有正、有负，则 $\int_a^b f(x)\mathrm{d}x$ 表示曲线 $y = f(x)$ 与直线 $x = a$，$x = b$ 和 $y = 0$ 和所围图形在 x 轴上方的曲边梯形面积与 x 轴下方的曲边梯形面积之差（见图 4.6），即

$$\int_a^b f(x)\mathrm{d}x = A_1 - A_2 + A_3$$

例 4.1 不求定积分的值，判定其符号：

（1）$\int_{-3}^0 \mathrm{e}^x \mathrm{d}x$ （2）$\int_{-2}^2 (x^2 - 5)\mathrm{d}x$

解 （1）因为 $x \in [-3,0]$ 时，$\mathrm{e}^0 > 0$. 所以

$$\int_{-3}^0 \mathrm{e}^x \mathrm{d}x > 0$$

（2）因为 $x \in [-2,2]$ 时，$x^2 - 5 < 0$，所以

$$\int_{-2}^2 (x^2 - 5)\mathrm{d}x < 0$$

例 4.2 利用定积分的几何意义求定积分.

（1）$\int_{-2}^2 \sqrt{4 - x^2}\mathrm{d}x$ （2）$\int_0^3 4x\mathrm{d}x$

解 （1）被积函数 $y = \sqrt{4 - x^2}$ 的图形是圆心在坐标原点，半径为 2 的圆的上半部分. 于是所求定积分为 $\dfrac{1}{2}\pi \times 2^2 = 2\pi$，即

$$\int_{-2}^2 \sqrt{4 - x^2}\mathrm{d}x = 2\pi$$

（2）由定积分的几何意义可知，$\int_0^3 4x\mathrm{d}x$ 表示以直线 $y = 4x$ 为顶，以 x 轴及为

底的曲边梯形的面积,即直角三角形(见图)的面积,于是

$$\int_0^3 4x\mathrm{d}x = \frac{1}{2} \times 3 \times 12 = 18$$

四、定积分的性质

性质 4.1 若在区间 $[a,b]$ 上 $f(x) = 1$,则有

$$\int_a^b 1 \cdot \mathrm{d}x = b - a$$

性质 4.2 被积函数的常数因子可提到积分符号外面,即

$$\int_a^b k \cdot f(x)\mathrm{d}x = k \int_a^b f(x)\mathrm{d}x \qquad k \text{ 为常数}$$

性质 4.3 两个函数代数和的定积分等于它们定积分的代数和,即

$$\int_a^b [f(x) \pm g(x)]\mathrm{d}x = \int_a^b f(x)\mathrm{d}x \pm \int_a^b g(x)\mathrm{d}x$$

此性质可推广到有限个函数的代数和的情形.

性质 4.4 对于任意的 3 个数 a,b,c,有

$$\int_a^b f(x)\mathrm{d}x = \int_a^c f(x)\mathrm{d}x + \int_c^b f(x)\mathrm{d}x$$

性质 4.5 定积分的上下限对换,则定积分变号,即

$$\int_a^b f(x)\mathrm{d}x = -\int_b^a f(x)\mathrm{d}x$$

推论 4.1 当 $a = b$ 时,由性质 4.5,得

$$\int_a^a f(x)\mathrm{d}x = -\int_a^a f(x)\mathrm{d}x$$

故

$$\int_a^a f(x) = 0$$

性质 4.1—性质 4.5 均可用定积分的定义证明(此处略).

性质 4.6(比较性质) 如果在区间 $[a,b]$ 上有 $f(x) \leqslant g(x)$,则

$$\int_a^b f(x)\mathrm{d}x \leqslant \int_a^b g(x)\mathrm{d}x$$

证 设 $F(x) = f(x) - g(x)$,因为 $f(x) \leqslant g(x)$,故 $F(x) \leqslant 0$. 由定积分的几何意义可得

$$\int_a^b F(x)\mathrm{d}x \leqslant 0$$

即

$$\int_a^b [f(x) - g(x)] \mathrm{d}x \leqslant 0$$

故

$$\int_a^b f(x) \mathrm{d}x \leqslant \int_a^b g(x) \mathrm{d}x$$

性质 4.7(估值定理)　设 $f(x)$ 在 $[a,b]$ 上的最大值和最小值分别为 M, m,则有

$$m(b - a) \leqslant \int_a^b f(x) \mathrm{d}x \leqslant M(b - a)$$

证　因为已知 $m \leqslant f(x) \leqslant M$,由性质 4.6,有

$$\int_a^b m \mathrm{d}x \leqslant \int_a^b f(x) \mathrm{d}x \leqslant \int_a^b M \mathrm{d}x$$

故

$$m(b - a) \leqslant \int_a^b f(x) \mathrm{d}x \leqslant M(b - a)$$

性质 4.8(积分中值定理)　如果函数 $f(x)$ 在 $[a,b]$ 上连续,那么,在该区间 $[a,b]$ 上至少存在一点 $\xi \in [a,b]$,使得

$$\int_a^b f(x) \mathrm{d}x = f(\xi) \cdot (b - a) \qquad a < \xi < b$$

证　由性质 4.7 的不等式同除以 $b - a$ 得

$$m \leqslant \frac{1}{b - a} \int_a^b f(x) \mathrm{d}x \leqslant M$$

由闭区间上连续函数的介值定理可知,至少存在一点 $\xi \in [a,b]$,使得

$$f(\xi) = \frac{1}{b - a} \int_a^b f(x) \mathrm{d}x$$

故

$$\int_a^b f(x) \mathrm{d}x = f(\xi)(b - a)$$

性质 4.8 的几何解释是:一条曲线 $y = f(x)$ 在 $[a,b]$ 上的曲边梯形面积等于以区间 $[a,b]$ 长度为底,$[a,b]$ 中的一点 ξ 的函数值为高的矩形面积,如图 4.7 所示.

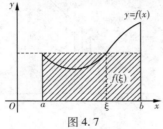

图 4.7

例 4.3 比较下列各对积分值的大小：

(1) $\int_1^2 x\mathrm{d}x$ 和 $\int_1^2 x^2\mathrm{d}x$ (2) $\int_1^e \ln x\mathrm{d}x$ 和 $\int_1^e \ln^2 x\mathrm{d}x$

解 (1) 当 $1 \leqslant x \leqslant 2$ 时，有 $x \leqslant x^2$，根据性质 4.6 得

$$\int_1^2 x\mathrm{d}x < \int_1^2 x^2\mathrm{d}x$$

(2) 当 $1 \leqslant x \leqslant e$ 时，有 $\ln x \geqslant \ln^2 x$，根据性质 4.6 得

$$\int_1^e \ln x\mathrm{d}x > \int_1^e \ln^2 x\mathrm{d}x$$

例 4.4 估计定积分 $\int_0^2 e^{x^2}\mathrm{d}x$ 的值.

解 因为 $x \in [0,2]$ 时

$$1 \leqslant e^{x^2} \leqslant e^4$$

由定积分的性质 4.6，得

$$\int_0^2 1 \cdot \mathrm{d}x \leqslant \int_0^2 e^{x^2}\mathrm{d}x \leqslant \int_0^2 e^4 \mathrm{d}x$$

故

$$2 \leqslant \int_0^2 e^{x^2}\mathrm{d}x \leqslant 2e^4$$

例 4.5（应用案例） 一辆汽车以速度 $v(t) = 3t + 5(\mathrm{m/s})$ 作直线运动，试用定积分表示汽车在 $t_1 = 1\,\mathrm{s}$ 到 $t_2 = 3\,\mathrm{s}$ 期间所经过的路程 s，并利用定积分的几何意义求出 s 的值.

解 根据题意：被积函数为 $v(t) = 3t + 5$，时间间隔 $[1,3]$ 的两端点即为积分下、上限，积分变量为时间 t. 由定积分的定义，汽车运行的路程是时间 t 在时间间隔 $[1,3]$ 上的定积分，即

$$s = \int_1^3 v(t)\mathrm{d}t = \int_1^3 (3t + 5)\mathrm{d}t$$

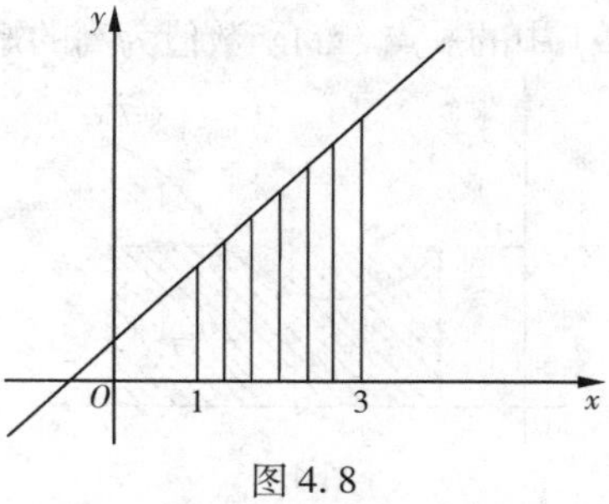

图 4.8

又因为被积函数 $v(t) = 3t + 5$ 的图像是一条直线,如图 4.8 所示. 由定积分的几何意义可知,所求路程 s 的数值等于上底为 $v(1) = 3 \times 1 + 5 = 8$,下底为 $v(3) = 3 \times 3 + 5 = 14$,高为 1 的梯形面积数值,即

$$s = \int_1^3 (3t + 5)\mathrm{d}t = \frac{1}{2}(8 + 14) \times (3 - 1) = 22$$

 习题 4.1

1. 用定积分的几何意义,判断下列定积分的符号:

(1) $\int_{-2}^{0} x^2 \mathrm{d}x$ (2) $\int_{-5}^{-1} e^x \mathrm{d}x$ (3) $\int_{\frac{\pi}{2}}^{\pi} \cos x \mathrm{d}x$ (4) $\int_{1}^{e} \ln x \mathrm{d}x$

2. 用定积分表示图 4.9 中阴影部分的面积.

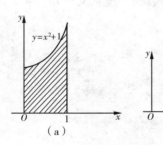
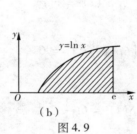
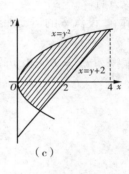

图 4.9

3. 计算下列积分的值:

(1) $\int_0^1 x \mathrm{d}x$ (2) $\int_{-1}^{1} \sqrt{1 - x^2} \mathrm{d}x$

4. 比较下列各对积分值的大小:

(1) $\int_0^{\frac{\pi}{2}} x \mathrm{d}x$ 与 $\int_0^{\frac{\pi}{2}} \sin x \mathrm{d}x$ (2) $\int_{-1}^{0} e^x \mathrm{d}x$ 与 $\int_{-1}^{0} e^{2x} \mathrm{d}x$

(3) $\int_0^1 x^2 \mathrm{d}x$ 与 $\int_0^1 x^3 \mathrm{d}x$ (4) $\int_0^{\pi} \cos x \mathrm{d}x$ 与 $\int_0^{\pi} \sin x \mathrm{d}x$

5. 估计下列定积分的值:

(1) $\int_0^2 \frac{1}{1 + x^2} \mathrm{d}x$ (2) $\int_{-1}^{1} x^2 e^{x^2} \mathrm{d}x$

6. 定积分 $\int_a^b f(x)\,\mathrm{d}x$ 的几何意义可否解释为介于曲线 $y = f(x)$, x 轴与 $x = a$, $x = b$ 之间的曲边梯形的面积?

第二节　原函数与不定积分

一、原函数的概念

先看下面两个例子.

引例 4.3　已知一辆汽车的运行速度为 $v(t) = 6 - 3t\,(t \geqslant 0)$, 求汽车的运动曲线方程.

解　设汽车的运动曲线为 $S = S(t)$, 由导数的物理意义可知

$$S'(t) = v(t)$$

根据 $v(t) = 6 - 3t$ 可知

$$\left(6t - \frac{3}{2}t^2\right)' = 6 - 3t$$

所以

$$S(t) = 6t - \frac{3}{2}t^2 + c$$

即为所求运动曲线方程.

引例 4.4　已知曲线 $f(x)$ 在点 (x, y) 处的切线的斜率为 $y' = 2x$, 求该曲线 $f(x)$ 的方程.

解　因为

$$(x^2)' = 2x$$

所以曲线 $f(x)$ 的方程为

$$y = x^2 + c$$

这两个问题, 如果抽掉其几何意义和物理意义, 都归结为已知某函数的导数(或微分), 求这个函数, 即已知 $F'(x) = f(x)$ 求 $f(x)$.

定义 4.2　设 $f(x)$ 是定义在某一区间 D 内的函数, 如果存在函数 $F(x)$, 使得在该区间内的任一点 x, 都有

$$F'(x) = f(x) \quad \text{或} \quad \mathrm{d}f(x) = f(x)\,\mathrm{d}x$$

则称函数 $F(x)$ 是已知函数 $f(x)$ 的一个原函数.

例如,在 $(-\infty, +\infty)$ 内,因为 $(x^2)' = 2x$, $(x^2 + c)' = 2x$(c 为任意常数),所以 x^2, $x^2 + c$ 都是 $2x$ 的原函数.

由此可得出结论:如果 $f(x)$ 在区间 D 内有一个原函数 $F(x)$,即 $F'(x) = f(x)$,那么,根据 $[F(x) + c]' = f(x)$,知道 $f(x)$ 在 D 内有无数多个原函数 $F(x) + c$(c 为任意常数),且任意两个原函数相差一个常数.

定理 4.1(原函数存在定理) 如果函数 $f(x)$ 在区间 D 内连续,则 $f(x)$ 在该区间内的原函数必定存在(证明略).

由于初等函数在其定义区间上都是连续的,因此,初等函数在其定义区间上都有原函数.

二、不定积分的定义

定义 4.3 如果 $F(x)$ 是函数 $f(x)$ 的一个原函数,则 $f(x)$ 的全体原函数 $F(x) + c$(c 为任意常数)称为 $f(x)$ 的不定积分,记为 $\int f(x)\mathrm{d}x$,即

$$\int f(x)\mathrm{d}x = F(x) + c$$

其中,"$\int$"称为积分号,$f(x)$ 称为被积函数,$f(x)\mathrm{d}x$ 称为被积表达式,x 称为积分变量,c 称为积分常数.

定积分与不定积分的区别:定积分 $\int_a^b f(x)\mathrm{d}x$ 是一个确定的值,而不定积分却是一簇函数(有无数多个,且能够表示为统一形式 —— 由常数 c 作标志).

由定义可知,要计算函数的不定积分,通常先求出它的一个较简单的原函数,然后再加上任意常数 c 即可.

例 4.6 求下列不定积分:

(1) $\int \mathrm{e}^x \mathrm{d}x$ (2) $\int \sin x \mathrm{d}x$

解 (1) 因为 $(\mathrm{e}^x)' = \mathrm{e}^x$,所以 e^x 是 e^x 的一个原函数,因此

$$\int \mathrm{e}^x \mathrm{d}x = \mathrm{e}^x + c$$

(2) 因为 $(-\cos x)' = \sin x$,所以 $-\cos x$ 是 $\sin x$ 的一个原函数,因此

$$\int \sin x \mathrm{d}x = -\cos + c$$

三、不定积分的几何意义

一般如果 $F(x)$ 是 $f(x)$ 的一个原函数,那么,$y = F(x)$ 的图形称为 $f(x)$ 的积分曲线. 由于 $f(x)$ 的不定积分 $\int f(x)\mathrm{d}x$ 的原函数有无穷多个,因此,不定积分 $\int f(x)\mathrm{d}x$ 的图形是一簇积分曲线,即 $y = F(x) + c$,这就是不定积分的几何意义. 如图 4.10 所示,积分曲线簇中任一条曲线可由其中某一条,如曲线 $y = F(x)$ 上下平移得到,且在横坐标相同的点处切线相互平行.

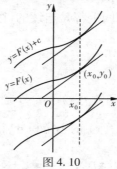

图 4.10

四、不定积分的性质

根据不定积分的定义,容易推出下列性质:

(1) $\left[\int f(x)\mathrm{d}x \right]' = f(x)$ 或 $\mathrm{d}\left[\int f(x)\mathrm{d}x \right] = f(x)\mathrm{d}x$

(2) $\int F'(x)\mathrm{d}x = F(x) + c$ 或 $\int \mathrm{d}F(x) = F(x) + c$

证 (1) 设 $f(x)$ 的全体原函数为 $F(x) + c$,则

$$\left[\int f(x)\mathrm{d}x \right]' = \left[F(x) + c \right]' = F'(x) + 0 = f(x)$$

(2) 由定义 4.2,定义 4.3 直接可得.

性质表明:

a. 微分运算与积分运算是互逆的,当微分号"d"与积分号"$\int$"连在一起时,或抵消,或抵消后相差一个常数.

b. 可利用微分运算检验积分的结果.

例如,验证:$\int \dfrac{1}{x^2}\mathrm{d}x = -\dfrac{1}{x} + c$.

因为 $\left(-\dfrac{1}{x}+c\right)' = (-x^{-1})' = x^{-2} = \dfrac{1}{x^2}$，所以

$$\int \frac{1}{x^2}\mathrm{d}x = -\frac{1}{x} + c$$

(3) 两个函数和(差)的不定积分等于这两个函数的不定积分的和(差),即

$$\int [f(x) \pm g(x)]\mathrm{d}x = \int f(x)\mathrm{d}x \pm \int g(x)\mathrm{d}x$$

此法则可推广到有限个函数的代数和的积分,即

$$\int [f_1(x) \pm f_2(x) \pm \cdots \pm f_n(x)]\mathrm{d}x = \int f_1(x)\mathrm{d}x \pm \int f_2(x)\mathrm{d}x \pm \cdots \pm \int f_n(x)\mathrm{d}x$$

(4) 被积函数中不为零的常数因子可提到积分号前面,即

$$\int k \cdot f(x)\mathrm{d}x = k \cdot \int f(x)\mathrm{d}x \qquad k\ 为常数,且\ k \neq 0$$

五、基本积分公式

根据微分运算与积分运算的互逆关系和导数的公式,可得以下公式:

(1) $\displaystyle\int 0\mathrm{d}x = c$ 　　　　(2) $\displaystyle\int x^a\mathrm{d}x = \frac{1}{a+1}x^{a+1} + c\,(a \neq -1)$

(3) $\displaystyle\int \frac{1}{x}\mathrm{d}x = \ln|x| + c$ 　　(4) $\displaystyle\int a^x\mathrm{d}x = \frac{1}{\ln a}\cdot a^x + c\,(a > 0\ 且\ a \neq 1)$

(5) $\displaystyle\int e^x\mathrm{d}x = e^x + c$ 　　　(6) $\displaystyle\int \sin x\mathrm{d}x = -\cos x + c$

(7) $\displaystyle\int \cos x\mathrm{d}x = \sin x + c$ 　　(8) $\displaystyle\int \sec^2 x\mathrm{d}x = \tan x + c$

(9) $\displaystyle\int \csc^2 x\mathrm{d}x = -\cot x + c$ 　(10) $\displaystyle\int \tan x \cdot \sec x\mathrm{d}x = \sec x + c$

(11) $\displaystyle\int \cot x \cdot \csc x\mathrm{d}x = -\csc x + c$ 　(12) $\displaystyle\int \frac{1}{\sqrt{1-x^2}}\mathrm{d}x = \arcsin x + c$

(13) $\displaystyle\int \frac{1}{1+x^2}\mathrm{d}x = \arctan x + c$

以上基本积分公式是积分运算的基础,应当做到熟记、会用.

六、不定积分的直接积分法

在求积分问题中,有时可直接应用基本积分公式和不定积分的性质(有时需要先将被积函数进行恒等变形)求出被积函数的原函数,这样的方法称为直

接积分法.

例 4.7 求 $\int\left(\cos x - \dfrac{2}{x} + 3\mathrm{e}^x\right)\mathrm{d}x$.

解
$$\int\left(\cos x - \frac{2}{x} + 3\mathrm{e}^x\right)\mathrm{d}x = \int\cos x\,\mathrm{d}x - 2\int\frac{1}{x}\mathrm{d}x + 3\int\mathrm{e}^x\mathrm{d}x$$
$$= \sin x - 2\ln|x| + 3\mathrm{e}^x + c$$

例 4.8 求 $\int(x + 1)\left(x - \dfrac{1}{x}\right)\mathrm{d}x$.

解
$$\int(x + 1)\left(x - \frac{1}{x}\right)\mathrm{d}x = \int\left(x^2 + x - 1 - \frac{1}{x}\right)\mathrm{d}x$$
$$= \int x^2\,\mathrm{d}x + \int x\,\mathrm{d}x - \int\mathrm{d}x - \int\frac{1}{x}\mathrm{d}x$$
$$= \frac{1}{3}x^3 + \frac{1}{2}x^2 - x - \ln|x| + c$$

例 4.9 求 $\int\dfrac{x^2}{1 + x^2}\mathrm{d}x$.

解
$$\int\frac{x^2}{1 + x^2}\mathrm{d}x = \int\frac{(x^2 + 1) - 1}{1 + x^2}\mathrm{d}x$$
$$= \int\left(1 - \frac{1}{1 + x^2}\right)\mathrm{d}x = x - \arctan x + c$$

思考如何求 $\int\dfrac{x^4}{1 + x^2}\mathrm{d}x$ 和 $\int\dfrac{x^6}{1 + x^2}\mathrm{d}x$?

例 4.10 求 $\int\cos^2\dfrac{x}{2}\mathrm{d}x$.

解 先利用三角恒等式变形,然后再积分,即
$$\int\cos^2\frac{x}{2}\mathrm{d}x = \int\frac{1 + \cos x}{2}\mathrm{d}x = \frac{1}{2}\int(1 + \cos x)\,\mathrm{d}x$$
$$= \frac{1}{2}(x + \sin x) + c$$

例 4.11 求 $\int\dfrac{1}{\sin^2 x\,\cos^2 x}\mathrm{d}x$.

解 先逆用公式 $\sin^2 x + \cos^2 x = 1$,变形、转化为基本公式类型,即
$$\int\frac{1}{\sin^2 x\,\cos^2 x}\mathrm{d}x = \int\frac{\sin^2 x + \cos^2 x}{\sin^2 x\,\cos^2 x}\mathrm{d}x = \int\left(\frac{1}{\cos^2 x} + \frac{1}{\sin^2 x}\right)\mathrm{d}x$$
$$= \int(\sec^2 x + \csc^2 x)\,\mathrm{d}x = \tan x - \cot x + c$$

注意：对初学者，怎样才能知道自己所求的积分结果正确呢?这只需要对所求的结果求导就可检验. 若结果的导数等于被积函数，则结果是正确的;否则，就是错误的.

例 4.12（应用案例）　已知某产品的边际成本为 5 元／件，生产该产品的固定成本为 200 元，边际收入 $R'(x) = 10 - 0.02x$ 元／件，求生产该产品 x 件时的利润函数.

解　设利润函数为 $L(x)$，成本函数 $C(x)$，因利润、收入及成本的关系为

$$L(x) = R(x) - C(x)$$

由边际成本与总成本的关系为

$$C(x) = \int C'(x)\mathrm{d}x = \int 5\mathrm{d}x = 5x + C_1$$

因固定成本为 200 元，即

$$C(0) = 5.0 + C_1 = 200, C_1 = 200$$

由此得成本函数为

$$C(x) = 5x + 200$$

再由边际收入与收入的关系得

$$R(x) = \int R'(x)\mathrm{d}x = \int (10 - 0.02x)\mathrm{d}x = 10x - 0.01x^2 + C_2$$

显然 $R(0) = 0$，故 $C_2 = 0$，从而总收入函数为

$$R(x) = 10x - 0.01x^2$$

于是得利润函数为

$$L(x) = 5x - 0.01x^2 - 200$$

 习题 4.2

1. 求下列不定积分（其中 a, m, n, g 为常数）：

(1) $\int x\sqrt{x}\mathrm{d}x$

(2) $\int \dfrac{\mathrm{d}x}{x^2\sqrt{x}}$

(3) $\int \sqrt[m]{x^n}\mathrm{d}x$

(4) $\int 3\left(u^{-0.6} - \dfrac{1}{\sqrt{u}} + \dfrac{1}{u}\right)\mathrm{d}u$

(5) $\int \dfrac{\mathrm{d}h}{\sqrt{2gh}}$

(6) $\int (x-2)^2\mathrm{d}x$

(7) $\int (x^2 + 1)^2 dx$ (8) $\int (\sqrt{x} + 1)(\sqrt{x^3} - 1) dx$

(9) $\int \dfrac{10x^3 + 3}{x^4} dx$ (10) $\int \dfrac{(1 - x)^2}{\sqrt{x}} dx$

(11) $\int \dfrac{3x^4 + 3x^2 + 1}{x^2 + 1} dx$ (12) $\int \left(\dfrac{3}{1 + x^2} - \dfrac{2}{\sqrt{1 - x^2}} \right) dx$

(13) $\int e^x \left(1 - \dfrac{e^{-x}}{x^2} \right) dx$ (14) $\int a^t \cdot e^t dt$

(15) $\int \dfrac{2 \cdot 3^x - 5 \cdot 2^x}{3^x} dx$ (16) $\int \sec x (\sec x - \tan x) dx$

(17) $\int \tan^2 x \, dx$ (18) $\int \dfrac{dx}{1 + \cos 2x}$

(19) $\int \cos^2 \dfrac{x}{2} dx$ (20) $\int \dfrac{\cos 2x}{\cos x - \sin x} dx$

(21) $\int \dfrac{\cos 2x}{\cos^2 x \cdot \sin^2 x} dx$

2. 已知曲线上任意一点的切线的斜率为切点横坐标的 2 倍,求满足上述条件的所有曲线方程,并求出过点 $(0, 1)$ 的曲线方程.

第三节　微积分基本定理

定积分和不定积分是两个完全不同的概念,用定义计算定积分的值一般比较复杂,有时甚至无法计算,因此,必须寻求计算定积分的有效方法.

一、积分上限函数

设函数 $f(x)$ 在区间 $[a, b]$ 上连续,于是定积分 $\int_a^b f(x) dx$ 存在,当 $x \in [a, b]$ 时,定积分 $\int_a^b f(x) dx$ 也存在,这时 x 既是积分上限,又是积分变量. 为避免混淆,将积分变量 x 改用变量 t,即为 $\int_a^x f(t) dt$. 当积分上限 x 在 $[a, b]$ 中变化时,$\int_a^x f(t) dt$ 的值随 x 变化而变化,所以称 $\int_a^x f(t) dt$ 是上限 x 的函数. 称为积分上限函

数,记作 $\Phi(x) = \int_a^x f(t)\mathrm{d}t(a \leqslant x \leqslant b)$,通常称为积分上限函数或变上限积分.

定理4.2(原函数存在定理)   如果函数 $f(x)$ 在区间 $[a,b]$ 上连续,则积分上限函数 $\Phi(x) = \int_a^x f(t)\mathrm{d}t$ 是 $f(x)$ 在 $[a,b]$ 上的一个原函数,即 $\Phi'(x) = f(x)$, $x \in [a,b]$(证略).

已知,原函数和定积分是两个完全不同的概念. 从表面上看,它们之间没有什么联系,原函数存在定理揭示了定积分与不定积分的联系,同时肯定了连续函数的原函数一定存在,因此,定理4.2具有重要的理论价值.

例4.13   已知 $\Phi(x) = \int_0^x (t^2 - 3)\mathrm{d}t$,求 $\Phi'(x)$.

解 $$\Phi'(x) = \frac{\mathrm{d}}{\mathrm{d}x}\Big[\int_0^x (t^2 - 3)\mathrm{d}t\Big] = x^2 - 3$$

例4.14   求下列函数的导数:

$(1)F(x) = \int_o^{x^2} \mathrm{e}^{-t}\mathrm{d}t$ $(2)F(x) = \int_x^{x^2} (\mathrm{e}^t + 1)\mathrm{d}t$

解   (1) 设 $u = x^2$,则 $F(x)$ 的 x 复合函数,即

$$F'(x) = \frac{\mathrm{d}}{\mathrm{d}x}\Big(\int_a^{x^2} \mathrm{e}^{-t}\mathrm{d}t\Big) = \Big(\frac{\mathrm{d}}{\mathrm{d}u}\int_a^u \mathrm{e}^{-t}\mathrm{d}t\Big) \cdot \frac{\mathrm{d}u}{\mathrm{d}x}$$

$$= \mathrm{e}^{-u} \cdot (x^2)' = \mathrm{e}^{-x^2} \cdot 2x = 2x\mathrm{e}^{-x^2}$$

(2) 根据积分性质4.3,对任意常数 a 都有

$$F(x) = \int_x^{x^2} (\mathrm{e}^t + 1)\mathrm{d}t = \int_x^a (\mathrm{e}^t + 1)\mathrm{d}t + \int_a^{x^2} (\mathrm{e}^t + 1)\mathrm{d}t$$

所以

$$F'(x) = \frac{\mathrm{d}}{\mathrm{d}x}\int_x^a (\mathrm{e}^t + 1)\mathrm{d}t + \frac{\mathrm{d}}{\mathrm{d}x}\int_a^{x^2} (\mathrm{e}^t + 1)\mathrm{d}t$$

$$= (\mathrm{e}^{x^2} + 1) \cdot 2x + \frac{\mathrm{d}}{\mathrm{d}x}\Big[-\int_a^x (\mathrm{e}^t + 1)\mathrm{d}t\Big]$$

$$= 2x(\mathrm{e}^{x^2} + 1) - (\mathrm{e}^x + 1) = 2x \cdot \mathrm{e}^{x^2} - \mathrm{e}^x + 2x - 1$$

从此例子可知,若 $\varphi(x),\psi(x)$ 为可导函数,则

$$\frac{\mathrm{d}}{\mathrm{d}x}\Big[\int_{\psi(x)}^{\varphi(x)} f(t)\mathrm{d}t\Big] = f(\varphi(x)) \cdot \varphi'(x) - f(\psi(x)) \cdot \psi'(x)$$

[思考题]

求极限 $\lim\limits_{x \to 0} \dfrac{\int_0^x \sin t\mathrm{d}t}{x^2}$.

注意：当 $x \to 0$ 时

$$\int_0^x \sin t \mathrm{d}t \to 0, x^2 \to 0$$

二、微积分基本公式（牛顿 - 莱布尼茨公式）

定理4.3 如果函数 $f(x)$ 在区间 $[a,b]$ 上连续，且 $F(x)$ 是 $f(x)$ 的任意一个原函数，那么

$$\int_a^b f(x)\mathrm{d}x = F(b) - F(a)$$

证 作函数 $\Phi(x) = \int_a^x f(x)\mathrm{d}x$，因 $\dfrac{\mathrm{d}\Phi(x)}{\mathrm{d}x} = f(x)$，而 $F(x)$ 也为 $f(x)$ 的原函数，因而有

$$\Phi(x) = F(x) + c.$$

令 $x = a$，有

$$\Phi(a) = F(a) + c = 0, c = -F(a)$$

再令 $\Phi(b) = F(b) + c$，即

$$\Phi(b) = \int_a^b f(x)\mathrm{d}x = F(b) - F(a)$$

上式称为**牛顿 - 莱布尼茨**公式，也称为微积学基本定理，公式不仅反映了定积分与不定积分的内在联系，同时也提供了计算定积分的简便方法，这就是求 $f(x)$ 在 $[a,b]$ 上的定积分时，先求 $f(x)$ 的一个原函数 $F(x)$，再计算代数式 $F(b) - F(a)$ 的值.

例4.15 求 $\int_0^{\frac{\pi}{2}} \cos x \mathrm{d}x$.

解 $\int_0^{\frac{\pi}{2}} \cos x \mathrm{d}x = (\sin x)_0^{\frac{\pi}{2}} = \sin \dfrac{\pi}{2} - \sin 0 = 1$

例4.16 计算 $\int_1^2 \left(x^2 + \dfrac{1}{x} \right)\mathrm{d}x$.

解 $\int_1^2 \left(x^2 + \dfrac{1}{x} \right)\mathrm{d}x = \left(\dfrac{1}{3}x^3 + \ln|x| \right)\Big|_1^2 = \left(\dfrac{1}{3} \times 2^3 + \ln 2 \right) - \left(\dfrac{1}{3} + \ln 1 \right)$

$$= \dfrac{8}{3} + \ln 2 - \dfrac{1}{3} = \dfrac{7}{3} + \ln 2$$

例4.17 求 $\int_0^1 \dfrac{x^2 - 1}{x^2 + 1}\mathrm{d}x$.

解　$\int_0^1 \dfrac{x^2 - 1}{x^2 + 1}dx = \int_0^1 \dfrac{(x^2 + 1) - 2}{x^2 + 1}dx = \int_0^1 \left(1 - \dfrac{2}{1 + x^2}\right)dx$

$$= (x - 2\arctan x)\big|_0^1$$

$$= (1 - 2\arctan 1) - (0 - 2\arctan 0)$$

$$= 1 - \dfrac{\pi}{2}$$

例 4.18　设 $f(x) = \begin{cases} 2x + 1 & x \leqslant 1 \\ 3x^2 & x > 1 \end{cases}$，求 $\int_0^2 f(x)dx$.

解　因 $f(x)$ 在 $(-\infty, +\infty)$ 内连续，故 $f(x)$ 在 $[0, 2]$ 上连续，所以

$$\int_0^2 f(x)dx = \int_0^1 f(x)dx + \int_1^2 f(x)dx = \int_0^1 (2x + 1)dx + \int_1^2 3x^2 dx$$

$$= (x^2 + x)\big|_0^1 + x^3\big|_1^2 = (1^2 + 1) + (2^3 - 1^3) = 9$$

注意：在使用牛顿 - 莱布尼茨公式时，要注意 $f(x)$ 在闭区间 $[a, b]$ 上连续这一条件，否则可能导致错误.

例如，$\int_{-1}^2 \dfrac{1}{x^2}dx = \left(-\dfrac{1}{x}\right)\Big|_{-1}^2 = -\dfrac{1}{2} - [-(-1)] = -\dfrac{3}{2}$，事实上这个结果

不对，原因是 $f(x) = \dfrac{1}{x}$ 在 $[-1, 2]$ 上不连续，故不能直接用牛顿 - 莱布尼茨公式.

例 4.19（应用案例）　弹簧在拉伸过程中，所需要的力与弹簧的伸长量成正比，即 $F = kx$（k 为比例系数）. 已知弹簧拉长 0.01 m 时，需力 10 N，要使弹簧伸长 0.05 m，计算外力所做的功.

解　由题设，$x = 0.01$ m 时，$F = 10$ N. 代入 $F = kx$，得

$$k = 1\,000 \text{ N/m}$$

从而变力为

$$F = 1\,000x$$

由上述公式所求的功为

$$W = \int_0^{0.05} 1\,000x\,dx = 500x^2\big|_0^{0.05} = 1.25 \text{ J}$$

习题 4.3

1. 判断题：

（1）如果 $\int_a^b f(x)\,dx = 0$，则 $f(x) = 0$. （　　）

（2）当 $\Phi(x) = \int_a^{x^2} f(t)\,dt$ 时，$\Phi'(x) = f(x^2)$. （　　）

（3）设 $f(x)$ 为可导函数，则有 $\int_a^b f'(x)\,dx = f(b) - f(a)$. （　　）

2. 求下列函数的导数：

$(1) f(x) = \int_0^x \dfrac{1}{1+t}\,dt$　　　　$(2) f(y) = \int_y^1 u\,du$

$(3) \Phi(x) = \int_a^b f(x)\,dx$　　　　$(4) \Phi(x) = \int_x^{x^2} u^2\,du$

3. 求下列极限：

$(1)\ \lim\limits_{x\to 0} \dfrac{\int_0^x \cos^2 t\,dt}{x}$　　　　$(2)\ \lim\limits_{x\to 0} \dfrac{\int_0^x \ln(1+u)\,du}{x^2}$

4. 计算下列定积分：

$(1)\ \int_1^2 dx$　　　　$(2)\ \int_0^1 (2x - e^x)\,dx$

$(3)\ \int_1^2 (x-1)^2\,dx$　　　　$(4)\ \int_{-\frac{1}{2}}^{\frac{1}{2}} \dfrac{1}{\sqrt{1-x^2}}\,dx$

$(5)\ \int_1^2 \dfrac{(x+1)(x-1)}{x}\,dx$　　　　$(6)\ \int_1^4 \sqrt{x}(\sqrt{x}-1)\,dx$

$(7)\ \int_0^1 \dfrac{x^2}{x^2+1}\,dx$　　　　$(8)\ \int_0^1 \dfrac{x}{x^2+1}\,dx$

$(9)\ \int_0^{\frac{\pi}{2}} \sin^3 x\,dx$　　　　$(10)\ \int_{-\frac{\pi}{2}}^{\frac{\pi}{2}} \dfrac{1}{1+\cos x}\,dx$

5. 已知 $f(x) = \begin{cases} x^2 & x \geq 1 \\ 2x & -1 < x < 1 \end{cases}$，求 $\int_0^2 f(x)\,dx$.

6. 计算定积分 $\int_0^2 |1 - x|\,dx$.

7. 已知 $f(x)$ 是连续函数, 且 $\int_0^{x-1} f(t)\mathrm{d}t = -x^2$, 求 $f(1)$.

8. 设 $f(x)$ 是连续函数, 且 $f(x) = 4x - \int_0^1 f(t)\mathrm{d}t$, 求 $f(x)$.

第四节　换元积分法

利用基本积分公式及性质, 只能求出一些较简单的积分, 为此需要进一步探讨求积分的方法, 即如何将较复杂的积分转化为基本积分公式类型的积分. 本节将把复合函数的求导法则反过来用于求积分, 即利用变量代换的方法求函数的积分, 这就是积分的换元积分法.

一、第一换元积分法

在不定积分的定义中, 若 $F'(x) = f(x)$, 则 $\mathrm{d}F(x) = f(x)\mathrm{d}x$. 根据微分形式的不变性, 当 $u = \varphi(x)$ 可导时, 有 $\mathrm{d}F(u) = f(u)\mathrm{d}u$, 故

$$\int f(u)\mathrm{d}u = \int \mathrm{d}F(u) = F(u) + c$$

这样就扩大了基本积分公式的使用范围.

例如, 求 $\int e^{2x}\mathrm{d}x$, 只需作适当变形, 把 $2x$ 看成 u, 即可将 $\int e^{2x}\mathrm{d}x$ 转化为 $\int e^u \mathrm{d}u$ 形式用基本积分公式

$$\int e^{2x}\mathrm{d}x = \frac{1}{2}\int e^{2x}\mathrm{d}(2x) \overset{u=2x}{=\!=\!=} \frac{1}{2}\int e^u \mathrm{d}u = \frac{1}{2}e^u + c = \frac{1}{2}e^{2x} + c$$

定理 4.4(不定积分第一换元积分法)　设 $\int f(u)\mathrm{d}u = F(u) + c$ 且 $u = \varphi(x)$ 可导, 则

$$\int f[\varphi(x)]\varphi'(x)\mathrm{d}x = \int f(\varphi(x))\mathrm{d}\varphi(x)$$

$$= \int f(u)\mathrm{d}u = [F(u) + c] = F(\varphi(x)) + c$$

因为 $F'(u) = f(x)$, 且 $u = \varphi(x)$ 可导, 则

$$[F(\varphi(x))]' = F'_U \cdot U'_X = f(u) \cdot \varphi'(x) = f(\varphi(x)) \cdot \varphi'(x)$$

故 $F(\varphi(x))$ 是 $f(\varphi(x)) \cdot \varphi'(x)$ 一个原函数, 故

$$\int f(\varphi(x))\varphi'(x)\mathrm{d}x = F(\varphi(x)) + c$$

把上述定理改写为以下便于应用的形式,即

$$\int f[\varphi(x)]\varphi'(x)\mathrm{d}x = \int f[\varphi(x)]\mathrm{d}\varphi(x) \xrightarrow{\text{令}\ \varphi(x) = u} \int f(u)\mathrm{d}u = F(u) + C$$

$$\xrightarrow{\text{回代}\ u = \varphi(x)} F[\varphi(x)] + C$$

定理 4.5(定积分的第一换元积分法)

设

(1) 函数 $f(x)$ 在区间 $[a,b]$ 上连续.

(2) 函数 $x = \varphi(t)$ 在区间 $[\alpha,\beta]$ 上是单值的,且有连续导数.

(3) 当 t 在区间 $[\alpha,\beta]$ 上变化时,$x = \varphi(t)$ 的值在 $[a,b]$ 上变化,且 $\varphi(\alpha) = a, \varphi(\beta) = b$,则有

$$\int_a^b f(x)\mathrm{d}x = \int_\alpha^\beta f[\varphi(t)]\varphi'(t)\mathrm{d}t$$

此公式称为定积分的换元积分公式.

通常**第一换元积分法**又称为**凑微分法**.

例 4.20 求 $\int (2x-1)^{10}\mathrm{d}x$.

解 令 $u = 2x - 1$,则 $\mathrm{d}u = 2\mathrm{d}x$,向基本积分 $\int u^{10}\mathrm{d}u$ 转化,故

$$\int (2x-1)^{10}\mathrm{d}x = \frac{1}{2}\int u^{10}\mathrm{d}u = \frac{1}{2} \cdot \frac{1}{11}u^{11} + c = \frac{1}{22}(2x-1)^{11} + c$$

例 4.21 求 $\int \dfrac{1}{\sqrt{4-x^2}}\mathrm{d}x$.

分析 被积函数 $\dfrac{1}{\sqrt{4-x^2}}$ 与基本积分 $\int \dfrac{1}{\sqrt{1-u^2}}\mathrm{d}x$ 的被积函数比较接近,关键是"$4-x^2$"要向"$1-u^2$"形式转化,于是

$$\frac{1}{\sqrt{4-x^2}} = \frac{1}{2} \cdot \frac{1}{\sqrt{1-\left(\dfrac{x}{2}\right)^2}}$$

解 令 $u = \dfrac{x}{2}$,则

$$\mathrm{d}u = \frac{1}{2}\mathrm{d}x$$

故

$$\int \frac{1}{\sqrt{4 - x^2}} dx = \frac{1}{2} \int \frac{1}{\sqrt{1 - \left(\frac{x}{2}\right)^2}} dx$$

$$= \int \frac{1}{\sqrt{1 - u^2}} du$$

$$= \arcsin u + c$$

$$= \arcsin \frac{x}{2} + c$$

例 4. 22　求 $\int x \cdot \sqrt{x^2 + 3}\, dx$.

解　令 $u = x^2 + 3$,则

$$du = 2x \cdot dx$$

故

$$\int x \cdot \sqrt{x^2 + 3}\, dx = \frac{1}{2} \int \sqrt{x^2 + 3}\,(2x dx) = \frac{1}{2} \int u^{\frac{1}{2}} du$$

$$= \frac{1}{2} \cdot \frac{2}{3} u^{\frac{3}{2}} + c = \frac{1}{3} (x^2 + 3)^{\frac{3}{2}} + c$$

当较熟悉上述换元方法后,可不写出中间变量,而将原积分凑成 $\int f(\varphi(x)) d\varphi(x)$ 形式,故称这种方法为凑微分法.

从例 4. 20 — 例 4. 22 可知,用凑微分法求不定积分,关键在确定 $\varphi(x) = u$,并进一步将 $\varphi'(x) dx$ 凑成 $d\varphi(x)$. 一般情况下,在解题熟练之后,可省略"令 $\varphi(x) = u$"这一步,直接写出结果.

例 4. 23　计算 $\int \frac{e^x}{1 + e^x} dx$.

解　$\int \frac{e^x}{1 + e^x} dx = \int \frac{1}{1 + e^x} d(1 + e^x) = \ln(1 + e^x) + c$

例 4. 24　求 $\int \frac{1}{a^2 + x^2} dx$.

解　$\int \frac{1}{a^2 + x^2} dx = \frac{1}{a^2} \int \frac{1}{1 + \left(\frac{x}{a}\right)^2} dx = \frac{1}{a} \int \frac{1}{1 + \left(\frac{x}{a}\right)^2} d\left(\frac{x}{a}\right)$

$$= \frac{1}{a} \arctan \frac{x}{a} + C$$

例 4. 25　求 $\int_0^{\frac{\pi}{2}} \cos^3 x \sin x dx$.

解 方法①:设 $u = \cos x$,则
$$\mathrm{d}u = -\sin x\mathrm{d}x$$

当 $x = 0$ 时,$u = 1$;当 $x = \dfrac{\pi}{2}$,$u = 0$. 于是

$$\int_0^{\frac{\pi}{2}} \cos^3 x \sin x\mathrm{d}x = -\int_1^0 u^3\mathrm{d}u = \int_0^1 u^3\mathrm{d}u = \frac{1}{4}u^4\Big|_0^1 = \frac{1}{4}$$

方法②:

$$\int_0^{\frac{\pi}{2}} \cos^3 x \sin x\mathrm{d}x = -\int_0^{\frac{\pi}{2}} \cos^3 x\mathrm{d}(\cos x) = \left(-\frac{1}{4}\cos^4 x\right)\Big|_0^{\frac{\pi}{2}}$$

$$= -\frac{1}{4}\left(\cos^4 \frac{\pi}{2} - \cos^4 0\right) = -\frac{1}{4}(0 - 1) = \frac{1}{4}$$

就方法而言,定积分的换元积分法与不定积分的换元积分法类似,关键是定积分要处理好积分上下限,这是换元法的重点,在定积分换元法中,换元时积分限必须换,新上限对应原上限,新下限对应原下限,如果用凑微分计算定积分,则积分限就不需换.

二、第二换元积分法

应用第一换元积分法,关键是根据所求不定积分的被积函数进行变量代换,令 $u = \varphi(x)$,从而转化为某一个基本积分公式形式加以解决. 如果遇到被积函数不容易凑微分成功,则可考虑作相反方向的换元,即令 $x = \varphi(t)$,从而转化为 t 为积分变量的积分求结果.

上面讲的第一换元法是通过凑微分的途径,把一个复杂的积分 $\int f[\varphi(x)]\varphi'(x)\mathrm{d}x$ 化成较简单的积分 $\int f(u)\mathrm{d}u$. 其中,$u = \varphi(x)$. 但是,有时不易找到有效的凑微分式,则可反过来考虑问题,能否找到一个变量代换 $x = \varphi(x)$,将积分 $\int f(x)\mathrm{d}x$ 化成积分 $\int f[\varphi(x)]\varphi'(x)\mathrm{d}t$,而后者是容易求积分的. 例如,在求不定积分 $\int \sqrt{a^2 - x^2}\mathrm{d}x\,(a > 0)$ 时就会遇到这种情况.

求这个积分的困难在于凑微分法对此处的根式 $\sqrt{a^2 - x^2}$ 无能为力. 但若作一变量代换

$$x = a\sin t \qquad -\frac{\pi}{2} < t < \frac{\pi}{2}$$

则由于

$$\sqrt{a^2 - x^2} = \sqrt{a^2 - a^2\sin^2 t} = a\cos t, \mathrm{d}x = a\cos t\mathrm{d}t$$

因此,原来含有根式的被积表达式就化成为较简单的三角函数式,即

$$\int \sqrt{a^2 - x^2}\mathrm{d}x = a^2\Big(\frac{t}{2} + \frac{1}{4}\sin 2t\Big) + C$$

因为 $x = a\sin t$,所以当 $-\frac{\pi}{2} < 2 < \frac{\pi}{2}$ 时,有单值反函数 $t = \arcsin\frac{x}{a}$,并由

$$\sin t = \frac{x}{a}, \cos t = \sqrt{1 - \sin^2 t} = \sqrt{1 - \Big(\frac{x}{a}\Big)^2} = \sqrt{\frac{a^2 - x^2}{a}}$$

计算出 $\sin 2t = \frac{2x\sqrt{a^2 - x^2}}{a^2}$.

最后,可得

$$\int \sqrt{a^2 - x^2}\mathrm{d}x = \frac{a^2}{2}\arcsin\frac{x}{a} + \frac{1}{2}x\sqrt{a^2 - x^2} + C$$

从这个例子的解题过程出发,可归结出第二换元积分法,并将其表述如下:

定理 4.6　设 $x = \varphi(t)$ 单调可微,且 $\varphi'(x) \neq 0$,若 $\int f[\varphi(t)]\varphi'(t)\mathrm{d}t = F(t) + C$,则

$$\int f(x)\mathrm{d}x = F[\varphi^{-1}(x)] + C$$

其中,$t = \varphi^{-1}(x)$ 是 $x = \varphi(t)$ 的反函数.

证　由条件可知 $F'(t) = f[\varphi(t)]\varphi'(t)$,又由复合函数及反函数的微分法有

$$\frac{\mathrm{d}F[\varphi^{-1}(x)]}{\mathrm{d}x} = \frac{\mathrm{d}F(t)}{\mathrm{d}t} \cdot \frac{\mathrm{d}t}{\mathrm{d}x}$$

$$= f(\varphi(t)) \cdot \varphi'(t) \cdot \frac{1}{\dfrac{\mathrm{d}x}{\mathrm{d}t}}$$

$$= f(\varphi(t)) \cdot \varphi'(t) \cdot \frac{1}{\varphi'(t)}$$

$$= f(\varphi(t)) = f(x)$$

因此,由不定积分的定义可知

$$\int f(x)\mathrm{d}x = F[\varphi^{-1}(x)] + C$$

成立.

定理4.7　设函数 $x = \varphi(t)$ 在区间 $[\alpha,\beta]$ 上有连续的导数 $\varphi'(t)$，而 x 值的对应区间为 I，如果函数 $g(x)$ 在 I 连续，那么

$$\int_a^b g(x)\mathrm{d}x = \int_\alpha^\beta g[\varphi(t)]\varphi'(t)\mathrm{d}t$$

其中

$$a = \varphi(\alpha), b = \varphi(\beta)$$

例4.26　求 $\int \dfrac{1}{1+\sqrt{x}}\mathrm{d}x$.

解　令 $\sqrt{x} = t(t > 0)$，则 $x = t^2$，$\mathrm{d}x = 2t\mathrm{d}t$，于是

$$\int \frac{1}{1+\sqrt{x}}\mathrm{d}x = \int \frac{1}{1+t}2t\mathrm{d}t = 2\int \frac{t+1-1}{1+t}\mathrm{d}t$$

$$= 2\int\left(1 - \frac{1}{1+t}\right)\mathrm{d}t = 2\int\mathrm{d}t - 2\int\frac{1}{1+t}\mathrm{d}t$$

$$= 2t - 2\ln|1+t| + C$$

将 $t = \sqrt{x}$ 回代，可得

$$\int \frac{1}{1+\sqrt{x}}\mathrm{d}x = 2\sqrt{x} - 2\ln|1+\sqrt{x}| + C$$

例4.27　计算 $\int_1^{16} \dfrac{1}{2+\sqrt[4]{x}}\mathrm{d}x$.

解　令

$$\sqrt[4]{x} = t, x = t^4, \mathrm{d}x = 4t^3\mathrm{d}t$$

当 $x = 1$ 时，$t = 1$；当 $x = 16$ 时，$t = 2$. 所以

$$\int_1^{16} \frac{1}{2+\sqrt[4]{x}}\mathrm{d}x = 4\int_1^2 \frac{t^3}{2+t}\mathrm{d}t = 4\int_1^2\left(t^2 - 2x + 4 - \frac{8}{2+t}\right)\mathrm{d}t$$

$$= 4\left[\int_1^2 t^2\mathrm{d}t - \int_1^2 2t\mathrm{d}t + \int_1^2 4\mathrm{d}t - \int_1^2 \frac{8}{2+t}\mathrm{d}t\right]$$

$$= 4\left[\frac{t^3}{3}\Big|_1^2 - t^2\Big|_1^2 + 4t\Big|_1^2 - 8\ln|2+t|\Big|_1^2\right]$$

$$= \frac{40}{3} - 32\ln\frac{4}{3}$$

例4.28　设函数 $f(x)$ 在区间 $[-a,a]$ 上连续，求证：

（1）当 $f(x)$ 为奇函数时，$\int_{-a}^a f(x)\mathrm{d}x = 0$.

(2) 当 $f(x)$ 为偶函数时, $\int_{-a}^{a} f(x)\,dx = 2\int_{0}^{a} f(x)\,dx$.

证 （1）因为 $f(x)$ 为奇函数，故

$$f(-x) = -f(x)$$

令 $x = -t$，则 $dx = -dt$，且 $x = -a$ 时，$t = a$；$x = a$ 时，$t = -a$. 则

$$\int_{-a}^{a} f(x)\,dx = \int_{-a}^{0} f(x)\,dx + \int_{0}^{a} f(x)\,dx = \int_{a}^{0} f(-t)\,d(-t) + \int_{0}^{a} f(t)\,dt$$

$$= \int_{a}^{0} f(t)\,dt - \int_{a}^{0} f(t)\,dt = 0$$

即

$$\int_{-a}^{a} f(x)\,dx = 0$$

（2）因为 $f(x)$ 为偶函数，故

$$f(-x) = f(x)$$

令 $x = -t$，则

$$\int_{-a}^{a} f(x)\,dx = \int_{-a}^{0} f(x)\,dx + \int_{0}^{a} f(x)\,dx = \int_{a}^{0} f(-t)\,d(-t) + \int_{0}^{a} f(t)\,dt$$

$$= \int_{0}^{a} f(t)\,dt + \int_{0}^{a} f(t)\,dt = 2\int_{0}^{a} f(x)\,dx$$

例 4.29 求 $\int_{-1}^{1} (x^2 \sin^7 x + \cos x)\,dx$.

解 因在 $[-1,1]$ 上，x^2 为 $\sin^7 x$ 奇函数，故

$$\int_{-1}^{1} x^2 \sin^7 x\,dx = 0$$

于是

$$\int_{-1}^{1} (x^2 \sin^7 x + \cos x)\,dx = \int_{-1}^{1} x^2 \sin^7 x\,dx + \int_{-1}^{1} \cos x\,dx = 0 + 2\int_{0}^{1} \cos x\,dx$$

$$= (2\sin x)\Big|_0^1 = 2\sin 1$$

例 4.30（应用案例） 若 $f(x)$ 在 $[0,1]$ 上连续，证明：

$$\int_{0}^{\pi} x f(\sin x)\,dx = \frac{\pi}{2}\int_{0}^{\pi} f(\sin x)\,dx$$

证 设 $x = \pi - t$，则

$$dx = -dt$$

当 $x = 0$ 时，$t = \pi$；当 $x = \pi$ 时，$t = 0$. 则

$$\int_{0}^{\pi} x f(\sin x)\,dx = -\int_{\pi}^{0} (\pi - t)f(\sin(\pi - t))\,dt = \int_{0}^{\pi} (\pi - t)f(\sin t)\,dt$$

$$= \pi \int_0^\pi f(\sin t)\,dt - \int_0^\pi t f(\sin t)\,dt$$

$$= \pi \int_0^\pi f(\sin x)\,dx - \int_0^\pi x f(\sin x)\,dx$$

所以

$$\int_0^\pi x f(\sin x)\,dx = \frac{\pi}{2} \int_0^\pi f(\sin x)\,dx$$

例 4.31 求 $\int \sqrt{4 - x^2}\,dx$.

分析 化去根式的方法:一是令整个根式等于 t(此题若令 $\sqrt{4 - x^2} = t$,被积表达式反而比原来更复杂);二是让被开方式成为完全平方式,这里可利用三角公式 $1 - \sin^2 t = \sin^2 t$ 变形消去根式.

解 设 $x = 2\sin t, \left(-\dfrac{\pi}{2} < t < \dfrac{\pi}{2}\right)$,则

$$dx = 2\cos t\,dt$$

于是

$$\int \sqrt{4 - x^2}\,dx = \int 2\cos t \cdot 2\cos t\,dt = 4\int \cos^2 t\,dt$$

$$= 4\int \frac{1 + \cos^2 t}{2}\,dt = 2\int dt + \int \cos^2 t\,d(2t)$$

$$= 2t + \sin^2 t + c = 2t + 2\sin t \cdot \cos t + c$$

为代回原变量,由 $x = 2\sin t$ 作直角三角形(见图 4.11),可知

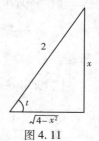

图 4.11

$$\cos t = \frac{\sqrt{4 - x^2}}{2}, \quad t = \arcsin \frac{x}{2}$$

故

$$\int \sqrt{4 - x^2}\,dx = 2t + 2\sin t \cos t + c$$

$$= 2\arcsin \frac{x}{2} + 2 \cdot \frac{x}{2} \cdot \frac{\sqrt{4 - x^2}}{x} + c$$

$$= \arcsin \frac{x}{2} + \frac{x\sqrt{4 - x^2}}{2} + c$$

一般的,第二换元积分法常作以下代换:

(1) 含有 $\sqrt{a^2 - x^2}$ 时,用 $x = a\sin t$ 代替.

(2) 含有 $\sqrt{a^2 + x^2}$ 时,用 $x = a\tan t$ 代替.

(3) 含有 $\sqrt{x^2 - a^2}$ 时,用 $x = a\sec t$ 代替.

以上 3 种变换称为三角代换.

在具体应用时,应根据被积函数的情况,尽可能选取简捷的代换. 在使用第二类换元积分法时,应注意根据需要,随时与被积函数的恒等变形、不定积分性质、第一类换元积分法等结合使用.

习题 4.4

1. 计算下列不定积分:

(1) $\int e^{5t}\,dt$

(2) $\int (1 - 2x)^5\,dx$

(3) $\int \dfrac{dx}{3 - 2x}$

(4) $\int \sqrt{8 - 2x}\,dx$

(5) $\int \dfrac{\sin\sqrt{t}}{\sqrt{t}}\,dt$

(6) $\int e^{x + e^x}\,dx$

(7) $\int \sqrt{\dfrac{a + x}{a - x}}\,dx$

(8) $\int \dfrac{dx}{x\ln x \ln\ln x}$

(9) $\int \tan^{10} x \sec^2 x\,dx$

(10) $\int \dfrac{dx}{\sin x \cdot \cos x}$

(11) $\int \dfrac{dx}{e^x + e^{-x}}$

(12) $\int x\cos(x^2)\,dx$

(13) $\int \dfrac{x^2}{4 + x^6}\,dx$

(14) $\int x^2\sqrt{1 + x^3}\,dx$

(15) $\int \dfrac{2^x}{\sqrt{1 - 4^x}}\,dx$

(16) $\int \dfrac{e^x(1 - e^x)}{\sqrt{1 + e^{2x}}}\,dx$

(17) $\int \cos^4 x \cdot \sin^3 x\,dx$

(18) $\int \dfrac{\cos x \cdot \sin x}{1 + \cos^2 x}\,dx$

(19) $\int \dfrac{2x - 1}{\sqrt{1 - x^2}}\,dx$

(20) $\int \dfrac{x^3}{9 + x^2}\,dx$

(21) $\int \dfrac{x}{x^4 + 2x^2 + 5}\,dx$

(22) $\int \dfrac{dx}{4 - x^2}$

(23) $\displaystyle\int \frac{\mathrm{d}x}{2x^2 - 1}$

(24) $\displaystyle\int \frac{\mathrm{d}x}{(x + 1)(x - 2)}$

(25) $\displaystyle\int \cos^2 x \mathrm{d}x$

(26) $\displaystyle\int \cos^2(wt + \varphi)\mathrm{d}t$

(27) $\displaystyle\int \tan^3 x \cdot \sec x \, \mathrm{d}x$

(28) $\displaystyle\int \frac{10^{2\arccos x}}{\sqrt{1 - x^2}}\mathrm{d}x$

(29) $\displaystyle\int \cos 3x \cdot \cos 5x \mathrm{d}x$

(30) $\displaystyle\int \frac{\mathrm{d}x}{(\arcsin x)^2 \sqrt{1 - x^2}}$

(31) $\displaystyle\int \frac{x^2 \mathrm{d}x}{\sqrt{a^2 - x^2}}$

(32) $\displaystyle\int \frac{\mathrm{d}x}{x\sqrt{x^2 - 1}}$

(33) $\displaystyle\int \frac{\mathrm{d}x}{\sqrt{(x^2 + 1)^3}}$

(34) $\displaystyle\int \frac{\sqrt{x^2 - 9}}{x}\mathrm{d}x$

(35) $\displaystyle\int \frac{\mathrm{d}x}{1 + \sqrt{2x}}$

(36) $\displaystyle\int \frac{\mathrm{d}x}{1 + \sqrt{1 - x^2}}$

2. 计算下列定积分：

(1) $\displaystyle\int_0^1 \frac{x}{1 + x^2}\,\mathrm{d}x$

(2) $\displaystyle\int_{-2}^0 \frac{\mathrm{d}x}{x^2 + 2x + 2}$

(3) $\displaystyle\int_1^4 \frac{\mathrm{d}x}{1 + \sqrt{x}}$

(4) $\displaystyle\int_0^{\frac{\pi}{4}} \frac{\mathrm{d}x}{1 + \sin^2 x}$

(5) $\displaystyle\int_{\frac{\pi}{6}}^{\frac{\pi}{2}} \cos^2 u \mathrm{d}u$

(6) $\displaystyle\int_0^1 x\sqrt{1 - x}\mathrm{d}x$

(7) $\displaystyle\int_{-\sqrt{2}}^{\sqrt{2}} \sqrt{8 - 2y^2}\mathrm{d}y$

(8) $\displaystyle\int_0^a x^2\sqrt{a^2 - x^2}\mathrm{d}x$

(9) $\displaystyle\int_{\frac{1}{\sqrt{2}}}^2 \frac{\sqrt{1 - x^2}}{x^2}\mathrm{d}x$

(10) $\displaystyle\int_1^{\sqrt{3}} \frac{\mathrm{d}x}{x^2\sqrt{1 + x^2}}$

(11) $\displaystyle\int_0^3 \frac{\mathrm{d}x}{\sqrt{x}(1 + x)}$

(12) $\displaystyle\int_0^{\sqrt{2}a} \frac{x\mathrm{d}x}{\sqrt{3a^2 - x^2}}$

(13) $\displaystyle\int_0^1 t e^{\frac{t^2}{t}}\mathrm{d}t$

(14) $\displaystyle\int_1^{e^2} \frac{\mathrm{d}x}{\sqrt{1 + \ln x}}$

(15) $\displaystyle\int_{-\frac{\pi}{2}}^{\frac{\pi}{2}} \cos x \cos 2x \mathrm{d}x$

(16) $\displaystyle\int_{-\frac{\pi}{2}}^{\frac{\pi}{2}} \sqrt{\cos x - \cos^3 x}\mathrm{d}x$

(17) $\displaystyle\int_a^{\pi} \sqrt{1 + \cos 2x}\mathrm{d}x$

(18) $\displaystyle\int_0^1 \frac{\mathrm{d}x}{e^x + 1}$

3. 若 $f(x)$ 是连续函数且为奇函数,证明: $\int_0^x f(t)\,\mathrm{d}t$ 是偶函数;若 $f(x)$ 连续函数且为偶函数,证明: $\int_0^x f(t)\,\mathrm{d}t$ 是奇函数.

第五节 分部积分法

换元积分法应用范围虽然很广,但它不能解决形如 $\int x \cdot \sin x\mathrm{d}x$, $\int x^2 \mathrm{e}^x \mathrm{d}x$, $\int \mathrm{e}^x \cdot \cos x\mathrm{d}x$ 等的积分,根据函数乘积的求导法则,可得到求不定积分的另一方法——分部积分法.

设函数 $u = u(x)$, $v = v(x)$ 具有连续导数,由两个函数乘积的导数法则

$$(uv)' = u'v + uv' \qquad uv' = (uv)' - u'v$$
$$uv'\mathrm{d}x = (uv)'\mathrm{d}x - u'v\mathrm{d}x$$

两边积分得

$$\int uv'\mathrm{d}x = uv - \int u'v\mathrm{d}x \quad 或 \quad \int u\mathrm{d}v = uv - \int v\mathrm{d}u$$

这就是不定积分的分部积分公式.

说明:

(1)其作用是将不易计算的 $\int uv'\mathrm{d}x$ 转化为容易求的 $\int u'v\mathrm{d}x$ 来解决.

(2)分部积分公式是函数乘积导数公式的逆应用,它主要解决被积函数是两类函数的乘积的不定积分.

(3)使用分部积分公式的关键是恰当地选择 $u(x)$ 和 $\mathrm{d}v$. 选择的原则是: $v(x)$ 易求出且新的积分 $\int v\mathrm{d}u$ 比原积分 $\int u\mathrm{d}v$ 易求.

类似的,可得定积分的分部积分公式为

$$\int_a^b uv'\mathrm{d}x = uv\mid_a^b - \int_a^b vu'\mathrm{d}x$$

或

$$\int_a^b u\mathrm{d}v = (uv)\mid_a^b - \int_a^b v\mathrm{d}u$$

例 4.32　求 $\int x \cdot e^x dx$.

解　设 $u = x, v' = e^x$, 则 $u' = 1, v = e^x$, 于是

$$\int x \cdot e^x dx = x \cdot e^x - \int e^x dx = x \cdot e^x - e^x + c$$

例 4.33　求 $\int_0^\pi x \cdot \cos x dx$.

解　设 $u = x, v' = \cos x, u' = 1, v = \sin x$, 代入公式得

$$\int_0^\pi x \cdot \cos x dx = x \cdot \sin x \big|_0^\pi - \int_0^\pi \sin x dx = \cos x \big|_0^\pi = -2$$

例 4.34　求 $\int x^2 \sin x dx$.

解　令 $u = x^2, v' = \sin x$, 则

$$u' = 2x, v = -\cos x$$

于是

$$\int x^2 \sin x dx = (-\cos x) \cdot x^2 - \int 2x(-\cos x) dx$$

$$= -x^2 \cos x + 2 \int x \cdot \cos x dx \quad (\text{又令 } u = x, v' = \cos x)$$

$$= -x^2 \cos x + 2[x \cdot \sin x - \int \sin x dx]$$

$$(\text{则 } u' = 1, v = \sin x)$$

$$= -x^2 \cos x + 2x \cdot \sin x + 2 \cos x + c$$

例 4.34 表明, 如果需要解答同一题时, 可多次使用分部积分法.

当被积函数是幂函数与指数函数(或正、余弦函数)乘积时, 设幂函数为 $u(x)$, 指数函数(或正、余弦函数)为 $v'(x)$.

例 4.35　计算 $\int_1^e x^2 \ln x dx$.

解　$\int_1^e x^2 \ln x dx = \dfrac{1}{3} \int_1^e \ln x d(x^3) = \dfrac{1}{3}\left(x^3 \ln x \big|_1^e - \int_1^e x^2 dx\right)$

$$= \dfrac{1}{3}\left(e^3 - \dfrac{1}{3} x^3 \big|_1^e\right) = \dfrac{1}{9}(2e^3 + 1)$$

例 4.36　求 $\int_0^1 x \cdot \ln(1 + x) dx$.

解　令 $u = \ln(1 + x), v' = x$, 则

$$u' = \dfrac{1}{1 + x}, v = \dfrac{1}{2} x^2$$

于是

$$\int_0^1 x \cdot \ln(1+x)\mathrm{d}x = \frac{1}{2}x^2 \cdot \ln(1+x)\,\big|_0^1 - \frac{1}{2}\int_0^1 \frac{x^2}{1+x}\mathrm{d}x$$

$$= \frac{1}{2}\ln 2 - \frac{1}{2}\int_0^1\Big(x - 1 + \frac{1}{1+x}\Big)\mathrm{d}x$$

$$= \frac{1}{2}\ln 2 - \frac{1}{2}\Big(\frac{1}{2}x^2 - x + \ln|1+x|\Big)\Big|_0^1$$

$$= \frac{1}{2}\ln 2 - \frac{1}{2}\Big(\frac{1}{2} - 1 + \ln 2\Big) = \frac{1}{4}$$

例 4.37　求 $\int x \cdot \arctan x\mathrm{d}x$.

解　设 $u = \arctan x, v' = x$,则

$$u' = \frac{1}{1+x^2}, v = \frac{1}{2}x^2$$

于是

$$\int x \cdot \arctan x\mathrm{d}x = \frac{1}{2}x^2 \arctan x - \frac{1}{2}\int \frac{x^2}{1+x^2}\mathrm{d}x$$

$$= \frac{1}{2}x^2 \cdot \arctan x - \frac{1}{2}\int \frac{(1+x^2)-1}{1+x^2}\mathrm{d}x$$

$$= \frac{1}{2}x^2 \arctan x - \frac{1}{2}\int\Big(1 - \frac{1}{1+x^2}\Big)\mathrm{d}x$$

$$= \frac{x^2}{2}\arctan x - \frac{1}{2}x + \frac{1}{2}\arctan x + c$$

熟悉分部积分法后,设 u,v 的步骤可不必写出.

当被积函数是幂函数与对数函数(或反三角函数)的乘积时,设对数函数(或反三角函数)为 $u(x)$,幂函数为 $v'(x)$.

例 4.38　求 $\int \mathrm{e}^x \cdot \cos x\mathrm{d}x$.

解　令 $u = \cos x, v' = \mathrm{e}^x$,则
$$u' = -\sin x, v = \mathrm{e}^x$$

故

$$\int \mathrm{e}^x \cos x\mathrm{d}x = \mathrm{e}^x \cos x + \int \mathrm{e}^x \sin x\,\mathrm{d}x \qquad (再令\ u = \sin x, v' = \mathrm{e}^x)$$

$$= \mathrm{e}^x \cos x + \mathrm{e}^x \sin x - \int \mathrm{e}^x \cdot \cos x\,\mathrm{d}x \qquad (u' = \cos x, v = \mathrm{e}^x)$$

移项得

$$2\int e^x \cos x dx = e^x \cos x + e^x \sin x + c$$

故

$$\int e^x \cos x dx = \frac{1}{2}(e^x \cos x + e^x \sin x) + c$$

经过两次分部积分后,又转化为原来的积分形式,可将它看成关于原来积分的方程,解这个方程即可得到结果.

当被积函数是指数函数与正(余)弦函数乘积时,可任意选择一个函数设为 $u(x)$,但一经选定,再一次使用分部积分法时,则必须按原来的选择方式进行.

在计算不定积分时,有时还须结合使用换元法和分部积分法.

例 4.39　求 $\int \arctan \sqrt{x} dx$.

解　先换元,再用分部积分,令 $\sqrt{x} = t(t > 0)$,则
$$x = t^2, dx = 2t dt$$
于是有

$$\int \arctan \sqrt{x} dx = \int \arctan t d(t^2) = t^2 \arctan t - \int t^2 d(\arctan t)$$

$$= t^2 \arctan t - \int \frac{t^2}{1 + t^2} dt = t^2 \arctan t - \int \left(1 - \frac{1}{1 + t^2}\right) dt$$

$$= t^2 \arctan t - t + \arctan t + c = (x + 1)\arctan \sqrt{x} - \sqrt{x} + c$$

例 4.40　计算 $\int_0^{\frac{\pi}{2}} \sin t \cos^2 t dt$.

解　令 $x = \cos t, dx = -\sin t dt$,当 t 由 0 变到 $\frac{\pi}{2}$ 时,x 由 1 减到 0,则有

$$\int_0^{\frac{\pi}{2}} \sin t \cos^2 t dt = -\int_1^0 x^2 dx = \int_0^1 x^2 dx = \frac{1}{3}$$

习题 4.5

1. 计算下列不定积分:

(1) $\int x \cos mx \, dx$ 　　　　　　(2) $\int t e^{-2t} dt$

（3）$\int \arcsin t \mathrm{d}t$

（4）$\int x \ln(x-1)\mathrm{d}x$

（5）$\int x^2 \ln x \mathrm{d}x$

（6）$\int x^2 \arctan x \mathrm{d}x$

（7）$\int x \tan^2 x \mathrm{d}x$

（8）$\int x^2 \cos x \mathrm{d}x$

（9）$\int (\ln x)^2 \mathrm{d}x$

（10）$\int \dfrac{\ln x}{(1-x)^2}\mathrm{d}x$

（11）$\int (x^2-1)\sin 2x \mathrm{d}x$

（12）$\int x \sin x \cdot \cos x \mathrm{d}x$

（13）$\int \dfrac{(\ln x^2)}{x^2}\mathrm{d}x$

（14）$\int e^{-2x}\sin \dfrac{x}{2}\mathrm{d}x$

（15）$\int e^{ax}\sin nx \mathrm{d}x$

（16）$\int e^{\sqrt{2x-1}}\mathrm{d}x$

（17）$\int x \cos^2 x \mathrm{d}x$

（18）$\int (\arcsin x)^2 \mathrm{d}x$

（19）$\int \dfrac{\ln(x+1)}{\sqrt{x+1}}\mathrm{d}x$

（20）$\int x^2 \sqrt{x^2+a^2}\mathrm{d}x$

（21）$\int \arctan \sqrt{x}\mathrm{d}x$

2. 计算下列定积分：

（1）$\int_1^e x \ln x \mathrm{d}x$

（2）$\int_{\frac{\pi}{4}}^{\frac{\pi}{3}} \dfrac{x}{\sin^2 x}\mathrm{d}x$

（3）$\int_0^\pi (x \sin x)^2 \mathrm{d}x$

（4）$\int_0^1 \dfrac{\ln(1+x)}{(2-x)^2}\mathrm{d}x$

（5）$\int_1^2 \arctan \sqrt{x^2-1}\mathrm{d}x$

（6）$\int_0^{\frac{\pi}{2}} e^{2x}\cos x \mathrm{d}x$

（7）$\int_1^e \sin(\ln x)\mathrm{d}x$

（8）$\int_0^4 e^{\sqrt{x}}\mathrm{d}x$

（9）$\int_{e^{-1}}^e |\ln x|\mathrm{d}x$

第六节　定积分的应用

一、定积分的元素法

在定积分的定义中,首先把整体量进行分割,然后在局部范围内"以直代曲",求出整体量在局部范围内的近似值;再把所有这些近似值加起来,得到整体量的近似值,最后当分割无限加密时取极限得定积分(即整体量).为应用方便,可把计算在区间$[a,b]$上的某个量Q的定积分的方法分为以下两个步骤:

1. 求微分

找量Q在任一具有代表性的小区间$[x,x+\mathrm{d}x]$上的改变量ΔQ的近似值$\mathrm{d}Q$(称为量Q的微元),即

$$\mathrm{d}Q = f(x)\mathrm{d}x$$

2. 求积分

量Q就是$\mathrm{d}Q$在区间$[a,b]$上的定积分,即

$$Q = \int_a^b f(x)\mathrm{d}x$$

这种方法称为定积分的元素法或微分法.

二、求平面图形的面积

计算平面图形的面积,大多数情况下转化为求曲边梯形面积的代数和,而求曲边梯形的面积则转化为计算某定积分的值.

例4.41 求抛物线$y = x^2$和$y^2 = x$围成的图形面积(见图4.12).

解 由$\begin{cases} y = x^2 \\ y^2 = x \end{cases}$可得两抛物线的交点坐标$O(0,0)$和$(1,1)$.此时,两抛物线围成的图形(即阴影部分)可看成以$y = \sqrt{x}$为和$y = x^2$为曲边的两曲边梯形的面积差,故所求面积为

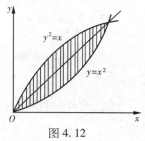

图4.12

$$A = \int_0^1 \sqrt{x}\,\mathrm{d}x - \int_0^1 x^2\,\mathrm{d}x = \left(\frac{2}{3}x^{\frac{3}{2}} - \frac{1}{3}x^3\right)\bigg|_0^1 = \frac{1}{3}$$

例 4.42　计算抛物线 $y^2 = 2x$ 和直线 $y = 2 - 2x$ 所围成图形的面积 A.

解　如图 4.13 所示,曲线 $y^2 = 2x$ 和直线 $y = 2 - 2x$ 围成的图形为阴影部分. 设其面积为 A,由 $\begin{cases} y^2 = 2x \\ y = 2 - 2x, \end{cases}$ 解得交点 $\left(\frac{1}{2}, 1\right)$ 和 $(2, -2)$,则阴影部分可看成以底在 y 轴上曲线 $x = 1 - \frac{y}{2}$ 和 $x = \frac{1}{2}y^2$ 为曲边的曲边梯形的面积差,所以

$$A = \int_{-2}^1 \left(1 - \frac{y}{2}\right)\mathrm{d}y - \int_{-2}^1 \frac{1}{2}y^2\,\mathrm{d}y = \left(y - \frac{1}{4}y^2 - \frac{1}{6}y^3\right)\bigg|_{-2}^1 = \frac{9}{4}$$

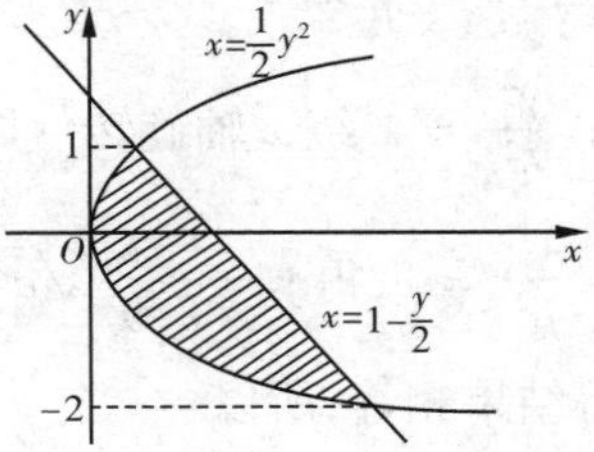

图 4.13

三、求旋转体的体积

定义 4.4　一平面图形绕平面内一直线旋转一周而成的立体称为旋转体,这条直线称为旋转轴,如圆柱、圆锥、圆台、球都是旋转体.

现求由连续曲线 $y = f(x)\,(f(x) \geq 0)$,直线 $x = a$, $x = b$ 及 x 轴围成的曲边梯形,绕 x 轴旋转一周而成旋转体的体积(见图 4.14).

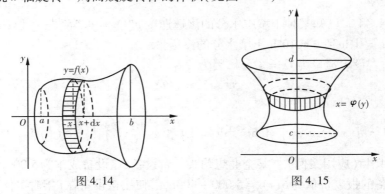

图 4.14　　　　　　　图 4.15

这个旋转体可看成区间 $[a,b]$ 上各小区间上对应的窄曲边梯形绕 x 轴旋转

的小旋转体之和,取 x 为积分变量. 在任意的小区间 $[x,x+dx]$ 上,其小薄片旋转体的体积近似于以 $f(x)$ 为底、x 为半径、dx 为高的小圆柱体体积. 于是,得体积元素为

$$dV = \pi[f(x)]^2 dx$$

因此,所求旋转体的体积为

$$V_x = \int_a^b \pi[f(x)]^2 dx$$

用类似的方法可求得由曲线 $x = \varphi(y)$ 和直线 $y = c, y = b(c < d)$ 及 y 轴所围曲边梯形绕 y 轴旋转一周而成的旋转体(见图 4.15)的体积为

$$V_y = \int_c^b \pi[\varphi(y)]^2 dy$$

例 4.43 求椭圆 $\dfrac{x^2}{a^2} + \dfrac{y^2}{b^2} = 1$ 绕 x 轴旋转一周而成的旋转体的体积 V_x.

解 由椭圆方程 $\dfrac{x^2}{a^2} + \dfrac{y^2}{b^2} = 1$,得 $y = \pm \dfrac{b}{a}\sqrt{a^2 - x^2}$,因为上半椭圆绕 x 轴与下半椭圆绕 x 轴旋转所得结果相等,所以

$$V_x = \int_{-a}^a \pi y^2 dx = \pi \int_{-a}^a \frac{b^2}{a^2}(a^2 - x^2) dx = 2\pi \cdot \frac{b^2}{a^2} \int_0^a (a^2 - x^2) dx$$

$$= 2\pi \cdot \frac{b^2}{a^2}\left(a^2 x - \frac{1}{3}x^3\right)\Big|_0^a = \frac{4}{3}\pi ab^2$$

如果 $a = b = R$,即得球体体积 $V = \dfrac{4}{3}\pi R^3$.

四、其他应用

例 4.44 已知某种土壤中水分的渗透速度 $v(t) = 4.5t^{-0.1}$(单位:h) 试求时刻由 $t = 1$ h 到 $t = 10$ h 土壤水分的渗透量.

解 设渗透量为 $Q = Q(t)$,因为

$$Q'(t) = v(t)$$

所以

$$Q = \int_1^{10} v(t) dt = \int_1^{10} 4.5t^{-0.1} dt = \left(4.5 \times \frac{10}{9}t^{\frac{10}{9}}\right)\Big|_1^{10} = 5\left(10^{\frac{9}{10}} - 1\right)$$

例 4.45(应用案例) 某企业想购买一台设备,该设备成本为 5 000 元. T 年后该设备的报废价值为 $S(t) = 5\,000 - 400t$ 元,使用该设备在 t 年时可使企业增加收入 $850 - 40t$ 元.若年利率为 5%,计算连续复利,企业应在什么时候报废这

台设备?此时,总利润的现值是多少?

解 T 年后总收入的现值为

$$\int_0^T (850 - 40t) e^{-0.05t} dt$$

$$L(T) = \int_0^T (850 - 40t) e^{-0.05T} dt + (5\,000 - 400T) e^{-0.05T} - 5\,000$$

$$L'(T) = (850 - 40T) e^{-0.05T} - 400 e^{-0.05T} - 0.05(5\,000 - 400T) e^{-0.05T}$$

$$= (200 - 20T) e^{-0.05T}$$

令 $L'(T) = 0$ 得

$$T = 10$$

$$L(10) = L_{\max} = \int_0^{10} (200 - 20T) e^{-0.05T} dT$$

$$= (400T + 4\,000) e^{-0.05T} \Big|_0^{10}$$

$$= 852.25 \ 元$$

例 4.46(应用案例) 电力消耗随经济增长而增长. 某城市每年的电力消耗率呈指数增长,且增长指数大约为 0.07. 1980 年初,消耗量大约为每年 161 亿 kW·h. 设 $R(t)$ 表示从 1980 年起第 t 年的电力消耗率,则 $R(t) = 161 e^{0.07t}$ (亿 kW·h). 试用此式估算从 1980 年到 2000 年间电力消耗的总量.

解 设 $T(t)$ 表示从 1980 年起到第 t 年($t = 0$)电力消耗的总量,则

$$T(t) = \int R(t) dt = \int 161 e^{0.07t} dt = \frac{161}{0.07} e^{0.07t} + C = 2\,300 e^{0.07t} + C$$

因为 $T(0) = 0$,故 $C = -2\,300$,所以

$$T(t) = 2\,300 (e^{0.07t} - 1)$$

从 1980 年起到 2000 年间电力消耗总量为

$$T(20) = 2\,300 (e^{0.08 \times 20} - 1) \approx 7\,027$$

例 4.47(应用案例) 测得一架飞机着地时的水平速度为 500 km/h,假定这架飞机着地后的加速度 $a = -20$ m/s². 问从开始着地到飞机完全停止,飞机滑行了多少距离?

$$s = \int_0^{\frac{125}{18}} v(t) dt = \int_0^{\frac{125}{18}} \left(\frac{1\,250}{9} - 20t \right) dt$$

$$= \left(\frac{1\,250}{9} t - 10t^2 \right) \Big|_0^{\frac{125}{18}} = \frac{78\,125}{162} \approx 482.3$$

即该飞机滑行约 482.3 m 后完全停止.

习题 4.6

1. 计算下列各题中的平面图形的面积：

（1）曲线 $y = \sqrt{x}$ 与直线 $y = x$ 所围成的图形.

（2）曲线 $y = x^2$ 与直线 $y = 2x + 3$ 所围成的图形.

（3）曲线 $xy = 1$ 与直线 $y = x, x = 2$ 所围成的图形.

（4）曲线 $y = \ln x$ 与直线 $y = \ln 2, y = \ln 7, x = 0$ 所围成的图形.

（5）曲线 $y = x^2$ 与直线 $y = x$ 及 $y = 2x$ 所围成的图形.

2. 求下列旋转体的体积：

（1）由 $y = x^2 - 4$ 和 $y = 0$ 所围成平面图形，绕 x 轴旋转所成旋转体的体积.

（2）由曲线 $y = e^x$ 与直线 $x = 0, x = 1, y = 0$ 所围成图形，绕 x 轴旋转所成旋转体的体积.

（3）由 $y = x^3$ 和 $y = 8$ 所围成平面图形，绕 y 轴旋转所成旋转一周所成旋转体的体积.

3. 某工厂每天生产某产品 Q 单位时，固定成本为 20 元，边际成本数（／单位）为

$$C'(Q) = 0.4Q + 2$$

（1）成本函数 $C(Q)$.

（2）如果这种产品销售价为 18 元／单位，且产品可以全部售出，求利润函数.

（3）每天生产多少单位产品时，才能获得最大利润？

4. 一辆汽车在直线道路上行驶，如果其速度为 $v(t) = 1 + 3t(\text{m/s})$，求这辆汽车从 5 s 到 10 s 间行驶的路程.

5. 一物体以速度 $v(t) = \dfrac{e^{2t}}{1 + e^{2t}}$ 沿直线运动（单位：m／s），求该物体从 $t = 1.5$ s 到 $t = 6$ s 经过的路程.

6. 一杯 100 ℃ 的热牛奶放在 20 ℃ 的室内，计此时 $t = 0$，如果牛奶温度的变化速度为 $r(t) = -7e^{-0.1t}$（℃/min），试求 10 min 时牛奶的温度.

第七节 反常积分

前面所研究的定积分有两个特点：一是积分区间为有限区间；二是被积函数是有界函数. 但在实际应用中，有时需要解决无限区间上的积分和无界函数的积分，这就是"反常积分"问题.

一、无穷区间上的反常积分 —— 无穷积分

定义 4.5　设函数 $f(x)$ 在区间 $[a, +\infty)$ 上连续，取 $b > a$，若极限 $\lim\limits_{b \to +\infty} \int_a^b f(x)\,\mathrm{d}x$ 存在，则称此极限为函数 $f(x)$ 在 $[a, +\infty)$ 上的反常积分，记为

$$\int_a^{+\infty} f(x)\,\mathrm{d}x$$

即

$$\int_a^{+\infty} f(x)\,\mathrm{d}x = \lim_{b \to +\infty} \int_a^b f(x)\,\mathrm{d}x$$

此时，也称反常积分 $\int_a^{+\infty} f(x)\,\mathrm{d}x$ 收敛；如果上述极限不存在，就称 $\int_a^{+\infty} f(x)\,\mathrm{d}x$ 发散.

类似的，定义 $f(x)$ 在区间 $(-\infty, b]$ 上的反常积分为

$$\int_{-\infty}^b f(x)\,\mathrm{d}x = \lim_{a \to -\infty} \int_a^b f(x)\,\mathrm{d}x$$

$f(x)$ 在 $(-\infty, +\infty)$ 上的反常积分定义为

$$\int_{-\infty}^{+\infty} f(x)\,\mathrm{d}x = \int_{-\infty}^a f(x)\,\mathrm{d}x + \int_a^{+\infty} f(x)\,\mathrm{d}x$$

其中，a 为任意实数. 当且仅当上式右端两个积分同时收敛时，称反常积分 $\int_{-\infty}^{+\infty} f(x)\,\mathrm{d}x$ 收敛；否则，称其发散.

例 4.48　计算反常积分 $\int_0^{+\infty} \dfrac{1}{1+x^2}\,\mathrm{d}x$.

解　任取实数 $b > 0$，则

$$\int_0^{+\infty} \frac{1}{1+x^2}\,\mathrm{d}x = \lim_{b \to +\infty} \int_0^b \frac{1}{1+x^2}\,\mathrm{d}x = \lim_{b \to +\infty} \arctan x \,\Big|_0^b$$

$$= \lim_{b \to +\infty} (\arctan b - \arctan 0) = \frac{\pi}{2}$$

例 4.49 计算 $\int_0^{+\infty} \frac{x}{1+x^2} \mathrm{d}x$.

解 $\int_0^{+\infty} \frac{x}{1+x^2} \mathrm{d}x = \lim_{b \to +\infty} \int_0^b \frac{x}{1+x^2} \mathrm{d}x = \lim_{b \to +\infty} \frac{1}{2} \int_0^b \frac{1}{1+x^2} \mathrm{d}(1+x^2)$

$$= \frac{1}{2} \lim_{b \to +\infty} \ln(1+x^2) \Big|_0^b = \frac{1}{2} \lim_{b \to +\infty} \ln(1+b^2) = +\infty$$

因此, 反常积分 $\int_0^{+\infty} \frac{x}{1+x^2} \mathrm{d}x$ 发散.

利用极限的性质, 可把定积分的分部积分法、换元积分法推广到反常积分.

例 4.50 计算 $\int_{-\infty}^0 x\mathrm{e}^x \mathrm{d}x$.

解 $\int_{-\infty}^0 x\mathrm{e}^x \mathrm{d}x = \lim_{a \to -\infty} \int_a^0 x\mathrm{e}^x \mathrm{d}x = \lim_{a \to -\infty} \left[x\mathrm{e}^x \Big|_a^0 - \int_a^0 \mathrm{e}^x \mathrm{d}x \right]$

$$= \lim_{a \to -\infty} \left[-a\mathrm{e}^a - \mathrm{e}^x \Big|_a^0 \right]$$

$$= \lim_{a \to -\infty} = \left[-a\mathrm{e}^a - 1 + \mathrm{e}^a \right] = -1$$

例 4.51(应用案例) 求曲线 $y = \frac{1}{x^2}$ 与直线 $x = 1, y = 0$ 所围成的图形的面积.

解 如图 4.16 所示, 阴影部分的面积可看成函数 $f(x) = \frac{1}{x^2}$ 在 $[1, +\infty)$ 的定积分, 故所求图形的面积为

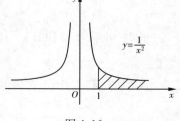

图 4.16

$$A = \int_1^{+\infty} \frac{1}{x^2} \mathrm{d}x$$

$$= \lim_{b \to +\infty} \int_1^b \frac{1}{x^2} \mathrm{d}x = \lim_{b \to +\infty} \left[-\frac{1}{x} \right]_1^b$$

$$= \lim_{b \to +\infty} \left(1 - \frac{1}{b} \right) = 1$$

二、无界函数的反常积分 —— 瑕积分

定义 4.6 设函数 $f(x)$ 在区间 $(a, b]$ 上连续, 且 $\lim_{x \to a^+} f(x) = \infty$. 取 $A > a$.

如果极限 $\lim\limits_{A \to a^+} \int_A^b f(x)\,\mathrm{d}x$ 存在,则称此极限为函数 $f(x)$ 在 $(a,b]$ 上的反常积分,记为

$$\int_a^b f(x)\,\mathrm{d}x$$

即

$$\int_a^b f(x)\,\mathrm{d}x = \lim_{A \to a^+} \int_A^b f(x)\,\mathrm{d}x$$

此时,也称反常积分 $\int_a^b f(x)\,\mathrm{d}x$ 收敛.

类似的,当 $x = b$ 为 $f(x)$ 的无穷大间断点时, $f(x)[a,b)$ 上的反常积分 $\int_a^b f(x)\,\mathrm{d}x$ 取 $B < b$,则

$$\int_a^b f(x)\,\mathrm{d}x = \lim_{B \to b^-} \int_a^B f(x)\,\mathrm{d}x$$

当无穷间断点 $x = c$ 位于区间 $[a,b]$ 的内部时,则定义反常积分 $\int_a^b f(x)\,\mathrm{d}x$ 为

$$\int_a^b f(x)\,\mathrm{d}x = \int_a^c f(x)\,\mathrm{d}x + \int_c^b f(x)\,\mathrm{d}x$$

注　上式右端两个积分均为反常积分,当且仅当右端两个积分同时收敛时,称反常积分 $\int_a^b f(x)\,\mathrm{d}x$ 收敛;否则,称其发散.

说明:

(1) 反常积分是定积分概念的扩充,收敛的反常积分与定积分具有类似的性质,但不能直接利用牛顿 - 莱布尼茨公式.

(2) 求反常积分就是求常义积分的一种极限,因此,先计算一个常义积分,再求极限. 定积分中换元积分法和分部积分法都可推广到反常积分. 在求极限时,可利用求极限的一切方法,包括洛必达法则.

(3) 瑕积分与常义积分的记号一样,要注意判断和区别.

例 4.52　讨论 $\int_{-1}^1 \dfrac{1}{x^2}\,\mathrm{d}x$ 的敛散性.

解　因为 $\lim\limits_{x \to 0} \dfrac{1}{x^2} = +\infty$,所以 $x = 0$ 是被积函数的瑕点,瑕积分为

$$\int_{-1}^1 \frac{1}{x^2}\,\mathrm{d}x = \lim_{\xi \to 0^+} \int_{-1}^{0-\xi} \frac{1}{x^2}\,\mathrm{d}x + \lim_{\eta \to 0^+} \int_{0+\eta}^1 \frac{1}{x^2}\,\mathrm{d}x$$

$$= \lim_{\xi \to 0^+} \left[-\frac{1}{x} \right]_{-1}^{-\xi} + \lim_{\eta \to 0^+} \left[-\frac{1}{x} \right]_{\eta}^{1}$$

$$= \lim_{\xi \to 0^+} \left(\frac{1}{\xi} - 1 \right) + \lim_{\eta \to 0^+} \left(-1 + \frac{1}{\eta} \right)$$

因为 $\lim\limits_{\xi \to 0^+} \left(\dfrac{1}{\xi} - 1 \right) = +\infty$，$\lim\limits_{\eta \to 0^+} \left(-1 + \dfrac{1}{\eta} \right) = +\infty$，所以反常积分 $\int_{-1}^{1} \dfrac{1}{x^2} \mathrm{d}x$ 发散.

若没注意到被积分函数的瑕点 $x = 0$，而按定积分计算，则会得到错误结果，即

$$\int_{-1}^{1} \frac{1}{x^2} \mathrm{d}x = -\frac{1}{x} \Big|_{-1}^{1} = -2$$

 习题 4.7

1. 计算下列反常积分：

(1) $\displaystyle\int_{0}^{+\infty} \mathrm{e}^{-ax} \mathrm{d}x$ 　　　　　(2) $\displaystyle\int_{0}^{+\infty} x \mathrm{e}^{-x^2} \mathrm{d}x \ (a > 0)$

(3) $\displaystyle\int_{e}^{+\infty} \frac{1}{x \ln^2 x} \mathrm{d}x$ 　　　　(4) $\displaystyle\int_{0}^{1} \ln x \mathrm{d}x$

2. 已知反常积分 $\displaystyle\int_{-\infty}^{+\infty} \frac{A}{1 + x^2} \mathrm{d}x = 1$，求常数 A.

3. 讨论 $\displaystyle\int_{a}^{+\infty} \frac{1}{x^p} \mathrm{d}x$ 的敛散性（其中，$p > 0$）.

复习题四

1. 选择题：

（1）下列正确的是（　　）.

A. $\displaystyle\int \arctan x \mathrm{d}x = \frac{1}{1 + x^2} + c$ 　　　　B. $\displaystyle\int \cos(x - 1) \mathrm{d}x = -\sin(x - 1) + c$

C. $\displaystyle\int \sin(-x) \mathrm{d}x = \cos(-x) + c$ 　　　　D. $\displaystyle\int \ln x \mathrm{d}x = \frac{1}{x} + c$

（2）若 $f(x)$ 的一个原函数为 $\ln x$，则 $f'(x) = ($ $)$.

A. $x \cdot \ln x$ B. $\ln x$ C. $-\dfrac{1}{x^2}$ D. $\dfrac{1}{x}$

（3）如果 $\int f(x)\mathrm{d}x = x^2 + \mathrm{e}^x + c$，则 $f(x) = ($ $)$.

A. $x^2 + \mathrm{e}^x$ B. $2x + \mathrm{e}^x$ C. $2x \cdot \mathrm{e}^x$ D. $\dfrac{1}{3}x^3 + \mathrm{e}^x$

（4）若 $\int f(x)\mathrm{d}x = F(x) + c$，则 $\int \sin x f(\cos x)\mathrm{d}x = ($ $)$.

A. $F(\sin x) + c$ B. $-F(\sin x) + c$

C. $F(\cos x) + c$ D. $-F(\cos x) + c$

（5）下列式子正确的是（ ）.

A. $\displaystyle\int_0^1 \mathrm{e}^x\mathrm{d}x > \int_0^1 \mathrm{e}^{x^2}\mathrm{d}x$ B. $\displaystyle\int_0^1 \mathrm{e}^x\mathrm{d}x < \int_0^1 \mathrm{e}^{x^2}\mathrm{d}x$

C. $\displaystyle\int_0^1 \mathrm{e}^x\mathrm{d}x = \int_0^1 \mathrm{e}^{x^2}\mathrm{d}x$ D. 以上都不对

（6）已知 $f(x) = \displaystyle\int_0^x \sin 2t\mathrm{d}t$，则 $f'\left(\dfrac{\pi}{4}\right) = ($ $)$.

A. 0   B. 1   C. -1 D. $\dfrac{\pi}{2}$

（7）下列积分值小于零的是（ ）.

A. $\displaystyle\int_0^\pi \dfrac{1}{\sin x}\mathrm{d}x$ B. $\displaystyle\int_{-1}^1 x \cdot \mathrm{e}^{-x^2}\mathrm{d}x$

C. $\displaystyle\int_0^1 \mathrm{e}^{-x^2}\mathrm{d}x$ D. $\displaystyle\int_{\frac{1}{2}}^1 \dfrac{\mathrm{d}x}{\ln x}$

（8）$\displaystyle\int_1^{\sqrt{e}} \dfrac{1}{x}\mathrm{d}x = ($ $)$.

A. 1   B. $\dfrac{1}{2}$ C. $-\dfrac{1}{2}$ D. 0

（9）下列正确的是（ ）.

A. $\dfrac{\mathrm{d}}{\mathrm{d}x}\displaystyle\int f(x)\mathrm{d}x = f(x)\mathrm{d}x$ B. $\displaystyle\int \mathrm{d}f(x)\mathrm{d}x = f(x)$

C. $\displaystyle\int f'(x)\mathrm{d}x = f(x) + c$ D. $\mathrm{d}\left[\displaystyle\int f(x)\mathrm{d}x\right] = f(x)$

（10）如果 $\int f(x)\mathrm{d}x = x\ln x + c$，则 $f(x) = ($ $)$.

A. $1 + \ln x$　　　　　　　　　　　　B. $\dfrac{1}{x}$

C. $x^2 \left(\dfrac{1}{4} - \dfrac{1}{2} \ln x \right) + c$　　　　　　D. $x^2 \left(\dfrac{1}{2} - \dfrac{1}{4} \ln x \right) + c$

（11）若 $\displaystyle\int_0^x f(t)\,\mathrm{d}t = a^{3x}($ 　　 $)$，则 $f(x) = ($ 　　 $)$.

A. $3a^{3x}$　　　　B. $a^{3x}\ln a$　　　　C. $3xa^{3x-1}$　　　　D. $3a^{3x}\ln a$

（12）已知函数 $f(x)$ 在 $[0,1]$ 上连续，若令 $t = 2x$，则 $\displaystyle\int_0^1 f(2x)\,\mathrm{d}x = ($ 　　 $)$.

A. $\displaystyle\int_0^2 f(t)\,\mathrm{d}t$　　B. $2\displaystyle\int_0^2 f(t)\,\mathrm{d}t$　　C. $\dfrac{1}{2}\displaystyle\int_0^2 f(t)\,\mathrm{d}t$　　D. $\dfrac{1}{2}\displaystyle\int_0^1 f(t)\,\mathrm{d}t$

（13）已知 $y = \displaystyle\int_0^x \dfrac{1}{1+t}\,\mathrm{d}t$，则 $y''(1) = ($ 　　 $)$.

A. $-\dfrac{1}{2}$　　　　B. $-\dfrac{1}{4}$　　　　C. $\dfrac{1}{4}$　　　　D. $\dfrac{1}{2}$

（14）$\displaystyle\lim_{x\to 1} \dfrac{\displaystyle\int_1^x (t^2 - 1)\,\mathrm{d}t}{\ln^2 x} = ($ 　　 $)$.

A. 0　　　　　　B. 1　　　　　　C. $\dfrac{1}{2}$　　　　　　D. ∞

（15）$\displaystyle\int_0^x f(t)\,\mathrm{d}t = x^2$，则 $\displaystyle\int_0^1 xf(x^2)\,\mathrm{d}x = ($ 　　 $)$.

A. $\dfrac{1}{4}$　　　　　B. $\dfrac{1}{2}$　　　　　C. 1　　　　　D. 2

2. 填空题：

（1）$f(x) = \ln x^2$ 在 $(-\infty, +\infty)$ 上连续，$\mathrm{d}\displaystyle\int \ln x^2\,\mathrm{d}x = $ ＿＿＿＿＿＿.

（2）$\displaystyle\int x f'(x^2)\,\mathrm{d}x = $ ＿＿＿＿＿＿.

（3）已知 e^{-x} 的 $f(x)$ 一个原函数，则 $\displaystyle\int x f(x)\,\mathrm{d}x = $ ＿＿＿＿＿＿.

（4）$\displaystyle\int_0^2 |x - 1|\,\mathrm{d}x = $ ＿＿＿＿＿＿.

（5）若 $\displaystyle\int_a^b \dfrac{f(x)}{f(x) + g(x)}\,\mathrm{d}x = 1$，则 $\displaystyle\int_a^b \dfrac{g(x)}{f(x) + g(x)}\,\mathrm{d}x = $ ＿＿＿＿＿＿.

3. 求下列积分:

(1) $\int (2x + 3)^9 \mathrm{d}x$ (2) $\int x\sqrt{x+1}\,\mathrm{d}x$

(3) $\int \dfrac{x+1}{x^2+1}\mathrm{d}x$ (4) $\int \dfrac{\mathrm{d}x}{x\ln x}$

(5) $\int (\sin x + \cos x)^2 \mathrm{d}x$ (6) $\int \cos^2 2x\,\mathrm{d}x$

(7) $\int_0^1 \sqrt{2x - x^2}\,\mathrm{d}x$ (8) $\int_0^1 x \cdot \mathrm{e}^{-x^2}\mathrm{d}x$

(9) $\int_1^4 \left(\dfrac{2}{1+\sqrt{x}} \right) \mathrm{d}x$ (9) $\int_0^{\frac{\pi^2}{4}} \cos \sqrt{x}\,\mathrm{d}x$

4. 设作直线运动的某一物体的运动速度为 $v(t) = \dfrac{1}{3}t^{\frac{3}{2}} - 5 + 2(\mathrm{m/s})$ 试求该物体的位移 S 与时间 t 的函数关系式.

5. 某城市在电力需求的高峰时期,消耗电能的速度 r 可表示为 $r = te^{-1}$(t 的单位为 h),试求前 2 h 内消耗的总电能 E(单位为 I).

6. 求曲线 $y = x^3$ 和直线 $y = 2$,以及 $x = 0$ 所围成平面图形的面积.

7. 已知一工厂生产某产品 Q 单位时,总收益的变化率(即边际收益)为

$$R'(x) = 200 - \frac{x}{100} \qquad x \geqslant 0$$

(1) 求生产该产品 10 单位时的总收益.

(2) 若已生产了 100 个单位后,求再生产 100 个单位时,总收益的增加值.

8. 设 $\varphi(x) = \displaystyle\int_1^x \frac{t-1}{t^2 - 2t + 5}\mathrm{d}t$,求 $\varphi(x)$ 在 $[0,1]$ 上的最大值和最小值.

9. 已知生产某产品 x 个单位时,边际收益函数 $R'(x) = 200 - \dfrac{x}{50}$(万元/单位).试求生产 x 个单位时总收益 $R(x)$ 以及平均单位收益 $\overline{R}(x)$,并求生产这种产品 2 000 单位时的总收益和平均单位收益.

10. 设 $f(x)$ 的一个原函数是 $\dfrac{\ln x}{x}$,试证明:

$$\int x^2 f'(x)\mathrm{d}x = (\ln x)^2 - 3\ln x + c$$

第五章　多元函数微积分及其应用

在前面的学习中,研究的都是只有一个自变量的函数,在自然科学和工程技术中,许多实际问题往往与多个因素相关,由此产生了有多个自变量的函数,这样的函数称为多元函数. 多元函数的微积分是在一元函数微积分的基础上发展起来的. 学习多元函数微积分的概念、理论和方法,要注意从发展的角度与一元函数的相关概念、理论和方法进行比较,留心它们的异同,这样才能更好地去领会和掌握相关知识.

第一节　多元函数的基本概念

一、多元函数的概念

在生产实践和科学试验中,所研究的问题常常遇到多种因素,它反映到数学上是一个变量依赖于多个变量的问题,这就是多元函数.

例 5.1　矩形的面积 S 与它的长 x、宽 y 之间的关系 $S = xy$. 其中,面积 S 是随 x,y 的变化而变化的,当 x,y 在一定范围内取定一对数值时,S 的值就随之唯一确定.

例 5.2　长方体的体积 V 与它的长 x、宽 y、高 z 之间的关系 $V = xyz$. 其中,体积 V 是随 x,y 和 z 的变化而变化的,当 x,y 和 z 在一定范围内取定一对值时,V 的值也就随之唯一确定.

　　虽然以上两例代表的具体意义有所不同,但它们具有共同特性,即对于某一范围内的一组数,按照某种对应规律,都有唯一确定的数值与它们对应.

　　定义 5.1　设有 3 个变量 x,y,z,如果当变量 x,y 在一定范围内任意取定一对值时,变量 z 按照一定的规律,总有唯一确定的值与之对应,则称变量 z 为变量 x,y 的二元函数,记为

$$z = f(x,y) \quad 或 \quad z = z(x,y)$$

其中,变量 x 和 y 称为自变量,而变量 z 称为因变量;自变量 x 和 y 的变化范围称为二元函数 z 的定义域.

　　类似的,可定义三元函数(如 $u = f(x,y,z)$)及三元以上的函数.二元及二元以上的函数统称为多元函数.

　　求二元函数定义域的方法与求一元函数定义域方法类似:对于用解析式 $z = f(x,y)$ 表达的二元函数,能使这个解析式有确定值的自变量 x,y 的变化范围就是这个函数的定义域.例如,函数 $z = \sqrt{x + y}$ 只在 $x + y \geqslant 0$ 时有定义.它的定义域是位于直线 $y = -x$ 上方的半平面且包括这直线的点的集合.

　　例 5.3　求函数 $z = \sqrt{x + 2y} + \ln(x^2 y)$ 的定义域.

　　解　要使函数有意义,须有

$$\begin{cases} x + 2y \geqslant 0 \\ x^2 - y > 0 \end{cases}$$

　　所以函数的定义域为

$$\{(x,y) \mid 2x + y \geqslant 0 \text{ 且 } x^2 - y > 0\}$$

二、二元函数的极限

　　现来讨论当自变量 $x \to x_0, y \to y_0$,即 $P(x,y) \to P_0(x_0,y_0)$ 时,函数 $f(x,y)$ 的极限.

　　定义 5.2　设函数 $z = f(x,y)$ 在点 $P_0(x_0,y_0)$ 的附近有定义(点 P_0 可除外),设点 $P(x,y)$ 是点 $P_0(x_0,y_0)$ 附近异于 P_0 的任意一点,如果当点 P 以任何方式趋近于点 P_0 时,函数 $f(x,y)$ 都无限地接近于一个确定的常数 A,则称 A 为函数 $z = f(x,y)$ 当 $(x,y) \to (x_0,y_0)$ 时的极限,记为

$$\lim_{(x,y) \to (x_0,y_0)} f(x,y) = A \quad 或 \quad \lim_{P \to P_0} f(P) = A$$

　　也可记为

$$f(x,y) \to A((x,y) \to (x_0,y_0))$$

　　上述定义的二元函数的极限又称二重极限.二重极限是一元函数极限的推

广,有关一元函数极限的运算法则和定理,都可直接类推到二重极限上.

应该指出:二元函数的极限存在是指 $P(x,y)$ 以任意方式趋近于点 $P_0(x_0,y_0)$ 时,函数都无限接近于某一确定值 A. 因此,如果动点 $P(x,y)$ 以某一特定方式(如沿着一条定直线或定曲线)趋近于定点 $P_0(x_0,y_0)$ 时,即使函数无限接近于某一确定值,也不能断言函数此时的极限存在. 而如果当 $P(x,y)$ 以不同方式趋近于 $P_0(x_0,y_0)$ 时,函数无限接近的值不同,则可断言函数此时的极限不存在.

例 5.4　求 $f(x,y) = \dfrac{\sin(xy)}{xy}$ 当 $(x,y) \to (0,0)$ 时的极限.

解　函数 $f(x,y)$ 在点 $(0,0)$ 处没有定义,记 $v = xy$,当 $(x,y) \to (0,0)$ 时,$v \to 0$,于是

$$\lim_{(x,y)\to(0,0)} f(x,y) = \lim_{v\to 0} \frac{\sin v}{v} = 1$$

例 5.5　求 $f(x,y) = \dfrac{xy}{\sqrt{xy+1} - 1}$ 当 $(x,y) \to (0,0)$ 时的极限.

解　函数 $f(x,y)$ 在点 $(0,0)$ 处没有定义,记 $v = xy$,当 $(x,y) \to (0,0)$ 时,$v \to 0$,于是

$$\lim_{(x,y)\to(0,0)} f(x,y) = \lim_{v\to 0} \frac{v}{\sqrt{v+1} - 1} = \lim_{v\to 0} \frac{v(\sqrt{v+1} + 1)}{(\sqrt{v+1} - 1)(\sqrt{v+1} + 1)}$$
$$= \lim_{v\to 0}(\sqrt{v+1} + 1) = 2$$

例 5.4、例 5.5 说明,在求二元函数的极限时,如果能够通过把函数的某个部分看成一个整体,将二元函数极限问题转化为一元函数极限问题,那就可用求一元函数极限的方法解决求二元函数的极限.

例 5.6　极限 $\lim\limits_{(x,y)\to(0,0)} \dfrac{2x - y}{2x + y}$ 是否存在?为什么?

解　因为当点 $P(x,y)$ 沿直线 $y = x$ 趋近于点 $(0,0)$ 时,有

$$\lim_{(x,y)\to(0,0)} \frac{2x - y}{2x + y} = \lim_{x\to 0} \frac{2x - x}{2x + x} = \frac{1}{3}$$

而当点 $P(x,y)$ 沿直线 $y = 0$ 趋近于点 $(0,0)$ 时,有

$$\lim_{(x,y)\to(0,0)} \frac{2x - y}{2x + y} = \lim_{x\to 0} \frac{2x - 0}{2x + 0} = 1$$

由 $\dfrac{1}{3} \neq 1$ 可知,极限 $\lim\limits_{(x,y)\to(0,0)} \dfrac{x - y}{x + y}$ 不存在.

三、二元函数的连续性

有了二元函数的极限概念,就可定义二元函数的连续性了.

定义5.3 设函数 $z = f(x,y)$ 在点 $P_1(x_0,y_0)$ 及其附近有定义,$P(x,y)$ 是该附近任一点,如果

$$\lim_{(x,y)\to(0,0)} f(x,y) = f(x_0,y_0) \quad \text{或} \quad \lim_{P\to P_0} f(P) = f(P_0)$$

则称函数 $z = f(x,y)$ 在点 P_0 处连续,否则称 $f(x,y)$ 在点 P_0 处间断.

如果二元函数在区域 D 内的每一点都连续,则称该函数区域 D 上连续,在其几何图形在空间时一张连续曲面.

例如,二元函数 $f(x,y) = x + 2y$ 在点 $(1,1)$ 处连续.

如果 $f(x,y)$ 在区域 D 内的每一点连续,那么,就称它在区域 D 内连续. 与一元函数一样,二元连续函数的和、差、积、商(分母不为零)及复合函数在其定义区域内仍是连续的.

习题5.1

1. 设 $f(x,y) = xy + \dfrac{x}{y}$,求 $f\left(\dfrac{1}{2},\dfrac{1}{3}\right)$.

2. 已知 $f\left(x+y,\dfrac{y}{x}\right) = x^2 - y^2$,求 $f(x,y)$.

3. 求下列函数的定义域:

(1) $f(x,y) = \dfrac{\arcsin x}{\sqrt{y}}$

(2) $f(x,y) = \ln(x+y)$

(3) $f(x,y) = \dfrac{1}{\sqrt{x+y}} - \dfrac{1}{\sqrt{x-y}}$

(4) $f(x,y) = \dfrac{\sqrt{4x-y^2}}{\ln(1-x^2-y^2)}$

4. 求下列极限,若不存在,说明理由.

(1) $\lim\limits_{\substack{x\to 1 \\ y\to 1}} \dfrac{1-xy}{x^2+2y}$

(2) $\lim\limits_{\substack{x\to 0 \\ y\to 0}} \dfrac{\sin(x^2-y^2)}{x-y}$

(3) $\lim\limits_{\substack{x\to 0 \\ y\to 0}} \dfrac{xy}{\sqrt{4+xy}-2}$

(4) $\lim\limits_{\substack{x\to 0 \\ y\to 0}} \dfrac{x-y}{x+y}$

5. 指出下列二元函数的间断点或间断线:

$$(1)f(x,y) = \frac{1}{x^2 + y^2} \qquad\qquad (2)f(x,y) = \frac{1}{x^2 - y^2}$$

第二节 偏导数和全微分

一、偏导数

多元函数中,当某一自变量在变化,而其他自变量不变化(此时视为常数)时,函数关于这个自变量的变化率称为多元函数对这个自变量的偏导数.

定义5.4　设函数 $z = f(x,y)$ 在点 (x_0,y_0) 的附近有定义,当 y 固定在 y_0 且 x 在 x_0 处有增量 Δx 时,相应函数有增量(称为 x 对的偏增量)

$$\Delta_x z = f(x_0 + \Delta x, y_0) - f(x_0,y_0)$$

如果极限

$$\lim_{\Delta x \to 0} \frac{\Delta_x z}{\Delta x} = \lim_{\Delta x \to 0} \frac{f(x_0 + \Delta x, y_0) - f(x_0,y_0)}{\Delta x}$$

存在,则称此极限值为函数 $z = f(x,y)$ 在点 (x_0,y_0) 处对 x 的偏导数,记为

$$\frac{\partial z}{\partial x}\bigg|_{\substack{x = x_0 \\ y = y_0}}, \frac{\partial f}{\partial x}\bigg|_{\substack{x = x_0 \\ y = y_0}} \quad \text{或} \quad f_x(x_0,y_0)$$

即

$$\frac{\partial z}{\partial x}\bigg|_{\substack{x = x_0 \\ y = y_0}} = \lim_{\Delta x \to 0} \frac{f(x_0 + \Delta x, y_0) - f(x_0,y_0)}{\Delta x}$$

类似的,函数 $z = f(x,y)$ 在点 (x_0,y_0) 处对 y 的偏导数定义为

$$\lim_{\Delta y \to 0} \frac{\Delta_y z}{\Delta y} = \lim_{\Delta y \to 0} \frac{f(x_0, y_0 + \Delta y) - f(x_0,y_0)}{\Delta y}$$

记为

$$\frac{\partial z}{\partial y}\bigg|_{\substack{x = x_0 \\ y = y_0}}, \frac{\partial f}{\partial y}\bigg|_{\substack{x = x_0 \\ y = y_0}} \quad \text{或} \quad f_y(x_0,y_0)$$

这里用字符 ∂ 代替 d,以区别于一元函数的导数.

如果函数 $z = f(x,y)$ 在区域 D 内每一点 (x,y) 处对 x 的偏导数都存在,则这个偏导数就是 x,y 的函数,称为函数 $z = f(x,y)$ 对自变量 x 的偏导函数,记为

$$\frac{\partial z}{\partial x} \text{ , 或 } z_x \text{, 或 } f_x(x,y)$$

类似的,可定义函数 $z = f(x,y)$ 对自变量 y 的偏导函数,记为

$$\frac{\partial z}{\partial y}，或 z_y，或 f_y(x,y)$$

像导函数一样,以后在不至于混淆的地方也将偏导函数简称偏导数.

由偏导数的定义可知,三元及三元以上函数的偏导数可类似得出,求多元函数中某一个自变量的偏导数时,只需将其他自变量看成常数,利用一元函数求导公式和求导法则即可.

例 5.7　求 $z = xy^2 + y \cos x^2$ 的偏导数.

解　对 x 求偏导数,把 y 看成常量,得

$$\frac{\partial z}{\partial x} = y^2 - 2xy \sin x^2$$

对 y 求偏导数,把 x 看成常量,得

$$\frac{\partial z}{\partial y} = 2xy + \cos x^2$$

例 5.8　求 $z = x^3 - xy + y^3$ 在点 $(0,1)$ 处的偏导数.

解　由于

$$\frac{\partial z}{\partial x} = 3x^2 - y, \frac{\partial z}{\partial y} = -x + 3y^2$$

因此,将 $x = 0, y = 1$ 代入上式,得

$$f_x(0,1) = \frac{\partial z}{\partial x}\bigg|_{\substack{x=0\\y=1}} = -1$$

$$f_y(0,1) = \frac{\partial z}{\partial y}\bigg|_{\substack{x=0\\y=1}} = 3$$

应当指出,在一元函数 $y = f(x)$ 中,导数 $\dfrac{\mathrm{d}y}{\mathrm{d}x}$ 可看成函数的微分 $\mathrm{d}y$ 与自变量微分 d 之商,但对于二元函数 $z = f(x,y)$(多元函数)来说, $\dfrac{\partial z}{\partial x}, \dfrac{\partial z}{\partial y}$ 是一个整体记号,不能看成分子与分母之商.

例 5.9　求 $f(x,y) = x^y (x > 0, x \neq 1)$ 的偏导数 $\dfrac{\partial f}{\partial x}, \dfrac{\partial f}{\partial y}$.

分析　求二元函数关于 x 的偏导数时,将 y 视为常数,此时的 $f(x,y) = x^y$ 就是一个幂函数

$$\frac{\partial f}{\partial x} = yx^{y-1} \qquad \frac{\partial f}{\partial y} = x^y \ln x$$

二、高阶偏导数

如果二元函数 $z = f(x,y)$ 的偏导数 $\dfrac{\partial z}{\partial x} = f_x(x,y)$, $\dfrac{\partial z}{\partial y} = f_y(x,y)$ 的偏导数存在,那么,它们的偏导数称为函数 $z = f(x,y)$ 的二阶偏导数. 相对于二阶偏导数,就称 $f_x(x,y)$, $f_y(x,y)$ 为一阶偏导数. 依照对变量求导数的次序不同,有下列 4 个二阶偏导数:

$$\frac{\partial}{x}\left(\frac{\partial z}{\partial x}\right) = \frac{\partial z^2}{\partial x^2} = f_{xx}(x,y) \qquad \frac{\partial}{\partial y}\left(\frac{\partial z}{\partial x}\right) = \frac{\partial^2 z}{\partial x \partial y} = f_{xy}(x,y)$$

$$\frac{\partial}{\partial x}\left(\frac{\partial z}{\partial y}\right) = \frac{\partial^2 z}{\partial y \partial x} = f_{yx}(x,y) \qquad \frac{\partial}{\partial y}\left(\frac{\partial z}{\partial y}\right) = \frac{\partial^2 z}{\partial y^2} = f_{yy}(x,y)$$

其中,第 2,3 偏导数称为混合偏导数. 这里 $f_{xy}(x,y)$ 与 $f_{yx}(x,y)$ 的区别在于前一个是先对 x 后对 y 求偏导,而后一个是先对 y 后对 x 求偏导. 可以证明,当 $f_{xy}(x,y)$ 与 $f_{yx}(x,y)$ 都连续时,求偏导的结果与先后次序无关,即

$$f_{xy}(x,y) = f_{yx}(x,y)$$

类似的,可定义三阶、四阶 ……n 阶偏导数. 二阶及二阶以上的偏导数称为高阶偏导数.

例 5.10 求二元函数 $z = e^x \cos y$ 的二阶偏导数.

解 先求一阶偏导数

$$\frac{\partial z}{\partial x} = e^x \cos y, \frac{\partial z}{\partial y} = -e^x \sin y$$

再求二阶偏导数,即

$$\frac{\partial^2 z}{\partial x^2} = e^x \cos y, \frac{\partial^2 z}{\partial x \partial y} = \frac{\partial^2 z}{\partial y \partial x} = -e^x \sin y, \frac{\partial^2 z}{\partial y^2} = -e^x \cos y$$

说明:在求二元函数的偏导数时,容易发现:二元函数的一阶偏导数有 2 个,二阶偏导数有 4 个,三阶偏导数有 8 个 ……n 阶偏导数有 2^n 个.

三、全微分

在一元函数微分学中,函数 $y = f(x)$ 的微分 $dy = f'(x)dx$,并且当自变量 x 的改变量 $\Delta x \to 0$ 时,函数相应的改变量 Δy 与 dy 的差是比 Δx 高阶的无穷小量. 这一结论可推广到二元函数的情形.

例如,设 z 表示长和宽分别为 x,y 的矩形面积,即 $z = xy$. 如果边长 x 与 y 分别取得增量 Δx 与 Δy,则面积 z 相应地有全增量

$$\Delta z = (x + \Delta x)(y + \Delta y) - xy = y\Delta x + x\Delta y + \Delta x\Delta y$$

式中,$y\Delta x + x\Delta y$ 是关于 $\Delta x,\Delta y$ 的线性函数,而当 $\Delta x \to 0, \Delta y \to 0, |\Delta x\Delta y|$ 是一个很小的量,或者说当 $\rho = \sqrt{(\Delta x)^2 + (\Delta y)^2} \to 0$ 时,$\Delta x\Delta y$ 是 ρ 的高阶无穷小量,故可略去 $\Delta x\Delta y$,而用 $y\Delta x + x\Delta y$ 近似地表示 Δz,把 $y\Delta x + x\Delta y$ 称为 z 的微分,记为 $\mathrm{d}z$,即

$$\mathrm{d}z = y\Delta x + x\Delta y$$

一般可引入下面的定义.

定义 5.5　设函数 $z = f(x,y)$ 对于自变量 x,y 在点 $P(x,y)$ 处各自有一个很小的改变量 $\Delta x,\Delta y$,相应的函数有一个全增量

$$\Delta z = A\Delta x + B\Delta y + o(\rho) \qquad (\rho = \sqrt{(\Delta x)^2 + (\Delta y)^2})$$

其中,A,B 是与 $\Delta x,\Delta y$ 无关,仅与 x,y 有关的函数或常数,而 $o(\rho)$ 是比 ρ 高阶的无穷小量,则称函数 $z = f(x,y)$ 在点 $P(x,y)$ 处可微,且 $A\Delta x + B\Delta y$ 称为函数在点 $P(x,y)$ 处的全微分,记为 $\mathrm{d}z$ 或 $\mathrm{d}f(x,y)$,即

$$\mathrm{d}z = \mathrm{d}f(x,y) = A\Delta x + B\Delta y$$

可以证明,如果函数 $z = f(x,y)$ 在点 $P(x,y)$ 的某一邻域内有连续偏导数 $f_x(x,y)$ 和 $f_y(x,y)$,则函数 $z = f(x,y)$ 在点 $P(x,y)$ 处可微,并且

$$\mathrm{d}z = f_x(x,y)\mathrm{d}x + f_y(x,y)\mathrm{d}y$$

类似的,二元函数的全微分可推广地三元以及三元以上的函数.

例 5.11　求函数 $z = x^2y - xy^2$ 的全微分.

解　因为

$$\frac{\partial z}{\partial x} = 2xy - y^2, \frac{\partial z}{\partial y} = x^2 - 2xy$$

所以

$$\mathrm{d}z = (2xy - y^2)\mathrm{d}x + (x^2 - 2xy)\mathrm{d}y$$

例 5.12　计算函数 $z = (x + y)\mathrm{e}^{xy}$ 在点 $(1,2)$ 处的全微分.

解　$\dfrac{\partial z}{\partial x} = \mathrm{e}^{xy} + y(x + y)\mathrm{e}^{xy} = (1 + xy + y^2)\mathrm{e}^{xy}, \dfrac{\partial z}{\partial x}\bigg|_{\substack{x=1\\y=2}} = 7\mathrm{e}^2$

$\dfrac{\partial z}{\partial y} = \mathrm{e}^{xy} + x(x + y)\mathrm{e}^{xy} = (1 + xy + x^2)\mathrm{e}^{xy}, \dfrac{\partial z}{\partial y}\bigg|_{\substack{x=1\\y=2}} = 4\mathrm{e}^2$

所以

$$\mathrm{d}z = 7\mathrm{e}^2\mathrm{d}x + 4\mathrm{e}^2\mathrm{d}y$$

由全微分的定义可知,如果二元函数 $z = f(x,y)$,在 x_0,y_0 分别取得增量 Δx 与 Δy,相应的,z 有全增量

$$\Delta z = f(x_0 + \Delta x, y_0 + \Delta y) - f(x_0, y_0) \approx f_x(x_0, y_0)\Delta x + f_y(x_0, y_0)\Delta y$$

即

$$f(x_0 + \Delta x, y_0 + \Delta y) \approx f(x_0, y_0) + f_x(x_0, y_0)\Delta x + f_y(x_0, y_0)\Delta y$$

这一结论在近似计算中有一定的应用.

例 5.13 求 $(0.98)^{0.99}$ 的近似值.

解 在解决这类问题时,首先是要作出一个相应的二元函数,然后才能求解.

设函数 $f(x, y) = x^y$,并取

$$x_0 = 1, y_0 = 1, \Delta x = -0.02, \Delta y = -0.01$$

又因为

$$f_x(x, y) = yx^{y-1}, f_y(x, y) = x^y \ln x$$

则

$$f_x(1,1) = 1, f_y(1,1) = 0, f(1,1) = 1$$

所以

$$(0.98)^{0.99} = f(1 - 0.02, 1 - 0.01)$$
$$\approx f(1,1) + f'_x(1,1)\Delta x + f'_y(1,1)\Delta y$$
$$= 1 - 0.02 = 0.98$$

 习题 5.2

1. 求下列函数的一阶偏导数 $\dfrac{\partial z}{\partial x}$ 和 $\dfrac{\partial z}{\partial y}$.

(1) $z = \sin(x + 2y)$ (2) $z = y^2 \cos x$

(3) $z = \dfrac{x + y}{x - y}$ (4) $z = (1 + x)^y \ (x > -1)$

2. 求下列函数的二阶偏导数 $\dfrac{\partial^2 z}{\partial x^2}, \dfrac{\partial^2 z}{\partial x \partial y}$ 和 $\dfrac{\partial^2 z}{\partial y^2}$.

(1) $z = x^4 + xy^4 - 2y$ (2) $z = \sin(ax + by)$(其中 a, b 为常数)

(3) $z = y \ln(x + y)$ (4) $z = e^x \cos(x + y)$

3. 设 $f(x, y) = xy + \dfrac{x}{x^2 + y^2}$,求 $f_x(0,1), f_y(0,1)$.

4. 求下列函数的全微分:

$(1) z = xy + \dfrac{y}{x}$ $\qquad\qquad$ $(2) u = e^{xyz}$

5. 求下列函数在指定点的全微分:

$(1) z = e^{2x+y}$ 在点$(1,1)$处.

$(2) z = \dfrac{y}{\sqrt{x^2 + y^2}}$ 在点$(0,1)$和$(1,0)$处.

6. 设$f(x + y, x - y) = x^2 - y^2$,求$f_x(x,y), f_y(x,y)$.

7. 设$f(x,y,z) = \ln(xy - z)$,求$f_x(1,2,1), f_y(1,2,1), f_z(1,2,1)$.

8. 验证函数$z = \ln \sqrt{x^2 + y^2}$满足拉普拉斯方程

$$\frac{\partial^2 z}{\partial x^2} + \frac{\partial^2}{\partial y^2} = 0$$

9. 利用全微分计算函数$(1.02)^{2.02}$的近似值.

第三节 多元复合函数的求导法则

多元复合函数的求导法则是一元复合函数的求导法则的推广. 下面就二元函数的复合函数进行讨论.

设函数$z = f(u,v), u = \varphi(x,y), v = \phi(x,y)$复合为$x,y$的函数$z = f[\varphi(x,y), \phi(x,y)]$. 给出一个类似于一元函数那样的复合函数的求导公式:

定理5.1 如果函数$u = \varphi(x,y), v = \phi(x,y)$在点$(x,y)$处有偏导数,函数$z = f(u,v)$在对应的点$(u,v)$处有连续偏导数, 则复合函数$z = f[\varphi(x,y), \phi(x,y)]$在点$(x,y)$处有对$x$和$y$的偏导数,且

$$\frac{\partial z}{\partial x} = \frac{\partial z}{\partial u} \cdot \frac{\partial u}{\partial x} + \frac{\partial z}{\partial v} \cdot \frac{\partial v}{\partial x}$$

$$\frac{\partial z}{\partial y} = \frac{\partial z}{\partial u} \cdot \frac{\partial u}{\partial y} + \frac{\partial z}{\partial v} \cdot \frac{\partial v}{\partial y}$$

这个公式称为求复合函数偏导数的链式法则.

多元复合函数求(偏)导数法则的注释如下:

复合函数$z = f(\varphi(x,y), \phi(x,y))$. 这里

$$u = \varphi(x,y), v = \phi(x,y)$$

它的偏导数为

$$\begin{cases} \dfrac{\partial z}{\partial x} = \dfrac{\partial z}{\partial u} \cdot \dfrac{\partial u}{\partial x} + \dfrac{\partial z}{\partial v} \cdot \dfrac{\partial v}{\partial x} \\[3mm] \dfrac{\partial z}{\partial y} = \dfrac{\partial z}{\partial u} \cdot \dfrac{\partial u}{\partial y} + \dfrac{\partial z}{\partial v} \cdot \dfrac{\partial v}{\partial y} \end{cases}$$

由该复合函数变量间的关系链,可对此求(偏)导数法则作以下解释:

求 $\dfrac{\partial z}{\partial x}$,可沿第一条线路对 x 求导,再沿第二条线路对 x 求导,最后把两个结果相加.

当沿第 1 条线路对 x 求导,相当于把 v,y 分别视为常量,z 就成了 u 的函数,而 u 又是 x 的函数,求导结果自然是 $\dfrac{\partial z}{\partial u} \cdot \dfrac{\partial u}{\partial x}$(这与一元复合函数求导法则很类似).

当沿第 2 条线路对 x 求导,相当于把 u,y 分别视为常量,z 就成了 v 的函数,而 v 又是 x 的函数,求导结果自然是 $\dfrac{\partial z}{\partial v} \cdot \dfrac{\partial v}{\partial x}$.

上述变量关系图像一根链子,它将变量间的相互依赖关系形象地展示出来. 对某个变量求导,就是沿企及该变量的各条线路分别求导,并把结果相加,这一法则称为锁链法则.

这一法则可简单地概括为"连线相乘,分线相加".

例 5.14 设 $z = \mathrm{e}^u \sin v$,而 $u = xy, v = x + y$,求 $\dfrac{\partial z}{\partial x}$ 和 $\dfrac{\partial z}{\partial y}$.

解
$$\begin{aligned} \frac{\partial z}{\partial x} &= \frac{\partial z}{\partial u} \cdot \frac{\partial u}{\partial x} + \frac{\partial z}{\partial v} \cdot \frac{\partial v}{\partial x} = \mathrm{e}^u \sin v \cdot y + \mathrm{e}^u \cos v \cdot 1 \\ &= \mathrm{e}^{xy} [y \sin(x + y) + \cos(x + y)] \\ \frac{\partial z}{\partial y} &= \frac{\partial z}{\partial u} \cdot \frac{\partial u}{\partial y} + \frac{\partial z}{\partial v} \cdot \frac{\partial v}{\partial y} = \mathrm{e}^u \sin v \cdot x + \mathrm{e}^u \cos v \cdot 1 \\ &= \mathrm{e}^{xy} [x \sin(x + y) + \cos(x + y)] \end{aligned}$$

定理 5.1 的链式法则及变量关系图方法可推广到中间变量或自变量不是两个的情形.

例如,设 $z = f(u, v, \omega)$ 具有连续偏导数,且 $u = \varphi(x, y), v = \phi(x, y), w = \omega(x, y)$ 都具有偏导数,则复合函数

$$z = f [\varphi(x, y), v = \phi(x, y), w = \omega(x, y)]$$

有对自变量 x, y 的偏导数,且

$$\frac{\partial z}{\partial x} = \frac{\partial f}{\partial u} \cdot \frac{\partial u}{\partial x} + \frac{\partial f}{\partial v} \cdot \frac{\partial v}{\partial x} + \frac{\partial f}{\partial w} \cdot \frac{\partial w}{\partial x}$$

$$\frac{\partial z}{\partial y} = \frac{\partial f}{\partial u} \cdot \frac{\partial u}{\partial y} + \frac{\partial f}{\partial v} \cdot \frac{\partial v}{\partial y} + \frac{\partial f}{\partial w} \cdot \frac{\partial w}{\partial y}$$

又如,只有一个中间变量的情形

$$z = f(u,x,y), u = \varphi(x,y)$$

它们都满足所需的条件,则复合函数 $z = f[\varphi(x,y),x,y]$ 有对自变量 x 和 y 的偏导数,且

$$\frac{\partial z}{\partial x} = \frac{\partial f}{\partial u} \cdot \frac{\partial u}{\partial x} + \frac{\partial f}{\partial x}$$

$$\frac{\partial z}{\partial y} = \frac{\partial f}{\partial u} \cdot \frac{\partial u}{\partial y} + \frac{\partial f}{\partial y}$$

应当指出,这里 $\frac{\partial z}{\partial x}$ 与 $\frac{\partial f}{\partial x}$ 是不同的,$\frac{\partial z}{\partial x}$ 是把 $z = f[\varphi(x,y),x,y]$ 中的 y 看成常量而对 x 的偏导数,$\frac{\partial f}{\partial x}$ 是把 $f(u,x,y)$ 中的 u,y 看成常量而对 x 的偏导数.

$\frac{\partial z}{\partial y}$ 与 $\frac{\partial f}{\partial y}$ 也有类似区别.

例 5.15　设 $u = f(x,y,z) = 2x^2 + 3y^2 - z^2, z = x^2 \sin y$,求 $\frac{\partial u}{\partial x}, \frac{\partial u}{\partial y}$.

解　$\frac{\partial u}{\partial x} = \frac{\partial f}{\partial z} \cdot \frac{\partial z}{\partial x} + \frac{\partial f}{\partial x} = -2z \cdot 2x \sin y + 4x = -4x^3 \sin^2 y + 4x$

$\frac{\partial u}{\partial y} = \frac{\partial f}{\partial z} \cdot \frac{\partial z}{\partial y} + \frac{\partial f}{\partial y} = -2z \cdot x^2 \cos y + 6y = -2x^4 \sin y \cos y + 6y$

更特别的,在只有一个自变量的情形下,有以下结论:
若设函数 $z = f(u,v,w)$ 且 $u = \varphi(t), v = \phi(t), w = \omega(t)$,则复合函数

$$z = f[\varphi(t), \phi(t), \omega(t)]$$

是只有一个变量 t 的函数,这个复合函数对 t 的导数 $\frac{dz}{dt}$ 称为全导数.若所设各函数都满足所需要的条件,则全导数存在,并且

$$\frac{dz}{dt} = \frac{\partial f}{\partial u} \cdot \frac{du}{dt} + \frac{\partial f}{\partial u} \cdot \frac{dv}{dt} + \frac{\partial f}{\partial \omega} \cdot \frac{dw}{dt}$$

例 5.16　设 $z = x^y$,而 $x = e^t, y = \cos t$,求全导数 $\frac{dz}{dt}$.

解　　　$$\frac{dz}{dt} = \frac{\partial z}{\partial x} \cdot \frac{dx}{dy} + \frac{\partial z}{\partial y} \cdot \frac{dy}{dt}$$

$$= yx^{y-1}\mathrm{e}^t + x^y \ln x \cdot (-\sin t) = yx^{y-1}\mathrm{e}^t - x^y \sin t \ln x$$

例 5.17 设 $z = x^3 - \sqrt{y}, y = \sin x$，求全导数 $\dfrac{\mathrm{d}z}{\mathrm{d}x}$.

解 $\dfrac{\mathrm{d}z}{\mathrm{d}x} = \dfrac{\partial z}{\partial x} + \dfrac{\partial z}{\partial y} \cdot \dfrac{\mathrm{d}y}{\mathrm{d}x} = 3x^2 - \dfrac{1}{2\sqrt{y}}\cos x = 3x^2 - \dfrac{\cos x}{2\sqrt{\sin x}}$

例 5.18 设函数 $z = (x + 2y)^{3x^2+y^2}$，求 $\dfrac{\partial z}{\partial x}$ 和 $\dfrac{\partial z}{\partial y}$.

解 设 $u = x + 2y, v = 3x^2 + y^2$，则 $z = u^v$. 由复合函数偏导数的链式法则有

$$\frac{\partial z}{\partial x} = \frac{\partial z}{\partial u} \cdot \frac{\partial u}{\partial x} + \frac{\partial z}{\partial v} \cdot \frac{\partial v}{\partial x} = vu^{v-1} \cdot 1 + u^v \ln u \cdot 6x$$

$$= (3x^2 + y^2)(x + 2y)^{3x^2+y^2-1} + 6x(x + 2y)^{3x^2+y^2}\ln(x + 2y)$$

$$\frac{\partial z}{\partial y} = \frac{\partial z}{\partial u} \cdot \frac{\partial u}{\partial y} + \frac{\partial z}{\partial v} \cdot \frac{\partial v}{\partial y} = vu^{v-1} \cdot 2 + u^v \ln u \cdot 2y$$

$$= 2(3x^2 + y^2)(x + 2y)^{3x^2+y^2-1} + 2y(x + 2y)^{3x^2+y^2}\ln(x + 2y)$$

例 5.19 设 $u = f(x^2 - y^2, \mathrm{e}^{xy})$，且 f 具有一阶连续偏导数，求 $\dfrac{\partial u}{\partial x}$ 和 $\dfrac{\partial u}{\partial y}$.

解 设 $s = x^2 - y^2, t = \mathrm{e}^{xy}$，则 $u = f(s, t)$. 于是

$$\frac{\partial u}{\partial x} = \frac{\partial f}{\partial s} \cdot \frac{\partial s}{\partial x} + \frac{\partial f}{\partial t} \cdot \frac{\partial t}{\partial x} = 2x \frac{\partial f}{\partial s} + y\mathrm{e}^{xy} \frac{\partial f}{\partial t}$$

$$\frac{\partial u}{\partial y} = \frac{\partial f}{\partial s} \cdot \frac{\partial s}{\partial y} + \frac{\partial f}{\partial t} \cdot \frac{\partial t}{\partial y} = 2y \frac{\partial f}{\partial s} + x\mathrm{e}^{xy} \frac{\partial f}{\partial t}$$

例 5.20 设 $f(x,y,z) = \mathrm{e}^x yz^2$，其中，$z = z(x,y)$ 由方程 $x + y + z - xyz = 0$ 所确定，求 $f_x(0,1,-1)$.

解 $f(x,y,z) = \mathrm{e}^x yz^2$ 对 x 求偏导，并注意到 z 是由方程所确定的 x,y 的函数，得

$$f_x[x,y,z(x,y)] = \mathrm{e}^x yz^2 + 2\mathrm{e}^x yz \cdot \frac{\partial z}{\partial x} \qquad ①$$

下面求 $\dfrac{\partial z}{\partial x}$，由 $F(x,y,z) = x + y + z - xyz = 0$，两边同时对求偏导并整理得

$$\frac{\partial z}{\partial x} = -\frac{1 - zy}{1 - yx}$$

代入 ① 得

$$f_x[x,y,z(x,y)] = \mathrm{e}^x yz^2 - 2\mathrm{e}^x yz \cdot \frac{1 - zy}{1 - yx}$$

于是

$$f_x(0,1,-1) = e^0 \cdot 1 \cdot (-1)^2 - 2e^0 \cdot 1 \cdot (-1) \cdot \frac{1-1\cdot(-1)}{1-0\cdot 1} = 5$$

例 5.21　设 $w = f(x+y+z,xyz)$，且 f 具有二阶连续偏导数，求 $\dfrac{\partial w}{\partial x}$

及 $\dfrac{\partial^2 w}{\partial x \partial z}$.

解　令 $u = x+y+z, v = xyz$，则

$$w = f(u,v)$$

引入记号

$$f'_1 = \frac{\partial f(u,v)}{\partial u}, \quad f'_{12} = \frac{\partial f(u,v)}{\partial u \partial v}$$

同理,有 f'_2, f''_{11}, f''_{22} 等,即

$$\frac{\partial w}{\partial x} = \frac{\partial f}{\partial u} \cdot \frac{\partial u}{\partial x} + \frac{\partial f}{\partial v} \cdot \frac{\partial v}{\partial x} = f'_1 + yzf'_2$$

$$\frac{\partial^2 w}{\partial x \partial z} = \frac{\partial}{\partial z}(f'_1 + yzf'_2) = \frac{\partial f'_1}{\partial z} + yf'_2 + yz\frac{\partial f'_2}{\partial z}$$

$$= f''_{11} + xyf''_{12} + yf'_2 + yzf''_{21} + xy^2f''_{22}$$

$$= f''_{11} + y(x+z)f''_{12} + yf'_2 + xy^2zf''_{22}$$

注　

$$\frac{\partial f'_1}{\partial z} = \frac{\partial f'_1}{\partial u} \cdot \frac{\partial u}{\partial z} + \frac{\partial f'_1}{\partial v} \cdot \frac{\partial v}{\partial z} = f''_{11} + xyf''_{12}$$

$$\frac{\partial f'_2}{\partial z} = \frac{\partial f'_2}{\partial u} \cdot \frac{\partial u}{\partial z} + \frac{f'_2}{\partial v} \cdot \frac{\partial v}{\partial z} = f''_{21} + xyf''_{22}$$

习题 5.3

1. 求下列复合函数的一阶偏导数 $\dfrac{\partial z}{\partial x}$ 和 $\dfrac{\partial z}{\partial y}$.

$(1)\, z = u^2 + v^2$，且 $u = 2x+y, v = 2x-y$.

$(2)\, z = e^u \sin v$，且 $u = x^2, v = \dfrac{y}{x}$.

$(3)\, z = \arctan(2u+v)$，且 $u = x-y^2, v = x^2y$.

$(4)\, z = (x^2+y^2)^{xy}$，求 $\dfrac{\partial z}{\partial x}$ 和 $\dfrac{\partial z}{\partial y}$.

2. 设 $z = \sin(xy^2)$,求 $\dfrac{1}{y} \cdot \dfrac{\partial z}{\partial x} + \dfrac{1}{2x} \cdot \dfrac{\partial z}{\partial y}$.

3. 设 $z = \mathrm{e}^{x-2y}$,而 $x = \sin t, y = t^2$,求 $\dfrac{\mathrm{d}z}{\mathrm{d}t}$.

4. 设 $z = x^2 + \sqrt{y}, y = \sin x$,求 $\dfrac{\mathrm{d}z}{\mathrm{d}x}$.

5. 设函数 $z = x^2 + y^2$,而 $y = y(x)$ 由方程 $\mathrm{e}^{xy} - y = 0$ 所确定,求 $\dfrac{\mathrm{d}z}{\mathrm{d}x}$.

6. 设 $z = f(x + y, x^2 - y^2)$,且 f 具有一阶连续偏导数,求 $\dfrac{\partial z}{\partial x}$ 和 $\dfrac{\partial z}{\partial y}$.

7. 若 $z = f(ax + by), f$ 可微,求证:$b\, \dfrac{\partial z}{\partial x} - a\, \dfrac{\partial z}{\partial y} = 0$.

第四节　多元函数的极值与最值

一、二元函数无条件极值

定义 5.6　设函数 $z = f(x, y)$ 在点 $P_0(x_0, y_0)$ 及其附近有定义,对于点 $P_0(x_0, y_0)$ 附近的任意点 $P(x, y)$,如果总有:

(1) $f(x, y) < f(x_0, y_0)$,则称函数在点 (x_0, y_0) 处有极大值 $f(x_0, y_0)$.

(2) $f(x, y) > f(x_0, y_0)$,则称函数在点 (x_0, y_0) 处有极小值 $f(x_0, y_0)$.

极大值和极小值统称为极值. 使函数取得极值的点称为极值点.

在求函数 $f(x, y)$ 的极值时,如果没有其他限制条件,则此极值问题称为无条件极值;否则,就是条件极值.

例如,函数 $z = \sqrt{a^2 - x^2 - y^2}\ (a > 0)$ 在点 $(0, 0)$ 处有极大值 $z = a$,由图 5.1 可知,点 $(0, 0, a)$ 是半球 $z = \sqrt{a^2 - x^2 - y^2}$ 的最高点.

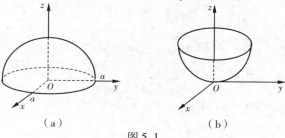

（a）　　　　　　　　　（b）

图 5.1

又如,函数 $z = x^2 + y^2$ 在点 $(0,0)$ 处有极小值,因为在点 $(0,0)$ 的附近且异于点 $(0,0)$ 的点的函数值都为正,而点 $(0,0)$ 处函数值为零. 从几何上看是显然的,因为点 $(0,0)$ 是开口向上的旋转抛物面 $z = x^2 + y^2$ 的顶点(见图 5.1(b)).

二、二元函数极值存在的必要条件

定理 5.2(必要条件) 设函数 $z = f(x,y)$ 在点 (x_0,y_0) 可微分,且在点 (x_0,y_0) 处有极值,则

$$f_x(x_0,y_0) = 0, f_y(x_0,y_0) = 0$$

若点 (x_0,y_0) 能使函数 $z = f(x,y)$ 的偏导数 $f_x(x,y)$,$f_y(x,y)$ 同时为零,则称点 (x_0,y_0) 为函数 $z = f(x,y)$ 的驻点. 可微函数的极值点必是驻点,但驻点不一定是极值点.

定理 5.3(充分条件) 设函数 $z = f(x,y)$ 在驻点 (x_0,y_0) 及其附近有一阶及二阶连续偏导数,若记 $A = f_{xx}(x_0,y_0)$,$B = f_{xy}(x_0,y_0)$,$C = f_{yy}(x_0,y_0)$,$\Delta = B^2 - AC$,则 $f(x,y)$ 在 (x_0,y_0) 取得极值的条件见表 5.1.

表 5.1

$\Delta = B^2 - AC$		$f(x_0,y_0)$
$\Delta < 0$	$A < 0$	极大值
	$A > 0$	极小值
$\Delta > 0$		不是极值
$\Delta = 0$		需用其他方法判定

注 在定理 5.3 中若 $B^2 - AC = 0$,不能判定 $f(x_0,y_0)$ 是否为极值,需用其他方法判定.

由定理 5.2 和定理 5.3 可知,求具有二阶连续偏导数的二元函数 $z = f(x,y)$ 的极值的步骤如下:

(1)确定函数 $z = f(x,y)$ 的定义域 D.

(2)求使 $f_x(x,y) = 0$,$f_y(x,y) = 0$ 同时成立的全部实数解,即得全部驻点.

(3)对于每一个驻点 (x_0,y_0),求出二阶偏导数,即 A,B 和 C 的值.

(4)定出 $B^2 - AC$ 的符号,并按定理 5.3 判定 $f(x_0,y_0)$ 是否是极值、极大值还是极小值.

例 5.22 求函数 $f(x,y) = x^3 - y^3 + 3x^2 + 3y^2 - 9x$ 的极值.

解 由方程组

$$\begin{cases} f_x(x,y) = 3x^2 + 6x - 9 = 0 \\ f_y(x,y) = -3y^2 + 6y = 0 \end{cases}$$

求得驻点为 $(1,0),(1,2),(-3,0),(-3,2)$. 再求出二阶偏导数

$$f_{xx}(x,y) = 6x + 6 \qquad f_{xy} = 0 \qquad f_{yy} = -6y + 6$$

在点 $(1,0)$ 处, $B^2 - AC = -72 < 0$, 又 $A > 0$, 所以函数在 $(1,0)$ 处有极小值 $f(1,0) = -5$.

在点 $(1,2)$ 处, $B^2 - AC = 72 > 0$, 所以 $f(1,0)$ 不是极值.

在点 $(-3,0)(-3,0)$ 处, $B^2 - AC = 72 > 0$, 所以 $f(-3,0)$ 不是极值.

在点 $(-3,2)$ 处, $B^2 - AC = -72 < 0$, 又 $A < 0$, 所以函数在 $(-3,2)$ 处有极大值 $f(-3,2) = 31$.

综上所述, $f(x,y)$ 的极小值为 $f(1,0) = -5$, 极大值为 $f(-3,2) = 31$.

例 5.23 求函数 $f(x,y) = x^2 + y^2 - 2\ln x - 2\ln y$ 的极值. 其中, $x > 0, y = 0$.

解 由方程组

$$\begin{cases} f_x(x,y) = 2x - \dfrac{2}{x} = 0 \\ f_y(x,y) = 2y - \dfrac{2}{y} = 0 \end{cases}$$

求得驻点为 $(1,1)$. 再求出二阶偏导数

$$f_{xx}(x,y) = 2 + \frac{2}{x^2} \qquad f_{xy} = 0 \qquad f_{yy} = 2 + \frac{2}{y^2}$$

在点 $(1,1)$ 处, $B^2 - AC = 0 - 4 \times 4 = -16 < 0$, 又 $A = 4 > 0$, 所以函数在点 $(1,1)$ 处有极小值 $f(1,1) = 2$.

说明: 讨论函数的极值问题时, 如果函数在所讨论的区域内具有偏导数, 则极值只可能在驻点处取得, 然而如果函数在个别点处的偏导数不存在, 这些点虽然不是驻点, 但也可能是极值点. 例如, 函数 $z = -\sqrt{x^2 + y^2}$ 在点 $(0,0)$ 处的偏导数不存在, 但该函数在点 $(0,0)$ 却具有极大值. 因此, 考虑函数的极值问题时, 除了考虑函数的驻点外, 如果有偏导数不存在的点, 那么对这些点也要讨论.

三、多元函数的最值

与一元函数相类似, 求多元函数的最值的一般方法是: 将函数 $f(x,y)$ 在 D 内的所有驻点及偏导数不存在的点处的函数值及在 D 的边界上的值相互比较,

其中最大的就是最大值,最小的就是最小值. 在实际问题中,如果根据问题本身,知道函数 $f(x,y)$ 一定在 D 上有最大值或最小值,而该函数在 D 内只有一个驻点,那么,该驻点处的函数值就是函数 $f(x,y)$ 在 D 上的最大值或最小值.

例 5.24 某公司通过电视台和报纸两种方式做产品销售广告. 根据统计资料分析可知,销售收入 R(万元) 与电视台广告费 x(万元),报纸广告费 y(万元) 有经验公式为

$$R = 15 + 14x + 32y - 8xy - 2x^2 - 10y^2 \qquad x \geq 0, y \geq 0$$

求在广告费不限的情况下,使收益最大的广告策略.

解 由于

$$R_x = 14 - 8y - 4x \qquad R_y = 32 - 8x - 20y$$

故可解方程组

$$\begin{cases} R_x = 14 - 8y - 4x = 0 \\ R_y = 32 - 8x - 20y = 0 \end{cases}$$

解得驻点 $(1,5,1)$,又因 $R_{xx} = -4$ $R_{xy} = -8$ $R_{yy} = -20$,因此

$$\Delta = (-8)^2 - (-4)(-20) = -4 < 0$$

由极值存在的充分条件可知,$(1,5,1)$ 是极大值点,且驻点唯一,所以当电视台广告费 1.5 万元,报纸广告费 1 万元时,可使收益最大.

上面所讨论的极值问题,对于函数的自变量,除了限制在函数的定义域内以外,并无其他条件,称为无条件极值. 但在实际问题中,有时会遇到对函数的自变量还有附加条件的极值问题,这类极值问题称为条件极值. 对于有些实际问题,可把条件极值化为无条件极值. 但在有些情形下,将条件极值化为无条件极值并不容易. 此处介绍一种可不必先把问题化为无条件极值问题,而是直接寻求条件极值的方法,这就是拉格朗日乘数法.

拉格朗日乘数法 要找函数 $z = f(x,y)$ 在条件 $\varphi(x,y) = 0$ 下的可能极值点,可首先构造辅助函数

$$F(x,y) = f(x,y) + \lambda\varphi(x,y)$$

其中,λ 为某一常数(称为拉格朗日乘数),然后求其对 x 和 y 的一阶偏导数,并使之为零,由方程组

$$\begin{cases} f_x(x,y) + \lambda\varphi_x(x,y) = 0 \\ f_y(x,y) + \lambda\varphi_y(x,y) = 0 \\ \varphi(x,y) = 0 \end{cases}$$

消去 λ,解出 x, y,则得函数 $z = f(x,y)$ 的可能极值点的坐标. 一般在实际问题

中,若只有一个可能的极值点,则该点往往就是所求的最值点.

这个方法可推广到多于两个自变量的情形.

例 5.25 要构造一容积为 $4\ m^3$ 的无盖长方形水箱,问这水箱的长、宽、高各为多少时,所用材料最省?

解 设水箱底面长为 x,宽为 y,高为 z,则表面积为

$$f(x,y,z) = xy + 2xz + 2yz$$

因此,该问题就是求函数 $f(x,y,z) = xy + 2xz + 2yz$ 在条件

$$xyz - 4 = 0$$

下的最小值. 于是,作函数

$$F(x,y,z) = xy + 2xz + 2yz + \lambda(xyz - 4)$$

对其求偏导数并使之为零,得

$$\begin{cases} y + 2z + \lambda yz = 0 \\ x + 2z + \lambda xz = 0 \\ 2x + 2y + \lambda xy = 0 \\ xyz - 4 = 0 \end{cases}$$

解得 $x = 2, y = 2, z = 1$.

以上结果说明有唯一的驻点 $(2,2,1)$. 根据题意,最小值必存在,所以水箱的长宽高分别为 $2,2,1\ m$ 时,用料最省,最省用料为 $12\ m^2$.

这个方法还可推广到有多个约束条件的情形. 例如,要求函数 $u = f(x,y,z)$ 在条件

$$g(x,y,z) = 0, h(x,y,z) = 0$$

下的极值,可先构造函数

$$F(x,y,z) = f(x,y,z) + \lambda_1 g(x,y,z) + \lambda_2 h(x,y,z)$$

其中,λ_1, λ_2 为常数,求其一阶偏导数,并使之为零,然后再与 $g(x,y,z) = 0$,$h(x,y,z) = 0$ 联立求解,消去 λ_1, λ_2,解出 x,y,z,即得可能极值点的坐标 (x,y,z),最后根据题目本身判断是否为极值点或最值点.

习题 5.4

1. 求下列函数的极值:

   (1) $z = 4(x - y) - x^2 - y^2$ 　　　　　　(2) $z = 3xy - x^3 - y^3$

2. 求下列条件极值:

（1）求 $f(x,y) = xy$ 在条件 $2x + 3y - 6 = 0$ 下的极值.

（2）求 $f(x,y) = x + 2y$ 在条件 $x^2 + y^2 - 5 = 0$ 下的极值.

3. 求抛物线 $y = x^2$ 到直线 $x - y - 2 = 0$ 之间的最短距离.

4. 生产两种机床,数量分别为 Q_1 和 Q_2,总成本函数为 $C = Q_1^2 + 2Q_2^2 - Q_1Q_2$,若两种机床的总产量为 8 台,要使成本最低,两种机床各生产多少台?

5. 设某工厂生产甲产品的数量 $S(t)$ 与所用两种原料 A,B 的数量 x,$y(t)$ 之间有关系式 $S(x,y) = 0.05x^2y$. 现准备向银行贷款 150 万元购买原料,已知 A,B 原料每吨价格分别为 1 万元和 2 万元,问怎样购进这两种原料,才能使生产的数量最多?

6. 用 m 元购买材料建造一宽与深(高)相同的长方体水池,已知四周的单位面积材料费为底面单位面积材料费的 1.2 倍,问水池长、宽、深各为多少时,才能使容积最大?最大容积是多少?

第五节　二重积分的概念和性质

在一元函数积分学中,定积分是某种特定形式的极限,若被积函数由一元函数推广到多元函数,积分区间推广到区域、曲线或曲面上,便得到重积分、曲线积分和曲面积分,这就是多元函数积分学. 这里仅介绍二重积分的概念、性质、计算及应用.

一、二重积分的概念

1. 曲顶柱体的体积

设在空间直角坐标系中有一由闭合曲面所组成的立体,它的底是 xOy 面上的有界区域 D(今后简称区域),它的侧面是以 D 的边界曲线为准线而母线平行于轴的柱面,它的顶是曲面 $z = f(x,y)$,设 $f(x,y) \geqslant 0$ 且在 D 上连续,这种立体称为曲顶柱体.

已知平顶柱体的体积可用公式

$$体积 = 底面积 \times 高$$

来计算. 但曲顶柱体的高度 $f(x,y)$（$(x,y) \in d$）是个变量,它的体积不能直接用上述公式计算. 为了解决这个矛盾,可用类似于定积分中求曲边梯形面积的方法来计算.

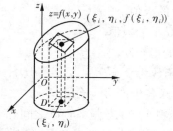

图 5.2

用一组曲线网将区域 D 分成 n 个小区域: $\Delta\sigma_1$, $\Delta\sigma_2$, $\cdots$, $\Delta\sigma_n$, 且用 $\Delta\sigma_i$ 表示第 i 个小区域 $\Delta\sigma_i$ 的面积, 分别以这些小区域的边界为准线, 作平行于 z 轴的柱面, 这些柱面把原先的曲顶体分成 n 个小的曲顶柱体(见图 5.2), 即

$$\Delta V_1, \Delta V_2\Delta, \cdots, \Delta_n$$

当这些小区域的直径($\Delta\sigma_i$ 的直径为 $\Delta\sigma_i$ 中两点间距离的最大者)很小时, 由于 $f(x, y)$ 连续, 对同一个小区域来说, $f(x, y)$ 变化很小, 这时可近似将小曲顶柱体看成平顶柱体. 因此, 在区域 $\Delta\sigma_i$ 中任取一点 (ξ_i, η_i), 用以 $\Delta\sigma_i$ 为底, $f(\xi_i, \eta_i)$ 为高的平顶小柱体的体积近似地代替小曲顶柱体的体积 ΔV_i, 即

$$\Delta V_i \approx f(\xi_i, \eta_i)\Delta\sigma_i \qquad i = 1, 2, \cdots, n$$

这 n 个平顶柱体之和就是整个曲顶柱体体积 V 的近似值, 即

$$V = \sum_{i=1}^{n} \Delta V_i \approx \sum_{i=1}^{n} f(\xi_i, \eta_i)\Delta\sigma_i$$

记这 n 个小区域的直径中的最大值为 λ, 当 $\lambda \to 0$ 时, 就得到曲顶柱体体积的值

$$V = \lim_{\lambda \to 0} \sum_{i=1}^{n} f(\xi_i, \eta_i)\Delta\sigma_i$$

上面问题把所求量归结为求和式的极限. 由于在物理、力学、几何和工程技术中, 许多物理量与几何量都可归结为这种和式的极限, 因此, 有必要研究这种和式极限, 并抽象出下述二重积分的定义.

2. 二重积分的定义

定义 5.7 设 $f(x, y)$ 是闭区域 D 上的有界函数, 把区域 D 分成 n 个小区域

$$\Delta\sigma_1, \Delta\sigma_2, \cdots, \Delta\sigma_n$$

其中, $\Delta\sigma_i$ 既表示第 i 个小区域, 又表示它的面积. 在每个小区域 $\Delta\sigma_i$ 中任取一点 (ξ_i, η_i), 作乘积 $f(\xi_i, \eta_i)\Delta\sigma_i$, $(i = 1, 2, \cdots, n)$, 并作和 $\sum_{i=1}^{n} f(\xi_i, \eta_i)\Delta\sigma_i$. 如果当各小区域的直径中最大的直径 λ 趋于零时, 此和的极限存在, 则称 $f(x, y)$ 在 D 上可积, 此极限值为函数 $f(x, y)$ 在区域 D 上的二重积分, 记为 $\iint\limits_{D} f(x, y)\mathrm{d}\sigma$, 即

$$\iint\limits_{D} f(x, y)\mathrm{d}\sigma = \lim_{\lambda \to 0} \sum_{i=1}^{n} f(\xi_i, \eta_i)\Delta\sigma_i$$

其中, $f(x, y)$ 称为被积函数, $f(x, y)\mathrm{d}\sigma$ 称为积表达式, $\mathrm{d}\sigma$ 称为面积元素, x 与 y

称为积分变量,D 称为积分区域,$\sum\limits_{i=1}^{n} f(\xi_i, \eta_i)\Delta\sigma_i$ 称为积分和.

由定义 5.7 可知,如果函数 $f(x,y)$ 在区域 D 上可积,则积分和的极限一定存在,且与 D 的分法无关. 因此,在直角坐标系中,常用平行于 x 轴和 y 轴的两组直线分割 D,此时除了靠边的一些小区域外,绝大部分小区域 $\Delta\sigma_i$ 都是以 Δx_i 和 Δy_i 为边长的小矩形,即 $\Delta\sigma_i = \Delta x_i\Delta y_i$. 因此,在直角坐标系中有把面积元素 $\mathrm{d}\sigma$ 记为 $\mathrm{d}x\mathrm{d}y$,此时

$$\iint\limits_{D} f(x,y)\mathrm{d}\sigma = \iint\limits_{D} f(x,y)\mathrm{d}x\mathrm{d}y$$

根据二重积分的定义,曲顶柱体的体积 V 是曲面方程 $f(x,y) \geqslant 0$ 在区域 D 上的二重积分,即

$$V = \iint\limits_{D} f(x,y)\mathrm{d}\sigma$$

3. 二重积分的几何意义

类似于定积分的几何意义,二重积分的几何意义是明显的:当 $f(x,y) \geqslant 0$ 时,二重积分 $\iint\limits_{D} f(x,y)\mathrm{d}\sigma$ 在几何上表示以 D 为底、曲面 $z = f(x,y)$ 为顶的曲顶柱体的体积;当 $f(x,y) \leqslant 0$ 时,曲顶柱体位于 xOy 面的下方,二重积分的值是负的,绝对值等于曲顶柱体体积. 当 $f(x,y)$ 在区域 D 的某些部分上是正的,而在其余部分是负的时,把 xOy 面上方的柱体体积配上正号,xOy 面下方的柱体体积配上负号. 于是,二重积分的几何意义就是以曲面 $z = f(x,y)$ 为顶、区域 D 为底的柱体各部分体积的代数和.

二、二重积分的性质

二重积分有着与定积分类似的性质. 现将这些性质叙述如下,其中 D 是 xOy 面上的有界闭区域.

性质 5.1 被积函数中的常数因子,可提到二重积分号外面,即

$$\iint\limits_{D} kf(x,y)\mathrm{d}\sigma = k\iint\limits_{D} f(x,y)\mathrm{d}\sigma \qquad k \text{ 为常数}$$

性质 5.2 有限个函数的代数和的二重积分等于各函数的二重积分的代数和,即

$$\iint\limits_{D} [f(x,y) \pm g(x,y)]\mathrm{d}\sigma = \iint\limits_{D} f(x,y)\mathrm{d}\sigma \pm \iint\limits_{D} g(x,y)\mathrm{d}\sigma$$

性质 5.3   如果闭区域 D 内有限条曲线将 D 分为有限个部分区域,则在 D 上的二重积分等于在各部分区域上的二重积分的和. 例如,D 分成两个区域 D_1 和 D_2,则

$$\iint\limits_{D} f(x,y)\mathrm{d}\sigma = \iint\limits_{D_1} f(x,y)\mathrm{d}\sigma + \iint\limits_{D_2} f(x,y)\mathrm{d}\sigma$$

这一性质表示二重积分对于积分区域具有可加性.

性质 5.4   如果在 D 上,$f(x,y) \equiv 1$,S 为 D 的面积,则

$$\iint\limits_{D} \mathrm{d}\sigma = S$$

这一性质的几何意义是明显的,因为高为 1 的平顶柱体的体积的值等于柱体的底面积乘以 1.

例 5.26   设 D 是矩形闭区域:$0 \leqslant x \leqslant 2, 0 \leqslant y \leqslant 2$,求 $\iint\limits_{D}\mathrm{d}\sigma$.

解 $\iint\limits_{D}\mathrm{d}\sigma$ 表示区域 D 的面积,而是 D 矩形闭区域,即

$$0 \leqslant x \leqslant 2, 0 \leqslant y \leqslant 2$$

面积为

$$S = 2 \times 2 = 4$$

故

$$\iint\limits_{D}\mathrm{d}\sigma = 4$$

性质 5.5   如果在 D 上,$f(x,y) \leqslant \varphi(x,y)$,则有不等式

$$\iint\limits_{D} f(x,y)\mathrm{d}\sigma \leqslant \iint\limits_{D} \varphi(x,y)\mathrm{d}\sigma$$

例 5.27   根据二重积分性质,比较二重积分

$$\iint\limits_{D} (x+y)\mathrm{d}\sigma \text{ 与 } \iint\limits_{D} (x+y)^2\mathrm{d}\sigma$$

的大小,其中积分区域 D 是由 x 轴、y 轴及直线 $x+y=1$ 所围成的区域.

解   对于区域 D 上的任意一点 (x,y),有 $0 \leqslant x+y \leqslant 1$. 因此在 D 上有 $(x+y) \geqslant (x+y)^2$,根据性质 5.5 可知

$$\iint\limits_{D} (x+y)\mathrm{d}\sigma \geqslant \iint\limits_{D} (x+y)^2\mathrm{d}\sigma$$

性质 5.6   设 M, m 分别是 $f(x,y)$ 在闭区域 D 上的最大值和最小值,S 是 D 的面积,则有对于二重积分估值的不等式

$$mS \leqslant \iint\limits_{D} f(x,y) \mathrm{d}\sigma \leqslant MS$$

事实上,因为 $m \leqslant f(x,y) \leqslant M$,所以由性质 5.5 有

$$\iint\limits_{D} m \mathrm{d}\sigma \leqslant \iint\limits_{D} f(x,y) \mathrm{d}\sigma \leqslant \iint\limits_{D} M \mathrm{d}\sigma$$

再应用性质 5.1 和性质 5.4,便得所要证明的不等式.

例 5.28　估计二重积分 $I = \iint\limits_{D}(x+2y+3)\mathrm{d}\sigma$ 的值,其中 $D:0 \leqslant x \leqslant 1, 0 \leqslant y \leqslant 2$.

解　因为在 D 上有 $3 \leqslant x+2y+3 \leqslant 8$,而 D 的面积为 2,由性质 5.6 可得

$$6 \leqslant \iint\limits_{D}(x+3y+7)\mathrm{d}\sigma \leqslant 16$$

性质 5.7(二重积分的中值定理)　设函数 $f(x,y)$ 在闭区域 D 上连续,S 是 D 的面积,则在 D 上至少存在一点 (ξ,η),使得

$$\iint\limits_{D} f(x,y) \mathrm{d}\sigma = f(\xi,\eta) \cdot S$$

中值定理的几何意义是:在区域 D 上以曲面 $f(x,y)$ 为顶的曲顶柱体的体积,等于区域 D 上以某点 (ξ,η) 的函数 $f(\xi,\eta)$ 为高的平顶柱体的体积.

 习题 5.5

1. 用二重积分表示以曲面 $z = x+y+2$ 为顶,以 $x = 0, x = 1, y = 0, y = x+2$ 所围成的区域为底的曲顶柱体的体积.

2. 填空题:

(1) 设 $D:x^2+y^2 \leqslant 1$,则由估值不等式得_____ $\leqslant$ $\iint\limits_{D}(x^2+4y^2+1)\mathrm{d}x\mathrm{d}y \leqslant$ _____.

(2) 设 D 是矩形区域: $|x| \leqslant 2$,$|y| \leqslant 1$,则 $\iint\limits_{D}\mathrm{d}x\mathrm{d}y =$ _____.

(3) 设 D 是由 $\{(x,y) \mid 1 \leqslant x^2+y^2 \leqslant 4\}$ 所确定的闭区域,则 $\iint\limits_{D}\mathrm{d}x\mathrm{d}y =$

_____.

（4）二重积分 $\displaystyle\iint\limits_{\frac{x^2}{3^2}+\frac{y^2}{4^2}\leqslant 1}\mathrm{d}\sigma = $ _____.

3. 比较二重积分 $\displaystyle\iint\limits_{D}\mathrm{e}^{x+y}\mathrm{d}\sigma$ 与 $\displaystyle\iint\limits_{D}\mathrm{e}^{(x+y)^2}\mathrm{d}\sigma$ 的大小. 其中, D 是由直线 $x+y=1$ 及两坐标轴所围成的闭区域.

4. 对比考查函数 $f(x,y)$ 在有界闭区域 D 的二重积分 $\displaystyle\iint\limits_{D}f(x,y)\mathrm{d}x\mathrm{d}y$ 的定义与函数 $f(x)$ 在闭区间 $[a,b]$ 上定积分 $\displaystyle\int_a^b f(x)\mathrm{d}x$ 的定义. 有何异同?

第六节　二重积分的计算方法

除了一些特殊情形,利用定义来计算二重积分是非常困难的,对一般的函数与区域,这种"和式的极限"是无法直接计算的. 下面介绍将二重积分转化为两次定积分来计算的方法,这是计算二重积分的一种行之有效的方法.

一、二重积分在直角坐标系中的计算法

1. X- 型区域上二重积分的计算

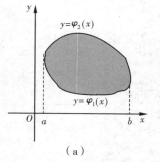
（a）

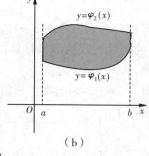
（b）

图 5.3

设 D 是平面有界闭区域,若穿过 D 的内部且平行于 y 轴的直线与 D 的边界相交不多于两点（见图 5.3）,则称 D 为 X- 型区域. 由图 5.3 可知,此时区域 D 可用不等式表示为

$$D:\varphi_1(x)\leqslant y\leqslant \varphi_2(x)\qquad a\leqslant x\leqslant b$$

下面用几何方法来讨论二重积分的计算问题.

假设 $f(x,y) \geqslant 0$，此时 $\iint\limits_{D} f(x,y)\mathrm{d}\sigma$ 等于以 D 为底，以曲面 $z = f(x,y)$ 为顶的曲顶柱体的体积 V（见图 5.4）.

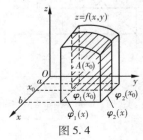

图 5.4

在区间 $[a,b]$ 上任取一点 x，过点 x 作与轴垂直的平面，它与曲顶柱体相交的截面是一个以区间 $[\varphi_1(x),\varphi_2(x)]$ 为底的曲边梯形，其曲边是曲线 $z = f(x,y)$（x 是固定的），此截面的面积为

$$A(x) = \int_{\varphi_1(x)}^{\varphi_2(x)} f(x,y)\mathrm{d}y \qquad a \leqslant x \leqslant b$$

再由前面介绍的平行截面的面积为已知的物体体积计算方法，知此曲顶柱体的体积为

$$V = \int_a^b A(x)\mathrm{d}x = \int_a^b \Big[\int_{\varphi_1(x)}^{\varphi_2(x)} f(x,y)\mathrm{d}y \Big]\mathrm{d}x$$

因此

$$\iint\limits_{D} f(x,y)\mathrm{d}\sigma = \int_a^b \Big[\int_{\varphi_1(x)}^{\varphi_2(x)} f(x,y)\mathrm{d}y \Big]\mathrm{d}x$$

由此可知，二重积分可化为两次定积分来计算. 第 1 次对变量 y 积分，将 x 当作常数，积分区间是区域 D 的下边界的点到对应的上边界的点. 第 2 次对 x 积分，它的积分限是常数. 这种先对一个变量积分，再对另一个变量积分的方法，称为累次（或二次）积分法. 先对 y 后对 x 的累次积分公式，通常简记为

$$\iint\limits_{D} f(x,y)\mathrm{d}\sigma = \int_a^b \mathrm{d}x \int_{\varphi_1(x)}^{\varphi_2(x)} f(x,y)\mathrm{d}y$$

例 5.29　计算二重积分 $\iint\limits_{D} xy\mathrm{d}\sigma$，其中 D 是由直线 $y = 1$，$x = 2$ 及 $y = x$ 所围成的闭区域.

解　区域 D 如图 5.5 所示，可将它看成一个 X- 型区域，

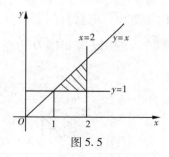

图 5.5

即

$$D = \{ (x,y) \mid 1 \le x \le 2, 1 \le y \le x \}$$

所以

$$\iint\limits_{D} xy \mathrm{d}\sigma = \int_1^2 \mathrm{d}x \int_1^x xy \mathrm{d}y$$

$$= \int_1^2 x \cdot \frac{1}{2} y^2 \bigg|_{y=1}^{y=x} \mathrm{d}x = \int_1^2 \left(\frac{1}{2} x^3 - \frac{1}{2} x \right) \mathrm{d}x = \frac{9}{8}$$

2. Y- 型区域上二重积分的计算

设 D 是平面有界闭区域,若穿过 D 的内部且平行于 x 轴的直线与 D 的边界相交不多于两点(见图 5.6),则称 D 为 Y- 型区域. 由图 5.6 可知,此时区域 D 可用不等式表示为

$$D: \psi_1(y) \le x \le \psi_2(y) \qquad c \le y \le d$$

利用与前面相同的方法,可得先对 x 后对 y 的累次积分公式为

$$\iint\limits_{D} f(x,y) \mathrm{d}\sigma = \int_c^d \left[\int_{\varphi_1(y)}^{\varphi_2(y)} f(x,y) \mathrm{d}x \right] \mathrm{d}y$$

通常简记为:

$$\iint\limits_{D} f(x,y) \mathrm{d}\sigma = \int_c^d \mathrm{d}y \int_{\varphi_1(y)}^{\varphi_2(y)} f(x,y) \mathrm{d}x$$

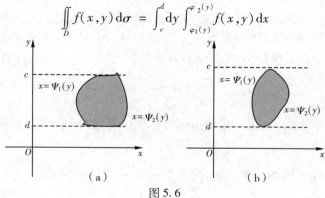

(a)   (b)

图 5.6

例 5.30　计算二重积分 $\iint\limits_{D} xy\mathrm{d}\sigma$. 其中, D 是有抛物线 $y^2 = x$ 及 $y = x - 2$ 所

围成的有界闭区域.

解　如图 5.7 所示, 区域 D 可看成 Y- 型区域, 它表示为

$$D = \{(x,y) \mid -1 \leqslant y \leqslant 2, y^2 \leqslant x \leqslant y + 2\}$$

所以

$$\iint\limits_{D} xy\mathrm{d}\sigma = \int_{-1}^{2}\mathrm{d}y \int_{y^2}^{y+2} xy\mathrm{d}x = \int_{-1}^{2} y \cdot \frac{1}{2}x^2 \Big|_{y^2}^{y+2}\mathrm{d}y = \frac{45}{8}$$

也可将 D 看成是两个 X- 型区域 D_1, D_2 的并集.

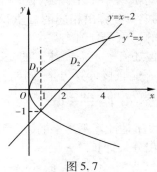

图 5.7

如图 5.7 所示, 其中

$$D_1 = \{(x,y) \mid 0 \leqslant x \leqslant 1, -\sqrt{x} \leqslant y \leqslant \sqrt{x}\}$$

$$D_2 = \{(x,y) \mid 1 \leqslant x \leqslant 4, x - 2 \leqslant y \leqslant \sqrt{x}\}$$

因此, 积分可写为两个二次积分的和, 即

$$\iint\limits_{D} xy\mathrm{d}\sigma = \int_{0}^{1}\mathrm{d}x \int_{-\sqrt{x}}^{\sqrt{x}} xy\mathrm{d}y + \int_{2}^{4}\mathrm{d}x \int_{x-2}^{\sqrt{x}} xy\mathrm{d}y$$

最后可算出同样的结果.

例 5.31　计算 $\iint\limits_{D} y\sqrt{1 + x^2 - y^2}\,\mathrm{d}\sigma$. 其中, D 是由直线 $y = 1, x = -1$ 及 $y = x$ 所围成的闭区域.

解　画出区域 D, 可把 D 看成是 X- 型区域: $-1 \leqslant x \leqslant 1, x \leqslant y \leqslant 1$, 于是

$$\iint\limits_{D} y\sqrt{1 + x^2 - y^2}\,\mathrm{d}\sigma = \int_{-1}^{1}\mathrm{d}x \int_{x}^{1} y\sqrt{1 + x^2 - y^2}\,\mathrm{d}y$$

$$= -\frac{1}{3}\int_{-1}^{1}\Big[(1 + x^2 - y^2)^{\frac{3}{2}}\Big]_{x}^{1}\mathrm{d}x$$

$$= -\frac{1}{3}\int_{-1}^{1}(\,|\,x\,|^{3} - 1\,)\mathrm{d}x$$

$$= -\frac{2}{3}\int_{0}^{1}(x^{3} - 1)\mathrm{d}x = \frac{1}{2}$$

也可 D 看成是 Y- 型区域: $-1 \leqslant y \leqslant 1$, $-1 \leqslant x \leqslant y$, 于是

$$\iint_{D}y\ \sqrt{1 + x^{2} - y^{2}}\ \mathrm{d}\sigma = \int_{-1}^{1}y\mathrm{d}y\int_{-1}^{y}\ \sqrt{1 + x^{2} - y^{2}}\ \mathrm{d}x$$

3. 一般区域上二重积分的计算

如果区域 D 不属于上述两种类型, 则二重积分不能直接利用以上公式来计算. 这时可考虑将区域 D 划分成若干个小区域, 使每个小区域或是 X- 型区域或是 Y- 型区域. 在每个小区域上单独算出相应的二重积分, 然后利用二重积分对区域的可加性, 即可得所求的二重积分值.

识别积分区域很重要, 但还有一点需要注意的是, 有的区域尽管是 X- 型或 Y- 型的, 但是在积分运算时不能直接计算出来. 例如下面的例子.

例 5.32 计算二次积分 $\int_{0}^{1}\mathrm{d}y\int_{y}^{1}\frac{\sin x}{x}\mathrm{d}x$.

分析 直接按照这个顺序是计算不出来的, 可考虑将这个积分先化为二重积分, 再换成另外一种二次积分来计算.

解
$$\int_{0}^{1}\mathrm{d}y\int_{y}^{1}\frac{\sin x}{x}\mathrm{d}x = \iint_{D}\frac{\sin x}{x}\mathrm{d}\sigma$$

其中, D 是如图 5.8 所示的区域, 将它看成是 X- 型区域, 有

$$D = \{(x,y)\ |\ 0 \leqslant x \leqslant 1, 0 \leqslant y \leqslant x\}$$

所以

$$\iint_{D}\frac{\sin x}{x}\mathrm{d}\sigma = \int_{0}^{1}\mathrm{d}x\int_{0}^{x}\frac{\sin x}{x}\mathrm{d}y = \int_{0}^{1}\frac{\sin x}{x}[\,y\,]_{0}^{x}\mathrm{d}x$$

$$= \int_{0}^{1}\sin x\mathrm{d}x = -[\,\cos x\,]_{0}^{1} = 1 - \cos 1$$

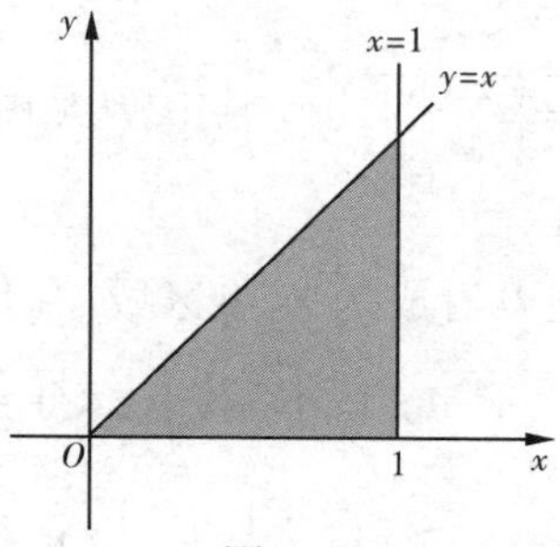

图 5.8

例 5.32 的方法常称为交换积分次序. 可知, 有时计算二次积分时需要交换二次积分的积分次序, 而使得计算简单, 有时如不交换顺序, 难以计算出结果.

例 5.33 交换积分次序 $\int_0^1 \mathrm{d}x \int_0^{1-x} f(x,y)\mathrm{d}y$.

解 积分区域 D 是由直线 $y = 1-x$ 及两条坐标轴所围成, 读者作图易知

$$\int_0^1 \mathrm{d}x \int_0^{1-x} f(x,y)\mathrm{d}y = \int_0^1 \mathrm{d}y \int_0^{1-y} f(x,y)\mathrm{d}x$$

二、二重积分在极坐标系中的计算法

选择极坐标系计算二重积分可从积分区域 D 或被积函数着眼, 积分区域 D 为圆域、环域、扇域、环扇域等, 被积函数为 $f(x^2 + y^2)$, $f\left(\dfrac{y}{x}\right)$, $f\left(\dfrac{x}{y}\right)$ 等形式时, 一般考虑用极坐标计算.

极坐标与直角坐标的关系为

$$\begin{cases} x = r\sin\theta \\ y = r\sin\theta \end{cases}$$

极坐标下的面积元素为 $\mathrm{d}x\mathrm{d}y = r\mathrm{d}r\mathrm{d}\theta$

其中, r 是极径, θ 是极角.

围成区域 D 的边界线用极坐标方程表示, 于是

$$\iint_D f(x,y)\mathrm{d}x\mathrm{d}y = \iint_D f(r\cos\theta, r\sin\theta)r\mathrm{d}r\mathrm{d}\theta$$

例 5.34 计算积分 $\iint_D e^{-x^2-y^2}\mathrm{d}x\mathrm{d}y$. 其中, 积分区域 D 为圆域 $x^2 + y^2 \leq 1$.

解 这里积分区域 D 为圆域 $x^2 + y^2 \leq 1$. 首先注意由于 $\int e^{-x^2}\mathrm{d}x$ 不能用初等函数表示, 因此, 此题在直角坐标系的两种积分次序都不可能计算出来. 如果利用极坐标系计算, 积分区域 D 可用极坐标表示为

$$D^* = \left\{ (r,\theta) \mid 0 \leq r \leq 1 \quad 0 \leq \theta \leq 2\pi \right\}$$

于是

$$\iint_D e^{-x^2-y^2}\mathrm{d}x\mathrm{d}y = \iint_{D^*} e^{-r^2} r\mathrm{d}r\mathrm{d}\theta = \int_0^{2\pi} \mathrm{d}\theta \int_0^R re^{-r^2}\mathrm{d}r$$

$$= 2\pi\left[-\frac{1}{2}e^{-r^2} \right]_0^R = \pi(1 - e^{-R^2})$$

例 5.35 计算二重积分 $\iint_D x^2\mathrm{d}x\mathrm{d}y$. 其中, 积分区域 $D: 1 \leq x^2 + y^2 \leq 4$.

解　圆环区域 D 在极坐标系中可表示为

$$D^* = \{(r,\theta) \mid 1 \leqslant r \leqslant 2, 0 \leqslant \theta \leqslant 2\pi\}$$

所以

$$\iint\limits_{D} x^2 \mathrm{d}x\mathrm{d}y = \iint\limits_{D} r^2\cos^2\theta r\mathrm{d}r\mathrm{d}\theta = \int_0^{2\pi}\cos^2\theta\mathrm{d}\theta\int_1^2 r^3\mathrm{d}r = \frac{15}{4}\pi$$

 习题 5.6

1. 将下列积分化为在直角坐标系下的二次积分:

(1) $\iint\limits_{|x|\leqslant 1,\ |y|\leqslant 1} f(x,y)\mathrm{d}\sigma.$

(2) $\iint\limits_{D}(x^2 + y^2)\mathrm{d}\sigma.$ 其中,$D: x^2 + y^2 \leqslant 1, x \geqslant -\dfrac{1}{2}.$

2. 计算下列二次积分:

(1) $\displaystyle\int_1^2 \mathrm{d}x \int_1^x xy\mathrm{d}y$ 　　　　　(2) $\displaystyle\int_0^{2\pi}\mathrm{d}\theta\int_0^a r^2\sin^2\theta\mathrm{d}r$

3. 交换下列二次积分的次序:

(1) $\displaystyle\int_0^1 \mathrm{d}x \int_0^{1-x} f(x,y)\mathrm{d}y$ 　　　　(2) $\displaystyle\int_0^2 \mathrm{d}x \int_{x^2}^{2x} f(x,y)\mathrm{d}y$

(3) $\displaystyle\int_0^1 \mathrm{d}y \int_{-\sqrt{1-y^2}}^{\sqrt{1-y^2}} f(x,y)\mathrm{d}y$ 　(4) $\displaystyle\int_0^1 \mathrm{d}x \int_0^x f(x,y)\mathrm{d}y + \int_1^2 \mathrm{d}x \int_0^{2-x} f(x,y)\mathrm{d}y$

4. 计算下列二重积分:

(1) $\iint\limits_{D}(x + 4y)\mathrm{d}x\mathrm{d}y.$ 其中,$D: y = x, y = 3x, x = 1$ 所围成的区域.

(2) $\iint\limits_{D}\dfrac{y}{x}\mathrm{d}x\mathrm{d}y.$ 其中,$D: y = 2x, y = x, x = 4, x = 2$ 所围成的区域.

(3) 计算 $\iint\limits_{D} e^{-y^2}\mathrm{d}x\mathrm{d}y.$ 其中,D 是以 $(0,0), (1,1), (0,1)$ 为顶点的三角形区域.

(4) $\iint\limits_{D} x\sqrt{y}\mathrm{d}\sigma.$ 其中,D 是由 $y = \sqrt{x}$ 与 $y = x^2$ 所围成的平面闭区域.

(5) $\iint\limits_{D} e^{-(x^2+y^2)}\mathrm{d}x\mathrm{d}y.$ 其中,$D: x^2 + y^2 \leqslant 1.$

$(6) \iint\limits_{D} \ln(1 + x^2 + y^2)\,\mathrm{d}\sigma.$ 其中,$D:x^2 + y^2 \leqslant 1, x \geqslant 0, y \geqslant 0.$

$(7) \iint\limits_{D} \dfrac{xy}{\sqrt{1 + y^3}}\,\mathrm{d}x\mathrm{d}y.$ 其中,D 是由 $x = 0, y = x^2, y = 1$ 所围成的第一象限的闭区域.

5. 设函数 $f(x)$ 在区间 $[0,1]$ 上连续,证明:

$$\int_0^1 \mathrm{d}x \int_0^x f(y)\mathrm{d}y = \int_0^1 (1 - x)f(x)\mathrm{d}x$$

第七节 二重积分的应用

二重积分在几何、物理、经济等方面有着较为广泛的应用.

一、二重积分的几何应用

1. 求曲顶柱体的体积

利用二重积分求空间封闭曲面所围成的有界区域的体积.

若空间形体是以 $z = f(x,y)$ 为曲顶,以区域 D 为底的直柱体,则其体积为

$$V = \iint\limits_{D} |f(x,y)|\,\mathrm{d}x\mathrm{d}y$$

特别的,当 $f(x,y) = 1$ 时,则

$$\iint\limits_{D} \mathrm{d}x\mathrm{d}y = S$$

其中,S 为区域 D 的面积.

例5.36 设平面 $x = 1, x = -1, y = 1$ 和 $y = -1$ 围成的柱体被坐标平面 $z = 0$ 和平面 $x + y + z = 3$ 所截,求截下部分立体的体积.

解 由于所截的形体为一个曲顶直柱体,其曲顶为 $z = 3 - x - y$,而其底为 $D:$ $-1 \leqslant x \leqslant 1, -1 \leqslant y \leqslant 1$,因此

$$V = \iint\limits_{D} (3 - x - y)\mathrm{d}x\mathrm{d}y = \int_{-1}^1 \mathrm{d}x \int_{-1}^1 (3 - x - y)\mathrm{d}y$$

$$= \int_{-1}^1 \left[(3 - x)y - \frac{1}{2}y^2 \right]_{-1}^1 \mathrm{d}y = 2\int_{-1}^1 (3 - x)\mathrm{d}x = 12$$

2. 求曲面的面积

设曲面 S 的方程为 $z = f(x,y)$，它在 xOy 面上的投影区域为 D_{xy}，求曲面 S 的面积 A.

若函数 $z = f(x,y)$ 在域 D 上有一阶连续偏导数，可证明，曲面 S 的面积

$$A = \iint\limits_{D_{xy}} \sqrt{1 + f_x'^2(x,y) + f_y'^2(x,y)}\,\mathrm{d}x\mathrm{d}y$$

例 5.37　计算抛物面 $z = x^2 + y^2$ 在平面 $z = 1$ 下方的面积.

解　$z = 1$ 下方的抛物面在 xOy 面的投影区域

$$D_{xy} = \left\{ (x,y) \mid x^2 + y^2 \leqslant 1 \right\}$$

又

$$z_x' = 2x, z_y' = 2y, \sqrt{1 + z_x'^2 + 1 + z_y'^2} = \sqrt{1 + 4x^2 + 4y^2}$$

代入公式，并用极坐标计算，可得抛物面的面积为

$$A = \iint\limits_{D_{xy}} \sqrt{1 + 4x^2 + 4y^2}\,\mathrm{d}x\mathrm{d}y = \iint\limits_{D_{xy}^*} \sqrt{1 + 4r^2}\,r\mathrm{d}r\mathrm{d}\theta$$

$$= \int_0^{2\pi} \mathrm{d}\theta \int_0^1 (1 + 4r^2)^{\frac{1}{2}} r\mathrm{d}r = \frac{\pi}{6}(5\sqrt{5} - 1)$$

二、二重积分的物理应用

设有平面薄片 D，其上点 (x,y) 处的密度为 $f(x,y)$，则薄片 D 的质量为

$$M = \iint\limits_{D} f(x,y)\,\mathrm{d}x\mathrm{d}y$$

例 5.38　设平面薄片所占 Oxy 平面上的区域为 $1 \leqslant x^2 + y^2 \leqslant 4, x \geqslant 0, y \geqslant 0$，其面密度为 $\mu(x,y) = x^2 + y^2$，求该薄片的质量 M.

解　由已知可得

$$M = \iint\limits_{D} \mu(x,y)\,\mathrm{d}x\mathrm{d}y = \iint\limits_{D}(x^2 + y^2)\,\mathrm{d}x\mathrm{d}y = \int_0^{\frac{\pi}{2}} \mathrm{d}\theta \int_1^2 r^3\mathrm{d}r = \frac{15}{8}\pi$$

三、二重积分的经济应用

例 5.39（平均利润）　某公司销售商品 I x 个单位、商品 II y 个单位的利润为

$$P(x,y) = -(x - 200)^2 - (y - 100)^2 + 5\,000$$

现已知一周内商品 I 的销售数量为 $150 \sim 200$ 个单位变化，一周内商品 II 的销售数量为 $80 \sim 100$ 个单位变化. 求销售这两种商品一周的平均利润.

解 由于 x,y 的变化范围

$$D = \{(x,y) \mid 150 \leqslant x \leqslant 200, 80 \leqslant y \leqslant 100\}$$

因此，D 的面积

$$\sigma = 50 \times 20 = 1\ 000$$

由二重积分的中值定理，该公司销售这两种商品一周的平均利润为

$$\frac{1}{\sigma}\iint\limits_{D} P(x,y)\mathrm{d}\sigma = \frac{1}{1\ 000}\iint\limits_{D}\Big[-(x-200)^2 - (y-100)^2 + 5\ 000\Big]\mathrm{d}\sigma$$

$$= \frac{1}{1\ 000}\int_{150}^{200}\mathrm{d}x\int_{80}^{100}\Big[-(x-200)^2 - (y-100)^2 + 5\ 000\Big]\mathrm{d}y$$

$$= \frac{1}{1\ 000}\int_{150}^{200}\Big[-(x-200)^2 y - \frac{(y-100)^3}{3} + 5\ 000y\Big]_{80}^{100}\mathrm{d}x$$

$$= \frac{1}{3\ 000}\int_{150}^{200}\Big[-20(x-200)^2 + \frac{292\ 000}{3}x\Big]_{150}^{200}\mathrm{d}x$$

$$= \frac{12\ 100\ 000}{3\ 000}\ \text{元} \approx 4\ 033\ \text{元}.$$

 习题 5.7

1. 求锥面 $z = \sqrt{x^2 + y^2}$ 被柱面 $z^2 = 2x$ 所截下部分的面积.

2. 计算由平面 $x + y = 4, x = 0, y = 0, z = 0$ 及曲面 $z = x^2 + y^2$ 围成的立体体积.

3. 在均匀半圆形薄片的直径上，要接上一个一边与直径等长的矩形薄片，为了使整个均匀薄片的重心恰好在圆心上，问接上去的均匀矩形薄片的一边长度为多少？

复习题五

1. 填空题：

（1）已知 $f(x+y,x-y) = x^2 + y^2$，则 $f(x,y) =$ _____.

（2）函数 $z = \dfrac{1}{\sqrt{\ln(x+y)}}$ 的定义域为_____.

（3）$\dfrac{\partial \sin(xy)}{\partial x} =$ _____.

（4）已知 $f(x,y) = x^2 + y^2 - xy$，则 $f_x(1,3) =$ _____，$f_y(1,3) =$ _____.

（5）设 $z = x^y$，则 $\mathrm{d}z =$ _____.

2. 选择题：

（1）设 B 是矩形域：$a \leqslant x \leqslant b, c \leqslant y \leqslant d$，则 $\iint\limits_{B} \mathrm{d}\sigma = ($ ____).

A. $(a-b)(d-c)$ 　　　　　　　B. $(b-a)(d-c)$

C. $a+b+c+d$ 　　　　　　　D. $abcd$

（2）使 $\dfrac{\partial^2 z}{\partial x \partial y} = 2x - y$ 成立的函数是(____).

A. $z = x^2 y - \dfrac{1}{2}xy^2 + \mathrm{e}^{x+y}$ 　　　　B. $z = x^2 y - \dfrac{1}{2}xy^2 + \mathrm{e}^x$

C. $z = x^2 y - \dfrac{1}{2}xy^2 + \sin(xy)$ 　　　　D. $z = x^2 y - \dfrac{1}{2}xy^2 + \mathrm{e}^{xy} + 3$

（3）函数 $f(x,y) = 4(x-y) - x^2 - y^2$（ ____ ）.

A. 有极大值 8 　　　　　　　B. 有极小值 8

C. 无极值 　　　　　　　　　D. 有无极值不确定

（4）$z = xy + x^2$，则 $\dfrac{\partial z}{\partial x} + \dfrac{\partial z}{\partial y} = ($ ____).

A. $x + y + 2x^2$ 　　　　　　　B. $x + y + 3x^2$

C. $2x + y + 3x^2$ 　　　　　　　D. $3x + y$

3. 计算下列极限：

（1）$\lim\limits_{(x,y)\to(0,1)} \dfrac{xy+1}{x+2y}$ 　　　　　　（2）$\lim\limits_{(x,y)\to(0,0)} \dfrac{\sin(xy)}{x}$

4. 设 $z = \dfrac{x + y}{x - y}$,求 $\dfrac{\partial^2 z}{\partial x^2}$,$\dfrac{\partial^2 z}{\partial y^2}$,$\dfrac{\partial^2 z}{\partial x \partial y}$.

5. 设 $z = x^2 y + \sqrt{y}$,$y = \sin x$,求全导数 $\dfrac{\mathrm{d}z}{\mathrm{d}x}$.

6. 设 $z = xf(x - y)$,求 $\dfrac{\partial z}{\partial x}$ 和 $\dfrac{\partial z}{\partial y}$.

7. 求函数 $f(x, y) = x^3 + y^3 - 9xy + 27$ 的极值.

8. 设区域 D 由 $-1 \leqslant x \leqslant 1$,$-1 \leqslant y \leqslant 1$ 确定,求 $\displaystyle\iint_D x(y - x)\mathrm{d}x\mathrm{d}y$.

9. 计算二重积分 $\displaystyle\iint_D (x^2 + y)\mathrm{d}x\mathrm{d}y$. 其中,$D$ 是由 $y = x^2$,$x = y^2$ 所围成的区域.

10. 设 D_1,D_2 分别为商品 x_1,x_2 的需求量,而它们的需求函数为

$$D_1 = 8 - P_1 + 2P_2,D_2 = 10 + 2P_1 - 5P_2$$

总成本函数为

$$C_T = 3D_1 + 2D_2$$

其中,P_1 和 P_2 为商品 x_1,x_2 的价格,试问价格 P_1 和 P_2 取何值时,可使利润最大?

第六章　微分方程

函数是客观事物的内部联系在数量方面的反映,利用函数关系可研究客观事物的规律性,因此,如何寻找出所需要的函数关系在实践中具有重要意义. 但在实际问题中,往往很难直接得到所研究变量之间的函数关系,而需要通过未知函数及其导数(或微分) 所满足的等式来寻求未知函数,这样的等式就是微分方程. 微分方程是研究事物、物体和现象运动、演化和变化规律的最为基本的数学知识和方法,对这些规律的描述、认识和分析通常都要归结为对由相应的微分方程描述的数学模型来研究.

本章主要介绍微分方程的基本概念和几种常用的微分方程的求解方法.

第一节　微分方程的基本概念

在许多问题中,往往不能直接找出所需要的函数关系,但是根据问题所提供的情况,有时可列出含有所求函数及其导数的关系式,这样的关系就是微分方程. 微分方程建立以后,对它进行研究,找出未知函数来,这就是解微分方程.

下面举几个例来说明微分方程的基本概念.

引例 6.1　英国学者马尔萨斯(Malthus)认为人口的相对增长率为常数,即如果设 t 时刻人口数为 $x(t)$,则人口增长速度与人口总量 $x(t)$ 成正比,从而建立 Malthus 模型为

$$\begin{cases} \dfrac{\mathrm{d}x}{\mathrm{d}t} = ax \\ x(t_0) = x_0 \end{cases} \qquad a > 0$$

这是一个含有一阶导数的数学模型.

引例6.2　一条曲线通过点$(1,2)$,且该曲线上任一点$M(x,y)$处的切线斜率为$3x^2$,求这条曲线的方程.

设所求曲线为$y = y(x)$. 由导数的几何意义可知,未知函数$y = y(x)$满足关系式

$$\frac{\mathrm{d}y}{\mathrm{d}x} = 3x^2 \tag{6.1}$$

对方程(6.1)两端积分,得

$$y = \int 3x^2 \mathrm{d}x = x^3 + C \tag{6.2}$$

由于曲线通过点$(1,2)$,因此

$$y(1) = 2 \tag{6.3}$$

把条件式(6.3)代入式(6.2),得

$$2 = 1^3 + C$$

即$C = 1$,于是得所求曲线的方程为

$$y = x^3 + 1 \tag{6.4}$$

引例6.3　假设某投资者以固定的年利率r投资A_0元,若一年内k次将利息加入本金,则t年后的现金总额为

$$A(t) = A_0 \left(1 + \frac{r}{k}\right)^{kt}$$

这里的k可以是每日、每月、每年,如果不是在离散的区间加入,而是连续地以正比于账户现金的速度将利息加入本金,就可得到一个初值为本金的增长模型为

$$\begin{cases} \dfrac{\mathrm{d}A}{\mathrm{d}t} = rA \\ A(0) = A_0 \end{cases}$$

以上3例的方程中共同特点是均含有一个未知函数的导数.

定义6.1　含有未知函数的导数(或微分)的方程,称为微分方程.

未知函数是一元函数的微分方程,称为常微分方程;未知函数是多元函数的微分方程,称为偏微分方程. 本章只讨论常微分方程,简称微分方程.

定义6.2　微分方程中出现的未知函数的最高阶导数的阶数,称为微分方

程的阶.

引例 6.2 中的微分方程 $\dfrac{\mathrm{d}y}{\mathrm{d}x} = 3x^2$ 是一阶微分方程, 而方程 $y'' - 3y' + 2y = x$ 是二阶微分方程.

定义 6.3 若一个函数代入微分方程后能使方程成为恒等式, 则称此函数为该微分方程的解.

若微分方程的解中所含任意常数的个数等于该方程的阶数, 则称此解为该微分方程的通解. 确定微分方程通解中任意常数的条件, 称为初始条件. 确定了通解中任意常数后的解, 称为微分方程的特解.

一阶微分方程的初始条件一般表示为: 当 $x = x_0$ 时, $y = y_0$, 或写为

$$y\big|_{x=x_0} = y_0$$

二阶微分方程的初始条件表示为: 当 $x = x_0$ 时, $y = y_0$, $y'(x_0) = y_1$, 或写为

$$y\big|_{x=x_0} = y_0, \quad y'\big|_{x=x_0} = y_1$$

注 微分方程的通解在几何上是一簇积分曲线, 特解则是满足初始条件的一条积分曲线.

例 6.1 验证 $y = C_1\mathrm{e}^x + C_2\mathrm{e}^{-x}$ 是微分方程 $y'' - y = 0$ 的通解.

解 因为

$$y' = C_1\mathrm{e}^x - C_2\mathrm{e}^{-x}, \quad y'' = C_1\mathrm{e}^x + C_2\mathrm{e}^{-x}$$

代入原方程, 有

$$y'' - y = (C_1\mathrm{e}^x + C_2\mathrm{e}^{-x}) - (C_1\mathrm{e}^x + C_2\mathrm{e}^{-x}) = 0$$

因 C_1, C_2 为两个任意常数, 方程的阶数为 2, 故 $y = C_1\mathrm{e}^x + C_2\mathrm{e}^{-x}$ 为 $y'' - y = 0$ 的通解.

例 6.2 解微分方程 $y'' = x\mathrm{e}^x + 1$.

解 积分一次, 得

$$y' = \int (x\mathrm{e}^x + 1)\,\mathrm{d}x = x\mathrm{e}^x - \mathrm{e}^x + x + C_1$$

再积分一次, 得

$$y = \int (x\mathrm{e}^x - \mathrm{e}^x + x + C_1)\,\mathrm{d}x = x\mathrm{e}^x - 2\mathrm{e}^x + \frac{1}{2}x^2 + C_1 x + C_2$$

例 6.3(应用案例) 假设不计空气阻力和摩擦力, 设列车经过提速后, 以 20 m/s 的速度在平直的轨道上行驶. 当列车制动时, 获得的加速度为 -0.4 m/s², 问列车开始制动后多少时间才能停住? 列车在这段时间内行驶了多少路程?

解　设列车制动后的运动规律为

$$s = s(t)$$

由二阶导数的物理意义,可知

$$\frac{\mathrm{d}^2 s}{\mathrm{d}t^2} = -0.4 \tag{6.5}$$

这是一个含有二阶导数的模型. 列车开始制动时,$t = 0$,所以满足条件 $s(0) = 0$,初速度$\frac{\mathrm{d}s}{\mathrm{d}t}\big|_{t=0} = 20$.

对式(6.5)两边积分,得

$$v = \frac{\mathrm{d}s}{\mathrm{d}t} = \int (-0.4)\,\mathrm{d}t = -0.4t + C_1 \tag{6.6}$$

再积分一次,得

$$s = \int (-0.4t + C_1)\,\mathrm{d}t = -0.2t^2 + C_1 t + C_2 \tag{6.7}$$

将条件 $s(0) = 0, \frac{\mathrm{d}s}{\mathrm{d}t}\big|_{t=0} = 20$ 代入式(6.6)和式(6.7),得

$$C_1 = 20, C_2 = 0$$

于是

$$v = -0.4t + 20, s = -0.2t^2 + 20t$$

因此,当 $v = 0$ 时,列车从开始制动到停住所需时间为 $t = 50$ s. 列车在这段时间内行驶了 $s = 500$ m.

 习题 6.1

1. 填空题:

(1) 微分方程 $(x - 6y)\mathrm{d}x + 2\mathrm{d}y = 0$ 的阶数是_____.

(2) 微分方程 $e^x y'' + (y')^3 + x = 1$ 的通解中应包含的任意常数的个数为_____个.

2. 选择题:

(1) 下列方程中(　　)不是常微分方程.

A. $x^2 + y^2 = 1$ 　　　　　　　　　　B. $y' = xy$

C. $\mathrm{d}x = (3x^2 + y)\mathrm{d}y$ 　　　　　　D. $\frac{\mathrm{d}^2 x}{\mathrm{d}t^2} + \frac{\mathrm{d}x}{\mathrm{d}t} = 2x$

（2）下列函数中,（　　）不是微分方程 $y' - y = 0$ 的通解.

A. $y = ce^x$ B. $y = -ce^x$ C. $y = \pm ce^x$ D. $y = \pm e^{x+c}$

（3）下列方程中（　　）是二阶微分方程.

A. $y''' + yy' - 3xy = 0$ B. $(y')^2 + 3x^2y = x^3$

C. $y'' + x^2y' + x = 0$ D. $y\dfrac{\mathrm{d}y}{\mathrm{d}x} + 2x^3 - 1 = 0$

3. 指出下列各题中的函数是否为所给微分方程的解：

（1）$xy' = 2x$,已知函数 $y = 5x^2$.

（2）$y'' - 2y' + y = 0$,已知函数 $y = xe^x$.

4. 验证函数 $y = C_1e^x + C_2e^{3x}$ 是微分方程 $y'' - 4y' + 3y = 0$ 的通解,并求方程满足初始条件 $y(0) = 0, y'(0) = 1$ 的特解.

5. 写出分别满足下列条件的曲线所确定的微分方程：

（1）曲线上任意点处 $P(x,y)$ 的切线斜率等于该点坐标之和.

（2）曲线上任意点处 $P(x,y)$ 的切线与 x 轴的交点为 Q,且线段 PQ 被 y 轴平分.

6. 已知曲线过点 $(1,2)$,且在曲线上任何一点的切线斜率等于原点到该切点的连续斜率的 2 倍,求此曲线方程.

第二节　一阶线性微分方程

一阶微分方程的一般形式为

$$F(x,y,y') = 0 \quad 或 \quad y' = f(x,y)$$

前者称为一阶隐式微分方程,后者称为一阶显式微分方程,而

$$M(x,y)\mathrm{d}x + N(x,y)\mathrm{d}y = 0$$

称为微分形式的一阶微分方程.

一、可分离变量的微分方程

定义 6.4　形如

$$g(y)\mathrm{d}y = f(x)\mathrm{d}x \tag{6.8}$$

的微分方程称为已分离变量的微分方程.

将式（6.8）两边积分,得

$$\int g(y)\,\mathrm{d}y = \int f(x)\,\mathrm{d}x$$

设 $F(x)$，$G(y)$ 分别为 $f(x)$，$g(y)$ 的一个原函数，于是方程(6.8)的通解为

$$G(y) = F(x) + C$$

这种求解方式通常称为分离变量法. 其求解步骤如下：

（1）分离变量.

（2）两边积分.

定义 6.5　设 $f(x)$，$g(y)$ 时连续函数，若有

$$y' = f(x)g(y) \quad 或 \quad \frac{\mathrm{d}y}{\mathrm{d}x} = f(x)g(y)$$

则称其为可分离变量微分方程.

显然，可分离变量的微分方程只需通过简单变形就可化为已分离变量的微分方程.

例 6.4　求微分方程 $y' = 2xy$ 的通解.

解　方程为可分离变量微分方程，分离变量得

$$\frac{\mathrm{d}y}{y} = 2x\mathrm{d}x \qquad y \neq 0$$

两端积分，得

$$\int \frac{\mathrm{d}y}{y} = \int 2x\mathrm{d}x$$

即

$$\ln|y| = x^2 + C_1$$

从而得

$$|y| = \mathrm{e}^{x^2 + C_1} = \mathrm{e}^{C_1}\mathrm{e}^{x^2}$$

即

$$y = \pm\, \mathrm{e}^{C_1}\mathrm{e}^{x^2}$$

因为 $\pm\,\mathrm{e}^{C_1}$ 是任意非零常数，考虑到 $y = 0$ 也是方程的特解，故可记为

$$C = \pm\,\mathrm{e}^{C_1}$$

于是，原方程的通解为

$$y = C\mathrm{e}^{x^2}$$

其中，C 为任意常数.

例 6.5　求微分方程 $\dfrac{\mathrm{d}y}{\mathrm{d}x} = 1 + x + y^2 + xy^2$ 的通解.

解　方程可化为

$$\frac{dy}{dx} = (1 + x)(1 + y^2)$$

分离变量,得

$$\frac{1}{1 + y^2}dy = (1 + x)dx$$

两边积分,得

$$\int \frac{1}{1 + y^2}dy = \int (1 + x)dx$$

即

$$\arctan y = \frac{1}{2}x^2 + x + C$$

于是,原方程的通解为

$$y = \tan\left(\frac{1}{2}x^2 + x + C\right)$$

例 6.6 求微分方程 $x(1 + y^2)dx - y(1 + x^2)dy = 0$ 满足初始条件 $y|_{x=1} = 2$ 的特解.

解 方程为可分离变量微分方程,分离变量得

$$\frac{y}{1 + y^2}dy = \frac{x}{1 + x^2}dx$$

两边积分,得

$$\int \frac{y}{1 + y^2}dy = \int \frac{x}{1 + x^2}dx$$

从而得

$$\frac{1}{2}\ln(1 + y^2) = \frac{1}{2}\ln(1 + x^2) + \frac{1}{2}C_1$$

即

$$1 + y^2 = C(1 + x^2)$$

将初始条件 $y|_{x=1} = 2$ 代入通解,得 $C = \frac{5}{2}$,故所求微分方程通解为

$$1 + y^2 = \frac{5}{2}(1 + x^2)$$

例 6.7(应用案例) 某商品的需求量 Q 对价格 P 的弹性为 $-P\ln 4$,已知商品的最大需求量为 1 600,求需求函数.

解 设所求的需求函数为 $Q = Q(P)$,根据题意,有

$$\frac{P}{Q}\frac{\mathrm{d}Q}{\mathrm{d}P} = -P\ln 4 \qquad 且 \quad Q(0) = 1\,600$$

整理变形为

$$\frac{\mathrm{d}Q}{Q} = -\ln 4\mathrm{d}P$$

两边积分，整理得

$$Q = C4^{-P} \qquad C \neq 0$$

将条件 $Q(0) = 1\,600$ 代入，得 $C = 1\,600$，故所求的需求函数为

$$Q(P) = 4^{-P}1\,600$$

二、齐次微分方程

1. 齐次微分方程的概念

形如

$$y' = f\left(\frac{y}{x}\right)$$

的微分方程称为齐次微分方程.

2. 齐次微分方程的解法

求齐次微分方程的通解时，先将方程化为 $\dfrac{\mathrm{d}y}{\mathrm{d}x} = \varphi\left(\dfrac{y}{x}\right)$ 的形式. 再令 $u = \dfrac{y}{x}$，则 $y = ux$，两边求导后，得

$$\frac{\mathrm{d}y}{\mathrm{d}x} = u + x\frac{\mathrm{d}u}{\mathrm{d}x}$$

代入原方程，得

$$u + x\frac{\mathrm{d}u}{\mathrm{d}x} = \varphi(u)$$

分离变量，得

$$\frac{\mathrm{d}u}{\varphi(u) - u} = \frac{\mathrm{d}x}{x}$$

两边积分，得

$$\int \frac{\mathrm{d}u}{\varphi(u) - u} = \int \frac{\mathrm{d}x}{x}$$

积分后，再用 $\dfrac{y}{x}$ 代替 u，即可得原方程的通解.

例 6.8 求微分方程 $y' = \dfrac{y}{y-x}$ 的通解.

解 原方程可化为

$$\frac{\mathrm{d}y}{\mathrm{d}x} = \frac{\dfrac{y}{x}}{\dfrac{y}{x} - 1}$$

令 $u = \dfrac{y}{x}$,则

$$y = ux, \frac{\mathrm{d}y}{\mathrm{d}x} = u + x\frac{\mathrm{d}u}{\mathrm{d}x}$$

所以

$$u + x\frac{\mathrm{d}u}{\mathrm{d}x} = \frac{u}{u-1}$$

整理,得

$$\frac{u-1}{2u-u^2}\mathrm{d}u = \frac{\mathrm{d}x}{x}$$

两边积分,可得

$$\ln|x| = -\frac{1}{2}\ln|2-u| - \frac{1}{2}\ln|u| + \frac{1}{2}\ln|C|$$

即

$$u(2-u)x^2 = C.$$

将 $u = \dfrac{y}{x}$ 代入,可得原方程的通解为

$$y(2x-y) = C \qquad C \text{ 为任意常数}$$

例 6.9 解微分方程 $(y^2 - 2xy)\mathrm{d}x + x^2\mathrm{d}y = 0$.

解 原方程可变形为

$$\frac{\mathrm{d}y}{\mathrm{d}x} = 2 \cdot \frac{y}{x} - \left(\frac{y}{x}\right)^2$$

令 $u = \dfrac{y}{x}$,则

$$y = ux, \frac{\mathrm{d}y}{\mathrm{d}x} = u + x\frac{\mathrm{d}u}{\mathrm{d}x}$$

所以

$$u + xu' = 2u - u^2$$

分离变量,得

$$\frac{\mathrm{d}u}{u^2 - u} = -\frac{\mathrm{d}x}{x}$$

即

$$\left(\frac{1}{u-1} - \frac{1}{u}\right)\mathrm{d}u = -\frac{\mathrm{d}x}{x}$$

积分,得

$$\ln\left|\frac{u-1}{u}\right| = -\ln|x| + \ln|C|$$

即

$$\frac{x(u-1)}{u} = C$$

代回原变量得通解为

$$x(y-x) = Cy \qquad C \text{ 为任意常数}$$

说明:显然 $x = 0$,$y = 0$,$y = x$ 也是原方程的解,但在求解过程中丢失了.因此,其通解中一定要包含这几个特解.

三、一阶线性微分方程

定义 6.6 形如

$$y' + p(x)y = q(x) \tag{6.9}$$

的微分方程称为一阶线性微分方程. 这里的"线性",是指微分方程中含有未知函数 y 和它的导数 y' 的项都是关于 y,y' 的一次项.

若 $q(x) = 0$,则方程(6.9)为

$$y' + p(x)y = 0 \tag{6.10}$$

称为一阶线性齐次微分方程.

若 $q(x) \neq 0$,则方程(6.9)称为一阶线性非齐次微分方程.

1. 一阶线性齐次微分方程的解法

一阶线性齐次微分方程为

$$y' + p(x)y = 0$$

显然,方程是可分离变量方程,分离变量,得

$$\frac{1}{y}\mathrm{d}y = -p(x)\mathrm{d}x$$

两边积分,得

$$\ln|y| = -\int p(x)\,\mathrm{d}x + C_1$$

因此，通解为

$$y = C \cdot \mathrm{e}^{-\int p(x)\mathrm{d}x}$$

(6.11)

其中，C 为任意常数.

例 6.10   解微分方程 $y^2 + x^2\dfrac{\mathrm{d}y}{\mathrm{d}x} = xy\dfrac{\mathrm{d}y}{\mathrm{d}x}$.

解   原方程可写为

$$\frac{\mathrm{d}y}{\mathrm{d}x} = \frac{y^2}{xy - x^2} = \frac{\left(\dfrac{y}{x}\right)^2}{\dfrac{y}{x} - 1}$$

这是齐次方程.

若令 $\dfrac{y}{x} = u$，则

$$y = ux, \quad \frac{\mathrm{d}y}{\mathrm{d}x} = u + x\frac{\mathrm{d}u}{\mathrm{d}x}$$

于是，原方程变为

$$u + x\frac{\mathrm{d}u}{\mathrm{d}x} = \frac{u^2}{u - 1}$$

即

$$x\frac{\mathrm{d}u}{\mathrm{d}x} = \frac{u}{u - 1}$$

分离变量，得

$$\left(1 - \frac{1}{u}\right)\mathrm{d}u = \frac{\mathrm{d}x}{x}$$

两边积分，得

$$u - \ln|u| + c = \ln|x|$$

所以

$$\ln|xu| = u + c$$

以 $\dfrac{y}{x}$ 代上式中的 u，便得所给方程的通解为

$$\ln|y| = \frac{y}{x} + C$$

说明:

(1) 式(6.10) 分离变量后,失去原方程的一个特解 $y = 0$,但它可由通解中的 $C = 0$ 得到.

(2) $\int p(x)\mathrm{d}x$ 表示 $p(x)$ 的原函数,但在这里不必取 $p(x)$ 的全体原函数,只需取其中一个即可.

(3) 求一阶线性齐次微分方程的通解,可分别采用两种方法:

① 公式法,直接用式(6.11).

② 先分离变量再积分求解.

(4) 分离变量法的步骤如下:

① 分离变量.

② 方程两端积分.

2. 一阶线性非齐次微分方程的解法

由于一阶线性非齐次微分方程与一阶线性齐次微分方程左端是一样的,只是右端一个是 $Q(x)$,另一个是 0. 因此,现设方程(6.9) 的解为

$$y = C(x)\mathrm{e}^{-\int p(x)\mathrm{d}x} \tag{6.12}$$

所以

$$y' = C'(x)\mathrm{e}^{-\int p(x)\mathrm{d}x} + C(x)\mathrm{e}^{-\int p(x)\mathrm{d}x}[-p(x)]$$

$$= C'(x)\mathrm{e}^{-\int p(x)\mathrm{d}x} - p(x)C(x)\mathrm{e}^{-\int p(x)\mathrm{d}x}$$

为了确定 $C(x)$,把式(6.12) 及其导数代入方程(6.9) 并化简,得

$$C'(x)\mathrm{e}^{-\int p(x)\mathrm{d}x} = Q(x)$$

即

$$C'(x) = Q(x)\mathrm{e}^{\int p(x)\mathrm{d}x}$$

两边积分,得

$$C(x) = \int Q(x)\mathrm{e}^{\int p(x)\mathrm{d}x}\mathrm{d}x + C \tag{6.13}$$

把 $C(x)$ 代入式(6.12),就得一阶线性非齐次微分方程(10)′ 的通解为

$$y = \mathrm{e}^{-\int p(x)\mathrm{d}x}\left[C + \int Q(x)\mathrm{e}^{-\int p(x)\mathrm{d}x}\mathrm{d}x\right] \tag{6.14}$$

将通解式(6.14) 改写成两项之和为

$$y = C\mathrm{e}^{-\int p(x)\mathrm{d}x} + \mathrm{e}^{-\int p(x)\mathrm{d}x}\int Q(x)\mathrm{e}^{\int p(x)\mathrm{d}x}\mathrm{d}x \tag{6.15}$$

可知,式(6.15)中的第1项是对应的齐次方程(6.10)的通解,第2项是非齐次方程(6.9)的一个特解(可在通解式(6.14)中 $C = 0$ 得到). 由此可知,一阶线性非齐次微分方程的通解是对应齐次方程的通解与非齐次方程的一个特解之和. 这种将对应的齐次方程(6.10)的通解中的常数 C 变易成函数 $C(x)$,从而得到非齐次方程(6.9)通解的方法,称为常数变易法.

用常数变易法求一阶线性非齐次微分方程的通解的一般解法步骤如下:

(1)先求出对应的齐次方程的通解 $y = Ce^{-\int p(x)\mathrm{d}x}$.

(2)根据所求的通解设出非齐次方程的解 $y = C(x)e^{-\int p(x)\mathrm{d}x}$(常数变易).

(3)把所设代入线性非齐次微分方程,解出 $C(x)$,并写出线性非齐次微分方程的通解为

$$y = e^{-\int p(x)\mathrm{d}x}\left[C + \int Q(x)e^{\int p(x)\mathrm{d}x}\mathrm{d}x\right]$$

例 6.11　求方程 $y' - \dfrac{y}{x+1} = e^x(x+1)$ 的通解.

解　方法 ①:(公式法) 这里

$$p(x) = -\frac{1}{x+1}, Q(x) = e^x(x+1)$$

代入式(6.12),通解为

$$y = e^{\int \frac{1}{x+1}\mathrm{d}x}\left[c + \int e^x(x+1)e^{-\int \frac{1}{x+1}\mathrm{d}x}\mathrm{d}x\right] = (x+1)\left(c + \int e^x\mathrm{d}x\right)$$

即

$$y = (x+1)(e^x + c)$$

方法 ②:(常数变易法) 先解对应的齐次方程

$$y' - \frac{1}{x+1}y = 0$$

分离变量,得

$$\frac{\mathrm{d}y}{y} = \frac{\mathrm{d}x}{x+1}$$

积分,得

$$\ln y = \ln(x+1) + \ln c$$

故齐次方程的通解为

$$y = c(x+1)$$

设原微分方程的通解为

$$y = c(x)(x+1)$$

代入原方程,可得

$$C'(x) = \mathrm{e}^x$$

因此

$$c(x) = \int \mathrm{e}^x \mathrm{d}x = \mathrm{e}^x + c$$

故齐次方程的通解为

$$y = (x + 1)(\mathrm{e}^x + C)$$

例 6.12　解微分方程 $\dfrac{\mathrm{d}y}{\mathrm{d}x} = \dfrac{1}{x - y} + 1$.

分析　因原方程既不是可分离变量的微分方程,也不是关于 $y,\dfrac{\mathrm{d}y}{\mathrm{d}x}$ 的线性

微分方程,因此需要换元变形,即令 $x - y = u$,然后转化为关于 $u,\dfrac{\mathrm{d}y}{\mathrm{d}x}$ 的线性微

分方程求解.

解　令 $x - y = u$,则 $y = x - u$,于是

$$\frac{\mathrm{d}y}{\mathrm{d}x} = 1 - \frac{\mathrm{d}u}{\mathrm{d}x}$$

代入原方程,得

$$1 - \frac{\mathrm{d}u}{\mathrm{d}x} = \frac{1}{u} + 1$$

即

$$\frac{\mathrm{d}u}{\mathrm{d}x} = -\frac{1}{u}$$

分离变量,得

$$u\,\mathrm{d}u = -\mathrm{d}x$$

两边同时积分,得

$$\frac{u^2}{2} = -x + C_1$$

因此

$$u^2 = -2x + 2C_1 = -2x + C \qquad (C = 2C_1)$$

即方程的通解为

$$(x - y)^2 = -2x + C$$

有时,方程虽然不是关于 y,y' 的一阶线性微分方程,但如果把 x 看成 y 的函数,方程成为关于的 x,x' 的一阶线性微分方程,这时也可利用一阶线性微分方

程的通解公式求解.

例 6.13 求微分方程 $(y^2 - 6x)\dfrac{dy}{dx} + 2y = 0$ 满足初始条件 $y(1) = 1$ 的特解.

解 方程可化为

$$\frac{dy}{dx} = \frac{2y}{6x - y^2}$$

它不是一阶线性微分方程,但如果把 y 看成自变量,即 x 是 y 的函数,原方程化为

$$\frac{dx}{dy} - \frac{3}{y}x = -\frac{y}{2}$$

此时, $p(y) = -\dfrac{3}{y}$, $Q(y) = -\dfrac{y}{2}$,代入式(6.14),得

$$x = e^{\int \frac{3}{y}dy}\left[C + \int \left(-\frac{y}{2} \right) e^{-\int \frac{3}{y}dy} dy \right] = e^{3\ln y}\left[C + \int \left(-\frac{y}{2} \right) e^{-3\ln y} dy \right]$$

$$= y^3\left[C + \int \left(-\frac{y}{2} \right) y^{-3} dy \right] = Cy^3 + \frac{1}{2}y^2$$

即

$$x = Cy^3 + \frac{1}{2}y^2$$

将初始条件 $y(1) = 1$ 代入上式,得 $1 = C + \dfrac{1}{2}$,所以 $C = \dfrac{1}{2}$. 因此,所求方程的特解为

$$x = \frac{1}{2}y^2(y + 1).$$

现将以上一阶微分方程的解法进行总结,见表 6.1.

表 6.1

类　　型	方　　程	解　　法
可分离变量	$\dfrac{dy}{dx} = f(x)g(y)$	分离变量两边积分
齐次微分方程	$\dfrac{dy}{dx} = \varphi\left(\dfrac{y}{x} \right)$	令 $u = \dfrac{y}{x}$,分离变量两边积分

续表

类 型		方 程	解 法
一阶线性方程	齐次	$\dfrac{\mathrm{d}y}{\mathrm{d}x} + p(x)y = 0$	分离变量两边积分或用公式 $y = Ce^{-\int p(x)\mathrm{d}x}$
	非齐次	$\dfrac{\mathrm{d}y}{\mathrm{d}x} + p(x)y = q(x)$	常数变易法或用公式 $y = e^{-\int p(x)\mathrm{d}x} \cdot \left[\int q(x)e^{\int p(x)\mathrm{d}x}\mathrm{d}x + C \right]$

例 6.14（应用案例） 已知某公司的纯利润对广告费的变化率与常数 A 和利润 L 之差成正比. 当 $x = 0$ 时, $L = L_0$. 试求纯利润 L 与广告费 x 的函数关系.

解 根据题意列出方程

$$\frac{\mathrm{d}L}{\mathrm{d}x} = k(A - L) \qquad k \text{ 为常数}$$

分离变量, 得

$$\frac{\mathrm{d}L}{A - L} = k\mathrm{d}x$$

两边积分, 得

$$-\ln(A - L) = kx + C_1$$

整理, 得

$$A - L = Ce^{-kx}$$

所以

$$L = A + Ce^{-kx}$$

由初始条件 $L = L_0$, 解得 $C = A - L_0$, 故

$$L = A + (A - L_0)e^{-kx}$$

习题 6.2

1. 判断下列方程是否为可分离变量的微分方程:

$(1)\ (x^2 + 1)\mathrm{d}x + (y^2 - 2)\mathrm{d}y = 0$ $\qquad$ $(2)\ (x^2 - y)\mathrm{d}x + (y^2 + x)\mathrm{d}y = 0$

$(3)\ (x^2 + y^2)y' = 2xy$ $\qquad\qquad\qquad$ $(4)\ 2x^2yy' + y^2 = 2$

2. 单项选择题：

（1）方程 $xy' + 3y = 0$ 的通解为（　　）.

A. x^{-3}　　　　　　B. Cxe^x　　　　　　C. $x^{-3} + C$　　　　　　D. Cx^{-3}

（2）方程 $xdy = y \ln ydx$ 的一个解为（　　）.

A. $y = \ln x$　　　　　B. $y = \sin x$　　　　　C. $y = e^x$　　　　　D. $\ln^2 y = x$

（3）微分方程 $(x - 2y)y' = 2x - y$ 的通解为（　　）.

A. $x^2 + y^2 = C$　　　　　　　　　B. $x + y = C$

C. $y = x + 1$　　　　　　　　　　　D. $x^2 - xy + y^2 = C$

3. 求下列微分方程的通解：

（1）$xydx + \sqrt{1 - x^2}dy = 0$ 　　　　　　（2）$(1 + y)^2 \dfrac{dy}{dx} + x^3 = 0$

（3）$\dfrac{dy}{dx} - y \sec^2 x = 0$ 　　　　　　（4）$xy' - y \ln y = 0$

4. 求下列微分方程的通解：

（1）$y' = y \sin x$ 　　　　　　　　　　（2）$\dfrac{dy}{dx} - 3xy = 2x$

（3）$(1 + x^2)y' = y \ln y$ 　　　　　　　（4）$y' - \dfrac{2}{x + 1}y = (x + 1)^2$

（5）$x \dfrac{dy}{dx} = x \sin x - y$

5. 求下列微分方程满足所给初始条件的特解：

（1）$xy' - y = 0, y|_{x=1} = 2$

（2）$(xy^2 + x)dx + (x^2 y - y)dy = 0, y|_{x=0} = 1$

（3）$y' + y \cos x = e^{-\sin x}, y|_{x=0} = 0$

6. 已知某产品的总利润 L 与广告支出 x 的函数式为

$$L'(x) + L(x) = 1 - x$$

当 $x = 0$ 时，$L(0) = 3$，求总利润函数 $L(x)$.

第三节　几种可降阶的二阶微分方程

二阶微分方程的一般形式为

$$F(x, y, y', y'') = 0$$

这一节将讨论几种特殊的二阶微分方程,对它们作适当变换可将其转化为一阶微分方程. 其处理问题的基本思想方法是"降阶".

一、$y'' = f(x)$ 型的二阶微分方程

形如

$$y'' = f(x) \qquad (6.16)$$

的微分方程称为 $y'' = f(x)$ 型的二阶微分方程.

这种方程的通解可经过两次积分而求得,也就是积分"降阶".

对式(6.16)两边积分,得

$$y' = \int f(x)\,\mathrm{d}x + C_1$$

再对上式两边积分,得

$$y = \int \left[\int f(x)\,\mathrm{d}x \right] \mathrm{d}x + C_1 x + C_2$$

其中,C_1, C_2 为任意常数.

例 6.15　解微分方程 $y'' = 2x + \cos x$.

解　两边积分,得

$$y' = \int (2x + \cos x)\,\mathrm{d}x = x^2 + \sin x + c_1$$

两边再积分,得

$$y = \int (x^2 + \sin x + c_1)\,\mathrm{d}x = \frac{1}{3}x^3 - \cos x + c_1 x + c_2$$

所以

$$y = \frac{1}{3}x^3 - \cos x + c_1 x + c_2$$

为原方程的通解. 其中,c_1, c_2 为任意常数.

例 6.16 求微分方程 $y'' - xe^x = 0.$ 满足初始条件 $y'|_{x=0} = 1, y|_{x=0} = 2.$

解 两边积分,得

$$y' = \int xe^x dx = xe^x - e^x + C_1$$

将 $y'|_{x=0} = 1$ 代入得 $C_1 = 2$,即

$$y' = \int xe^x dx = xe^x - e^x + 2$$

两边再积分,得

$$y = xe^x - 2e^x + 2x + C_2$$

将 $y|_{x=0} = 1$ 代入得

$$C_2 = 1$$

因此,原方程满足初始条件 $y'|_{x=0} = 1, y|_{x=0} = 2$ 的特解为

$$y = xe^x - 2e^x + 2x + 1$$

二、不显含未知函数 y 的二阶微分方程

定义 6.7 形如

$$y'' = f(x, y') \tag{6.17}$$

的微分方程,称为不显含未知函数 y 的二阶微分方程.

令 $y' = p$,则 $y'' = p'$,代入方程(6.17),得

$$p' = f(x, p) \tag{6.18}$$

这是关于未知函数 p 的一阶微分方程,如果能从方程(6.18)中求出通解为

$$p = \varphi(x, C_1)$$

则方程(6.18)的通解为

$$y = \int \varphi(x, C_1) dx + C_2$$

例 6.17 解微分方程 $xy'' + y' - x^2 = 0.$

解 令 $y' = p$,则 $y'' = p'$. 于是,原方程可化为

$$p' + \frac{1}{x} \cdot p = x$$

此为一阶线性非齐次微分方程,解得

$$p = \left[\int xe^{\int \frac{1}{x}dx} dx + C_1 \right] e^{-\int \frac{1}{x}dx} = \frac{1}{3}x^2 + \frac{1}{x}C_1 \qquad x \neq 0$$

即

$$y' = \frac{1}{3}x^2 + \frac{1}{x}C_1$$

再积分,得原方程的通解

$$y = \int \left(\frac{1}{3}x^2 + \frac{1}{x}C_1 \right) dx + C_2 = \frac{1}{9}x^3 + C_1 \ln x + C_2$$

例6.18　求微分方程$(1 + x^2)y'' = 2xy'$满足初始条件$y|_{x=0} = 1, y'|_{x=0} = 3$的特解.

解　所给方程是$y'' = f(x, y')$型的. 设$y' = py' = p$,代入方程并分离变量后,有

$$\frac{dp}{p} = \frac{2x}{1 + x^2}dx$$

两边积分,得

$$\ln p = \ln(1 + x^2) + c$$

即

$$p = y' = C_1(1 + x^2) \qquad C_1 = \pm e^c$$

由条件$y'|_{x=0} = 3$,得$C_1 = 3$,所以

$$y' = 3(1 + x^2)$$

两边再积分,得

$$y = x^3 + 3x + c$$

又由条件$y|_{x=0} = 1$,得$C_2 = 1$. 于是所求的特解为

$$y = x^3 + 3x + 1$$

三、不显含自变量 x 的二阶微分方程

定义6.8　形如

$$y'' = f(y, y') \tag{6.19}$$

的方程称为不显含自变量x的二阶微分方程.

如果将方程(6.19)中的y'看成y的函数$y' = p(y)$,则

$$y'' = \frac{dp}{dx} = \frac{dp}{dy} \cdot \frac{dy}{dx} = p \cdot \frac{dp}{dy}$$

于是,方程(6.19)变为

$$p \frac{dp}{dy} = f(y, p) \tag{6.20}$$

设方程(6.20)的通解$p = \varphi(y, C_1)$已求出,则由$\frac{dy}{dx} = p = \varphi(y, C_1)$,可得

方程(6.19)的通解为

$$\int \frac{\mathrm{d}y}{\varphi(y, C_1)} = x + C_2$$

例 6.19　求微分 $yy'' - (y')^2 = 0$ 的通解.

解　设 $p = y'$,则原方程化为

$$yp \frac{\mathrm{d}p}{\mathrm{d}y} - p^2 = 0, yp \frac{\mathrm{d}p}{\mathrm{d}y} - p^2 = 0$$

当 $y \neq 0, p \neq 0$ 时,有

$$\frac{\mathrm{d}p}{\mathrm{d}y} - \frac{1}{y}p = 0$$

于是

$$p = \mathrm{e}^{\int \frac{1}{y}\mathrm{d}y} = C_1 y$$

即

$$y' - c_1 y = 0$$

因此,原方程的通解为

$$y = C_2 \mathrm{e}^{\int C_1 \mathrm{d}x} = C_2 \mathrm{e}^{C_1 x}$$

例 6.20　求微分方程 $y'' = \frac{3}{2}y^2$,满足初始条件 $y|_{x=3} = 1, y'|_{x=3} = 1$ 的特解.

解　令 $y' = p(y)$,则 $y'' = p \frac{\mathrm{d}p}{\mathrm{d}y}$,代入原方程得

$$p \frac{\mathrm{d}p}{\mathrm{d}y} = \frac{3}{2}y^2$$

即

$$2p\mathrm{d}p = 3y^2 \mathrm{d}y$$

两边积分,得

$$p^2 = y^3 + C_1$$

由初始条件,得 $C_1 = 0$. 所以 $p^2 = y^3$,或 $p = y^{\frac{3}{2}}$(因 $y'|_{x=3} = 1 > 0$,所以取正号),即

$$\frac{\mathrm{d}y}{\mathrm{d}x} = y^{\frac{3}{2}} \quad \text{或} \quad y^{-\frac{3}{2}}\mathrm{d}y = \mathrm{d}x$$

两边积分,得

$$-2y^{-\frac{1}{2}} = x + C_2$$

再由初始条件 $y\big|_{x=3} = 1$,得 $C_2 = -5$,代入整理后得

$$y = \frac{4}{(x-5)^2}$$

即为方程的满足初始条件的特解.

例 6.21(应用案例)　质量为 m 的质点受力 F 的作用沿 Ox 轴作直线运动. 设力 F 仅为时间 t 的函数:$F = F(t)$. 在开始时刻 $t = 0$ 时,$F(0) = F_0$,随着时间 t 的增大,力 F 均匀地减小,直到 $t = T$ 时,$F(T) = 0$. 如果开始时质点位于原点, 且初速度为零,求质点在 $0 \le t \le T$ 这段时间内的运动规律.

解　设 $x = x(t)$ 表示在时刻 t 时质点的位置,根据牛顿第二定律,质点运动的微分方程为

$$m\frac{\mathrm{d}^2 x}{\mathrm{d}t^2} = F(t)$$

由题设,$t = 0$ 时,$F(0) = F_0$,且力随时间的增大而均匀地减小;所以

$$F(t) = F_0 - kt$$

又当 $t = T$ 时,$F(T) = 0$,从而

$$F(t) = F_0\left(1 - \frac{t}{T}\right)$$

故方程为

$$\frac{\mathrm{d}^2 x}{\mathrm{d}t^2} = \frac{F_0}{m}\left(1 - \frac{t}{T}\right)$$

初始条件为

$$x\big|_{t=0} = 0, \quad \frac{\mathrm{d}x}{\mathrm{d}t}\Big|_{t=0} = 0$$

两端积分,得

$$\frac{\mathrm{d}x}{\mathrm{d}t} = \frac{F_0}{m}\left(t - \frac{t^2}{2T}\right) + C_1$$

代入初始条件 $\dfrac{\mathrm{d}x}{\mathrm{d}t}\Big|_{t=0} = 0$,得 $C_1 = 0$. 于是,方程变为

$$\frac{\mathrm{d}x}{\mathrm{d}t} = \frac{F_0}{m}\left(t - \frac{t^2}{2T}\right)$$

再积分,得

$$x = \frac{F_0}{m}\left(\frac{t^2}{2} - \frac{t^3}{6T}\right) + C_2$$

将条件 $x\big|_{t=0} = 0$ 代入上式,得 $C_2 = 0$. 于是,所求质点的运动规律为

$$x = \frac{F_0}{m}\left(\frac{t^2}{2} - \frac{t^3}{6T}\right) \qquad 0 \leqslant t \leqslant T$$

以上 3 种特殊的二阶微分方程的解法均是降阶,转化为一阶线性微分方程处理,降阶方式一是积分降阶,二是换元降阶.

 习题 6.3

1. 填空题:

(1) 微分方程 $y'' = x$ 的通解为_____.

(2) 微分方程 $y'' + y' - x = 0$ 的通解为_____.

2. 选择题:

下列方程中可利用 $p = y', p' = y''$,降为一阶微分方程的是(　　).

A. $(y'')^2 + xy' - x = 0$ 　　　　　　B. $y'' + yy' + y^2 = 0$

C. $y'' + y^2 y' - y^2 x = 0$ 　　　　　　D. $y'' + yy' + x = 0$

3. 求下列微分方程的解:

(1) $y'' = e^{3x} + \sin x$ 　　　　　　(2) $y'' = 1 + (y')^2$

(3) $y'' - y' = x^2$ 　　　　　　(4) $yy'' - (y')^2 = 0$

4. 求下列微分方程的解:

(1) $y'' = x + \sin x^2$. 　　　　　　(2) $xy'' + y' = 0$ 的通解.

(3) $xy'' - (y')^2 = y'$. 　　　　　　(4) $y'' = \frac{1}{x}y' + xe^x$.

(5) $y'' - 3\sqrt{y} = 0, y(0) = 1, y'(0) = 2$.

5. 求 $y'' = x$ 的经过 $M(0,1)$ 且在此点与直线 $y = \frac{1}{2}x + 1$ 相切的积分曲线.

第四节　二阶常系数线性微分方程

一、二阶常系数线性微分方程的形式

定义 6.9　形如

$$y'' + py' + qy = f(x)$$

的微分方程,称为二阶常系数线性微分方程. 其中,p,q 是常数,$f(x)$ 是关于 x 的函数.

当 $f(x) \equiv 0$ 时, 方程

$$y'' + py' + qy = 0 \qquad (6.21)$$

称为二阶常系数齐次线性微分方程.

当 $f(x) \neq 0$ 时,方程

$$y'' + py' + qy = f(x) \qquad (6.22)$$

称为二阶常系数非齐次线性微分方程.

二、二阶常系数齐次线性微分方程的解法

定理 6.1　如果函数 y_1,y_2 是二阶齐次线性微分方程 $y'' + py' + qy = 0$ 的两个特解,那么,函数 $y = C_1y_1 + C_2y_2(C_1,C_2$ 为任意常数) 也是该方程的解,并且当 $\dfrac{y_1}{y_2} \neq$ 常数时,函数 $y = C_1y_1 + C_2y_2$ 就是该方程的通解.

方程 $r^2 + pr + q = 0$ 称为微分方程(6.21) 的特征方程,特征方程的根称为微分方程(6.21) 的特征根.

求二阶常系数齐次线性微分方程 $y'' + py' + qy = 0$ 的通解步骤可归纳如下:

(1) 写出微分方程(6.21) 对应的特征方程

$$r^2 + pr + q = 0$$

(2) 求出两个特征根 r_1,r_2.

(3) 根据两个特征根的情况,按表 6.2 写出微分方程(6.21) 的通解.

表6.2

特征方程 $r^2 + pr + q = 0$ 的两个根 r_1, r_2	微分方程 $y'' + py' + qy = 0$ 的通解
两个不相等的实数根 r_1, r_2	$y = C_1 e^{r_1 x} + C_2 e^{r_2 x}$
两个相等的实数根 $r_1 = r_2 = r$	$y = (C_1 + C_2 x) e^{rx}$
一对共轭虚根 $r_{1,2} = \alpha \pm i\beta$	$y = e^{\alpha x}(C_1 \cos \beta x + C_2 \sin \beta x)$

例 6.22 求方程 $y'' - 5y' + 6y = 0$ 的通解.

解 微分方程是 $y'' - 5y' + 6y = 0$ 是二阶常系数齐次线性微分方程,其特征方程为

$$r^2 - 5r + 6 = 0$$

特征根为

$$r_1 = 2, r_2 = 3$$

因此,原方程的通解为

$$y = C_1 e^{2x} + C_2 e^{3x}$$

其中,C_1, C_2 为任意常数.

例 6.23 求方程 $4y'' - 4y' + y = 0$ 满足初始条件 $y|_{x=0} = 1, y'|_{x=0} = \dfrac{5}{2}$ 的特解.

解 方程为二阶常系数齐次线性微分方程,其特征方程为

$$4r^2 - 4r + 1 = 0$$

特征根为

$$r_1 = r_2 = \frac{1}{2}$$

因此,原方程的通解为

$$y = (C_1 + C_2 x) e^{\frac{x}{2}}$$

所以

$$y' = \frac{1}{2}(C_1 + C_2 x) e^{\frac{x}{2}} + C_2 e^{\frac{x}{2}}$$

将初始条件 $y|_{x=0} = 1, y'|_{x=0} = \dfrac{5}{2}$ 代入以上两式,得

$$C_1 = 1, C_2 = 2$$

于是,所求原方程的特解为

$$y = (1 + 2x) e^{\frac{x}{2}}$$

例 6.24 求方程 $y'' - y' + y = 0$ 的通解.

解 方程为二阶常系数齐次线性微分方程,其特征方程为

$$r^2 - r + 1 = 0$$

它有一对共轭虚根

$$r_1 = \frac{1}{2} + \frac{\sqrt{3}}{2}\mathrm{i}, r_2 = \frac{1}{2} - \frac{\sqrt{3}}{2}\mathrm{i}$$

因此,原方程的通解为

$$y = \mathrm{e}^{\frac{x}{2}}\left(C_1 \cos \frac{\sqrt{3}}{2}x + C_2 \sin \frac{\sqrt{3}}{2}x \right)$$

三、二阶常系数非齐次线性微分方程的解法

定理 6.2 设 Y 是方程(6.21)的通解,$\overline{y}$ 是方程(6.22)的一个特解,则

$$y = Y + \overline{y} \tag{6.23}$$

就是方程(6.22)的通解.

根据定理 6.2,要求方程(6.22)的通解,必须求得方程(6.21)的通解和方程(6.22)的一个特解. 方程(6.21)的通解前面已作了介绍,在这里,给出 $f(x) = P_n(x)\mathrm{e}^{\lambda x}$ 的特解的形式(见表 6.3).

表 6.3

$f(x)$ 的形式	特解的形式	
$f(x) = P_n(x)\mathrm{e}^{\lambda x}$ （其中,$P_n(x)$ 是关于 x 的一个 n 次多项式,λ 为实数）	λ 不是特征方程的根	$\overline{y} = Q_n(x)\mathrm{e}^{\lambda x}$
	λ 是特征方程的单根	$\overline{y} = xQ_n(x)\mathrm{e}^{\lambda x}$
	λ 是特征方程的重根	$\overline{y} = x^2 Q_n(x)\mathrm{e}^{\lambda x}$
	以上形式中的 $Q_n(x)$ 代表与 $P_n(x)$ 同次的待定多项式	

例 6.25 求方程 $y'' + 2y' + 5y = 5x + 2$ 的一个特解.

解 因为 $\lambda = 0$ 不是特征方程 $r^2 + 2r + 5 = 0$ 的根,因此,可设特解为 $\overline{y} = Ax + B$,则 $\overline{y}' = A, \overline{y}'' = 0$,代入原方程得

$$2A + 5Ax + 5B = 5x + 2$$

比较两端 x 的同次幂的系数,得

$$\begin{cases} 5A = 5 \\ 2A + 5B = 2 \end{cases}$$

解得 $A = 1, B = 0$.因此,原方程的一个特解为

$$\overline{y} = x$$

例 6.26　求方程 $y'' - 3y' + 2y = 3x\mathrm{e}^{2x}$ 的通解.

解　方程对应的特征方程为

$$r^2 - 3r + 2 = 0$$

其通解为

$$Y = C_1\mathrm{e}^x + C_2\mathrm{e}^{2x}$$

因 $\lambda = 2$ 是特征方程的单根，于是原方程的一个特解可设为 $\overline{y} = x(Ax + B)\mathrm{e}^{2x}$，则

$$\overline{y}' = \mathrm{e}^{2x}\left[2Ax^2 + (2A + 2B)x + B\right]$$

$$\overline{y}'' = \mathrm{e}^{2x}\left[4Ax^2 + (8A + 4B)x + (2A + 4B)\right]$$

将 $\overline{y}, \overline{y}', \overline{y}''$ 代入原方程，得

$$2Ax + (2A + B) = 3x$$

于是，得

$$\begin{cases} 2A = 3 \\ 2A + B = 0 \end{cases}$$

解得

$$\begin{cases} A = \dfrac{3}{2} \\ B = -3 \end{cases}$$

则特解为

$$\overline{y} = x\left(\frac{3}{2}x - 3\right)\mathrm{e}^{2x} = \left(\frac{3}{2}x^2 - 3x\right)\mathrm{e}^{2x}$$

因此，原方程的通解为

$$y = C_1\mathrm{e}^x + C_2\mathrm{e}^{2x} + \left(\frac{3}{2}x^2 - 3x\right)\mathrm{e}^{2x}$$

 习题 6.4

1. 选择题：

（1）微分方程 $\dfrac{\mathrm{d}^2 y}{\mathrm{d}x^2} - \dfrac{9}{4}x = 0$ 的通解为（　　　）.

A. $y = \dfrac{3}{8}x^3 + x$ B. $y = \dfrac{3}{8}x^3 + Cx$

C. $y = \dfrac{3}{8}x^c + C_1x + C_2$ D. $y = \dfrac{3}{8}x^3 + x + C$

(2) 微分方程 $y'' - 2y' + y = 0$ 的特解是(　　).

A. $y = x^2e^x$ 　　 B. $y = e^x$ 　　 C. $y = x^3e^x$ 　　 D. $y = e^{-x}$

2. 填空题:

(1) $y'' - y' - 2y = 0$ 的通解为_____.

(2) 设 $r_1 = 3, r_2 = 4$ 为方程 $y'' + py' + qy = 0$(其中,p, q 均为常数)的特征方程的两个根,则该微分方程的通解为_____.

(3) 设二阶系数齐次线性微分方程的特征方程的两个根为 $r_1 = 1 + 2i, r_2 = 1 - 2i$,则该二阶系数齐次线性微分方程为_____.

3. 求下列微分方程的通解:

(1) $y'' - y = 0$ (2) $y'' - 5y' = 0$

(3) $y'' - 2y' + 5y = 0$

4. 求下列二阶齐次线性微分方程的通解:

(1) $4y'' + 4y' + y = 0$ (2) $y'' - 7y' + 6y = 0$

(3) $y'' + 6y' + 10y = 0$ (4) $y'' + 4y' + 3y = 0$

5. 求下列二阶非齐次线性微分方程的通解:

(1) $y'' + y' = x^2$ (2) $y'' - 2y' = e^{2x}$

(3) $y'' - 9yy = 2x$

6. 求下列微分方程满足初始条件特解:

(1) $y'' - 4y' + 3y = 0, y\big|_{x=0} = 6, y'\big|_{x=0} = 0$.

(2) $y'' + 25y = 0, y\big|_{x=0} = 2, y'\big|_{x=0} = 5$.

复习题六

1. 填空题:

(1) $xy''' + 2x^2y'^2 + x^3y = x^4 + 1$ 是_____是阶微分方程.

(2) $y'' - 2y' + y = 0$ 的通解为_____.

(3) $e^yy' = 1$ 的通解为_____.

（4）若 $r_1 = 0, r_2 = 0$ 是某二阶常数齐次线性微分方程的特征方程的根,则该方程的通解为_____.

（5）设 $y = \cos 2x$ 是微分方程 $y' + p(x)y = 0$ 的一个解,则方程的通解为_____.

2. 选择题:

（1）$x + y - 2 + (1 - x)y' = 0$ 是（　　）.

A. 可分离变量的微分方程　　　　　B. 一阶齐次微分方程

C. 一阶齐次线性微分方程　　　　　D. 一阶非齐次线性微分方程

（2）下列方程中可分离变量的是（　　）.

A. $\sin(xy)dx + e^y dy = 0$　　　　　B. $x \sin y dx + y^2 dy = 0$

C. $(1 + xy)dx + y^2 dy = 0$　　　　　D. $\sin(x + y)dx + e^{xy} dy = 0$

（3）给定一阶微分方程 $\dfrac{dy}{dx} = 2x$,下列结果正确的是（　　）.

A. 通解为 $y = cx^2$

B. 通过点 $(1,4)$ 的特解是 $y = x^2 - 15$

C. 满足 $\displaystyle\int_0^1 y dx = 2$ 的解为 $y = x^2 + \dfrac{5}{3}$

D. 与直线 $y = 2x + 3$ 相切的解为 $y = x^2 + 1$

（4）$y'' = e^{-x}$ 的通解为（　　）.

A. $y = -e^{-x}$　　　　　　　　　B. $y = e^{-x} + x + c$

C. $y = e^{-x} + c_1 x + c_2$　　　　　D. $y = -e^{-x} + c_1 x + c_2$

（5）若 $y_1(x)$ 与 $y_2(x)$ 是某个二阶齐次线性方程的解,则 $c_1 y_1(x) + c_2 y_2(x)$（c_1, c_2 为任意常数）必是该方程的（　　）.

A. 通解　　　　　B. 特解　　　　　C. 解　　　　　D. 全部解

（6）若 $y_1(x)$ 是非齐次线性微分方程 $y' + p(x)y = q(x)$ 的一个解,则该方程的通解为（　　）.

A. $y = y_1(x) + e^{-\int p(x)dx}$　　　　　B. $y = y_1(x) + ce^{-\int p(x)dx}$

C. $y = y_1(x) + e^{\int p(x)dx} + c$　　　　D. $y = y_1(x) + ce^{\int p(x)dx}$

（7）微分方程 $y'' - 2y' + y = 0$ 的解是（　　）.

A. $y = x^2 e^x$　　　　　　　　　B. $y = e^x$

C. $y = x^3 e^x$　　　　　　　　　D. $y = e^{-x}$

（8）微分方程 $y'' + 5y = \sin 3x$ 的特解形式为（　　）.

A. $y = a \sin 3x$ B. $y = a \cos 3x$

C. $y = a \cos 3x + b \sin 3x$ D. $y = x^3 (a \cos x + b \sin x)$

3. 求下列微分方程的通解或特解：

(1) $y'' = e^x + 1$ (2) $xy\,\mathrm{d}x + \sqrt{1 + x^2}\,\mathrm{d}y = 0$

(3) $x \dfrac{\mathrm{d}y}{\mathrm{d}x} - 2y = 2x$ (4) $(y^2 - 6x)y' + 2y = 0$

(5) $y'' - y' - 2y = 0$ (6) $y'' - 3y' - 4y = 0, y(0) = 0, y'(0) = -5$

4. 解答题：

(1) 已知函数 $f(x)(\infty < x < \infty)$ 满足：$f'(x) = f''(x); f(0) = 1$，$f'(0) = 2$，求 $f(x)$.

(2) 设 $\displaystyle\int_0^x f(t)\,\mathrm{d}t = f(x) - 3x$，求 $f(x)$.

(3) 已知方程 $y'' - y = 0$ 的积分曲线，使其在点 $(0,0)$ 处与直线 $y = x$ 相切，求此曲线方程.

(4) 某公司对销售某种商品的情况经过分析后发现，当不作广告宣传时，销售这种商品的净利润为 p_0；若作广告宣传，则净利润 p 随广告费 r 变化的变化率与某确定常数 a 和净利润 p 之差成正比，比例常数为 k，求净利润与广告费的函数关系.

(5) 设 Q 是容积为 V 的某湖泊在时刻 t 的污染总量. 假若污染源已清除，当采取治污措施后，污染物的减少率 r 与污染物的总量成正比且与湖泊的容积成反比变化. 设 k 为比例系数，且 $Q(0) = Q$. 求该湖泊污染物的变化规律.

第七章　无穷级数

无穷级数的理论是在生产实践和科学实验推动下形成和发展起来的. 历史上. 我国古代数学家刘徽就已经构建了无穷级数的思想方法,并用来计算圆的面积. 无穷级数是数与函数的一种主要表达形式,它在研究函数的性质,计算某些特定的数值以及求解微分方程等方面都有着广泛的应用. 本章首先介绍无穷级数的概念与性质,以及常数项级数的审敛法,然后讨论幂级数和傅立叶级数.

第一节　级数的概念及性质

一、级数的概念

定义 7.1　给定一个数列 $u_1,u_2,\cdots,u_n,\cdots$,称

$$u_1 + u_2 + \cdots + u_n + \cdots$$

为无穷级数,简称级数,记为 $\displaystyle\sum_{n=1}^{\infty} u_n$,即

$$\sum_{n=1}^{\infty} u_n = u_1 + u_2 + \cdots + u_n + \cdots$$

其中,u_n 称为级数的第 n 项,也称为一般项或通项,u_n 是常数的级数称为常数项级数,简称数项级数;u_n 是函数的级数称为函数项级数.

例如,$\displaystyle\sum_{n=1}^{\infty} \frac{1}{n} = 1 + \frac{1}{2} + \frac{1}{3} + \cdots + \frac{1}{n} + \cdots$ 是常数项级数,而 $\displaystyle\sum_{n=1}^{\infty} x^n$ 是函数

项级数. 本节只讨论数项级数.

例 7.1　如果股票的每年红利为 D_n, 市场的贴现利率为 $r(r>0)$, 求股票的价值 V.

解　因为第 n 年的红利的现值为 $\dfrac{D_n}{(1+r)^n}$, 故股票的内在价值 V 就是无限期红利现值的总和.

$$V = \frac{D_1}{1+r} + \frac{D_2}{(1+r)^2} + \cdots + \frac{D_n}{(1+r)^n} + \cdots = \sum_{n=1}^{\infty} \frac{D_n}{(1+r)^n}$$

可知, 股票的内在价值是通项为 $\dfrac{D_n}{(1+r)^n}$ 的无穷级数.

在初等数学中, 有限多个数相加, 其和是定数. 无穷级数是无穷多个数相加, 其结果又如何呢? 大家知道, 数学中, 为了求无限的量, 往往是从确定有限的问题出发, 然后通过极限获得. 因此, 可首先求有限项的和, 然后运用极限的方法来解决这个无穷多项的和的问题.

定义 7.2　无穷级数 $\sum\limits_{n=1}^{\infty} u_n$ 的前 n 项之和

$$S_n = u_1 + u_2 + \cdots + u_n$$

称为该级数的部分和. 如果当 $n \to \infty$ 时, S_n 极限存在, 即 $\lim\limits_{n\to\infty} S_n = S$, 则称级数 $\sum\limits_{n=1}^{\infty} u_n$ 是收敛的, 收敛于 S, 称 S 为该级数的和, 即

$$u_1 + u_2 + \cdots + u_n + \cdots = S$$

若当 $n \to \infty$ 时, S_n 的极限不存在, 则称级数 $\sum\limits_{n=1}^{\infty} u_n$ 是发散的, 发散的级数没有和.

例 7.2　判断级数 $\sum\limits_{n=1}^{\infty} \dfrac{1}{n(n+1)}$ 是否收敛? 若收敛, 求它的和.

解　由于级数的一般项 $u_n = \dfrac{1}{n(n+1)} = \dfrac{1}{n} - \dfrac{1}{n+1}$, 因此, 部分和为

$$S_n = \frac{1}{1\cdot 2} + \frac{1}{2\cdot 3} + \frac{1}{3\cdot 4} + \cdots + \frac{1}{n(n+1)}$$

$$= \left(\frac{1}{1} - \frac{1}{2}\right) + \left(\frac{1}{2} - \frac{1}{3}\right) + \cdots + \left(\frac{1}{n} - \frac{1}{n+1}\right) = 1 - \frac{1}{n+1}$$

又因为

$$\lim_{n \to \infty} S_n = \lim_{n \to \infty} \left(1 - \frac{1}{n+1} \right) = 1$$

所以此级数收敛,它的和为 1,即

$$\sum_{n=1}^{\infty} \frac{1}{n(n+1)} = 1$$

例 7.3 证明:级数 $\sum\limits_{n=1}^{\infty} n$ 是发散级数.

解 因为级数 $\sum\limits_{n=1}^{\infty} n$ 的部分和

$$S_n = 1 + 2 + 3 + \cdots + n = \frac{n(n+1)}{2}$$

而

$$\lim_{n \to \infty} S_n = \lim_{n \to \infty} \frac{n(n+1)}{2} = \infty$$

故级数 $\sum\limits_{n=1}^{\infty} n$ 发散.

二、常见重要级数的敛散性

1. 几何级数

级数

$$\sum_{n=1}^{\infty} aq^{n-1} = a + aq + aq^2 + \cdots \qquad 其中 a \neq 0$$

称为几何级数(或等比级数). 显然,几何级数的项构成等比数列.

当 $|q| < 1$ 时,几何级数 $\sum\limits_{n=1}^{\infty} aq^{n-1}$ 收敛,收敛于 $\dfrac{a}{1-q}$.

当 $|q| \geqslant 1$ 时,几何级数 $\sum\limits_{n=1}^{\infty} aq^{n-1}$ 发散.

例如,无穷级数 $\sum\limits_{n=1}^{\infty} \dfrac{1}{2^n}$ 收敛,收敛于 1;而级数 $\sum\limits_{n=1}^{\infty} 2^n$ 发散.

2. 调和级数

级数 $\sum\limits_{n=1}^{\infty} \dfrac{1}{n}$ 称为调和级数,调和级数发散.

3. p- 级数

级数 $\sum\limits_{n=1}^{\infty} \dfrac{1}{n^p}$ 称为 p- 级数(其中 p 为常数,且 $p > 0$).

当 $p > 1$ 时,p- 级数收敛.

当 $p \leqslant 1$ 时,p- 级数发散.

例如,$\sum\limits_{n=1}^{\infty} \dfrac{1}{n^2}$ 收敛,而 $\sum\limits_{n=1}^{\infty} \dfrac{1}{\sqrt{n}}$ 发散.

关于调和级数和 p- 级数的敛散性结论的证明,请参考本章知识小结.

三、级数的性质

性质 7.1　k 是实数,若级数 $\sum\limits_{n=1}^{\infty} u_n$ 收敛,其和为 S,则级数 $\sum\limits_{n=1}^{\infty} k u_n$ 也收敛,其和为 kS.

性质 7.2　若级数 $\sum\limits_{n=1}^{\infty} u_n$ 和 $\sum\limits_{n=1}^{\infty} v_n$ 都收敛,其和分别为 S_1 和 S_2,则级数 $\sum\limits_{n=1}^{\infty} (u_n \pm v_n)$ 也收敛,且其和为 $S_1 \pm S_2$.

例 7.4　级数 $\sum\limits_{n=1}^{\infty} \dfrac{2 + (-1)^n}{3^n}$ 是否收敛?若收敛,求其和.

解　由于 $\sum\limits_{n=1}^{\infty} \dfrac{2}{3^n}$ 是公比 $q = \dfrac{1}{3}$ 的等比级数,因此,它是收敛的,且其和为

$$\dfrac{\dfrac{2}{3}}{1 - \dfrac{1}{3}} = 1.$$

而 $\sum\limits_{n=1}^{\infty} \dfrac{(-1)^n}{3^n}$ 是公比 $q = -\dfrac{1}{3}$ 的等比级数,它也是收敛的,且其和为

$$\dfrac{-\dfrac{1}{3}}{1 - \left(-\dfrac{1}{3}\right)} = -\dfrac{1}{4}.$$

因此,由性质 2 可知,级数

$$\sum_{n=1}^{\infty} \dfrac{2 + (-1)^n}{3^n} = \sum_{n=1}^{\infty} \left[\dfrac{2}{3^n} + \dfrac{(-1)^n}{3^n} \right]$$

收敛,其和为

$$\sum_{n=1}^{\infty} \frac{2 + (-1)^n}{3^n} = \sum_{n=1}^{\infty} \frac{2}{3^n} + \sum_{n=1}^{\infty} \frac{(-1)^n}{3^n} = \frac{3}{4}$$

性质 7.3　增加或减少有限多项,不改变级数的敛散性.

注意: 一个级数增加或减少有限项后,虽然其敛散性不变,但在级数收敛的情况下,它的和是会改变的. 例如,等比级数 $1 + \frac{1}{2} + \frac{1}{4} + \frac{1}{8} + \cdots$ 是收敛的,去掉它的前两项得到的级数 $\frac{1}{4} + \frac{1}{8} + \frac{1}{16} + \cdots$ 仍是收敛的,其和不同,分别为 2 和 $\frac{1}{2}$.

性质 7.4(级数收敛的必要条件)　若级数 $\sum_{n=1}^{\infty} u_n$ 收敛,则

$$\lim_{n \to \infty} u_n = 0$$

据性质 7.4,若 $\lim_{n \to \infty} u_n \neq 0$,则级数 $\sum_{n=1}^{\infty} u_n$ 必定发散.

例如,级数 $\frac{1}{1} + \frac{2}{3} + \frac{3}{5} + \cdots + \frac{n}{2n-1} + \cdots$ 发散,因为

$$\lim_{n \to \infty} u_n = \lim_{n \to \infty} \frac{n}{2n-1} = \frac{1}{2} \neq 0$$

故这个级数是发散的.

注意: 如果某级数有 $\lim_{n \to \infty} u_n = 0$,并不能说明该级数一定收敛.

例如,级数 $\sum_{n=1}^{\infty} \frac{1}{n}$ 中, $\lim_{n \to \infty} u_n = \lim_{n \to \infty} \frac{1}{n} = 0$,但该级数为调和级数,是发散的.

 习题 7.1

1. 填空题:

(1) 级数 $\sum_{n=1}^{\infty} \frac{1}{n \ln(n+1)}$,该级数的第 3 项是_____.

(2) 级数 $\frac{2}{1} - \frac{3}{2} + \frac{4}{3} - \frac{5}{4} + \frac{6}{5} - \cdots$ 的一般项是_____.

(3) 已知级数 $\sum_{n=1}^{\infty} \frac{1}{n(n+1)}$,则前 100 项之和 $S_{100} = $_____.

（4）已知级数 $\displaystyle\sum_{n=1}^{\infty}(u_n+2)$ 收敛，则 $\displaystyle\lim_{n\to\infty}(u_n+3)=$ _____.

2. 选择题：

（1）若级数 $\displaystyle\sum_{n=1}^{\infty}u_n$ 收敛，设 $S_n=\displaystyle\sum_{i=1}^{\infty}u_i$，则下列命题正确的是（ ）.

A. $\displaystyle\lim_{n\to\infty}S_n=0$ B. $\displaystyle\lim_{n\to\infty}S_n$ 存在

C. $\displaystyle\lim_{n\to\infty}S_n$ 可能不存在   D. $\{S_n\}$ 为单调数列

（2）若 $\displaystyle\lim_{n\to\infty}u_n\neq0$，则级数 $\displaystyle\sum_{n=1}^{\infty}u_n$（ ）.

A. 收敛   B. 发散

C. 敛散性与 u_n 有关   D. 以上说法都不对

3. 求下列级数的和：

（1）$\dfrac{4}{7}-\dfrac{4^2}{7^2}+\dfrac{4^3}{7^3}-\cdots$ （2）$\displaystyle\sum_{n=1}^{\infty}\dfrac{3^n+2^n}{5^n}$

（3）$\displaystyle\sum_{n=1}^{\infty}\dfrac{1}{(2n-1)(2n+1)}$

4. 根据级数收敛的概念或性质，判定下列级数的敛散性：

（1）$\dfrac{1}{3}+\dfrac{1}{6}+\dfrac{1}{9}+\cdots+\dfrac{1}{3n}+\cdots$ （2）$1+\dfrac{1}{\sqrt{2}}+\dfrac{1}{\sqrt{3}}+\cdots+\dfrac{1}{\sqrt{n}}+\cdots$

（3）$1+\dfrac{2}{3}+\dfrac{3}{5}+\dfrac{4}{7}+\cdots$ （4）$\displaystyle\sum_{n=1}^{\infty}\dfrac{1}{\sqrt{n+1}+\sqrt{n}}$

（5）$1-1+1-1+\cdots+(-1)^{n-1}+\cdots$

5. 假设一棵树会以一定的方式一直成长，第 1 天成长 1 cm，第 2 天在其顶点处长成与原树枝对称两枝互相垂直的树枝，且其长只有原来第 1 天的 $\dfrac{1}{2}$，重复如此步骤，试问此棵树一直成长下去：

（1）这棵树的高度极限值为多少厘米？

（2）宽度的极限值为多少厘米？

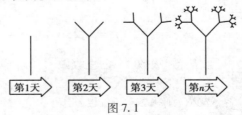

图 7.1

6. 本题给出银行理想状态贷款方案. 假设银行最初只有 100 万元存款, 统计规律表明, 在任何一个时刻平均只有 8% 的存款会被存款人提取, 这样银行就能放心地将其余 92% 的存款贷出, 即存款的 92% 贷给其他顾客. 此 92% 的贷款迟早变为某些人的收入再次存入银行, 从而银行又可再次将其 92% 贷出, 如果理想状态是如此无穷尽地发展下去.

（1）求银行的总存款额.

（2）总存款额除以原始存款额称为信贷乘数, 那么, 理想状态下银行的信贷乘数为多少?

第二节 常数项级数的收敛性判别法

在上一节中, 利用级数收敛的定义、常见重要级数的敛散性以及级数的性质可判断一些级数是否收敛, 但求部分和及其极限并非易事, 因此, 需要建立判别级数敛散性的一般方法. 本节主要介绍正项级数、交错级数以及任意项级数的**收敛性判别法**.

一、正项级数的收敛性判别法

在数项级数 $\sum\limits_{n=1}^{\infty} u_n$ 中, 若 $u_n \geqslant 0 (n = 1, 2, \cdots)$, 则称该级数为正项级数.

例如, 级数 $\sum\limits_{n=1}^{\infty} \dfrac{1}{n^2 + 1}$ 是正项级数.

这种级数特别重要, 在以后的学习中将看到许多级数的收敛性问题可归结为正项级数的收敛性问题.

1. 比较判别法

设有正项级数 $\sum\limits_{n=1}^{\infty} u_n$ 和 $\sum\limits_{n=1}^{\infty} v_n$, 且

$$u_n \leqslant v_n \qquad n = 1, 2, \cdots$$

（1）如果级数 $\sum\limits_{n=1}^{\infty} v_n$ 收敛, 则级数 $\sum\limits_{n=1}^{\infty} u_n$ 也收敛.

（2）如果级数 $\sum\limits_{n=1}^{\infty} u_n$ 发散, 则级数 $\sum\limits_{n=1}^{\infty} v_n$ 也发散.

以上结论可形象地记为:"若大的收敛,则小的也收敛;若小的发散,则大的也发散."利用比较判别法时,首先需要猜测该级数的收敛性,其次必须找到一个已知敛散性的参照级数(即比较对象).

例 7.5 判断下列级数的敛散性:

$(1)\ \sum_{n=1}^{\infty} \dfrac{1}{n^3 + 2n + 5}$ $(2)\ \sum_{n=1}^{\infty} \dfrac{n}{1 + n^2}$

解 (1) 因为

$$n^3 + 2n + 5 > n^3 (n = 1, 2, \cdots)$$

所以

$$\frac{1}{n^3 + 2n + 5} < \frac{1}{n^3} \qquad n = 1, 2, \cdots$$

而级数 $\sum_{n=1}^{\infty} \dfrac{1}{n^3}$ 是 $p = 3$ 的 p- 级数,它是收敛的. 由比较审敛法可知,级数 $\sum_{n=1}^{\infty} \dfrac{1}{n^3 + 2n + 5}$ 收敛.

(2) 因为

$$u_n = \frac{n}{1 + n^2} > \frac{n}{2n^2} = \frac{1}{2n} = v_n$$

而级数 $\sum_{n=1}^{\infty} v_n = \sum_{n=1}^{\infty} \dfrac{1}{2n}$ 是发散的.

根据比较审敛法可知,级数 $\sum_{n=1}^{\infty} \dfrac{n}{1 + n^2}$ 是发散的.

例 7.5 表明,若通项 u_n 中含有形如 $n^\alpha (\alpha$ 可以不是整数) 的因子,可考虑采用比较审敛法.

在应用比较判别法判定所给级数 $\sum_{n=1}^{\infty} u_n$ 的敛散性时,常常要将级数的通项 u_n 进行放大或缩小,以得到适当的不等式关系,而建立这样的不等式关系,有时相当困难,在实际使用时,用比较审敛法的极限形式进行判别级数的敛散性更为方便.

2. 极限形式的比较判别法

设有正项级数 $\sum_{n=1}^{\infty} u_n$ 和 $\sum_{n=1}^{\infty} v_n$,且

$$\lim_{n \to \infty} \frac{u_n}{v_n} = l$$

（1）若 $0 < l < +\infty$，则级数 $\sum\limits_{n=1}^{\infty} u_n$ 和 $\sum\limits_{n=1}^{\infty} v_n$ 具有相同的敛散性.

（2）若 $l = 0$ 且 $\sum\limits_{n=1}^{\infty} v_n$ 收敛，则级数 $\sum\limits_{n=1}^{\infty} u_n$ 也收敛.

（3）若 $l = +\infty$ 且 $\sum\limits_{n=1}^{\infty} v_n$ 发散，则级数 $\sum\limits_{n=1}^{\infty} u_n$ 也发散.

例 7.6 判断下列级数的敛散性：

（1）$\sum\limits_{n=1}^{\infty} \sin \dfrac{1}{n}$ 　　　　（2）$\sum\limits_{n=1}^{\infty} \ln\left(1 + \dfrac{1}{n^2}\right)$

解　（1）因为

$$\lim_{n \to \infty} \frac{\sin \dfrac{1}{n}}{\dfrac{1}{n}} = 1$$

而级数 $\sum\limits_{n=1}^{\infty} \dfrac{1}{n}$ 发散，所以由极限形式的比较判别法可知，级数 $\sum\limits_{n=1}^{\infty} \sin \dfrac{1}{n}$ 发散.

（2）因为

$$\lim_{n \to \infty} \frac{\ln\left(1 + \dfrac{1}{n^2}\right)}{\dfrac{1}{n^2}} = 1$$

而级数 $\sum\limits_{n=1}^{\infty} \dfrac{1}{n^2}$ 收敛，极限形式的比较判别法可知，级数 $\sum\limits_{n=1}^{\infty} \ln\left(1 + \dfrac{1}{n^2}\right)$ 收敛.

3. 比值判别法

设有正项级数 $\sum\limits_{n=1}^{\infty} u_n$，如果

$$\lim_{n \to \infty} \frac{u_{n+1}}{u_n} = \rho$$

则：

当 $\rho < 1$ 时，级数收敛.

当 $\rho > 1$ 时，级数发散.

当 $\rho = 1$ 时，需用其他方法判别.

例 7.7 判断下列级数的敛散性：

（1）$\sum\limits_{n=1}^{\infty} \dfrac{2^n}{n+1}$ 　　　　（2）$\sum\limits_{n=1}^{\infty} \dfrac{1}{(n-1)!}$

解 （1）因为

$$\lim_{n \to \infty} \frac{u_{n+1}}{u_n} = \lim_{n \to \infty} \frac{2^{n+1}}{n+2} \cdot \frac{n+1}{2^n} = \lim_{n \to \infty} \frac{2n+2}{n+2} = 2 > 1$$

所以由比值判别法可知，级数 $\sum_{n=1}^{\infty} \frac{n+1}{2^n}$ 发散.

（2）因为

$$\lim_{n \to \infty} \frac{u_{n+1}}{u_n} = \lim_{n \to \infty} \frac{\dfrac{1}{n!}}{\dfrac{1}{(n-1)!}} = \lim_{n \to \infty} \frac{1}{n} = 0 < 1$$

所以由比值判别法可知，级数 $\sum_{n=1}^{\infty} \frac{1}{(n-1)!}$ 收敛.

从以上例题可知，如果正项级数的同项中含有幂或阶乘因式时，可考虑使用比值判别法.

应当指出，当 $\lim\limits_{n \to \infty} \dfrac{u_{n+1}}{u_n} = 1$ 时，比值审敛法失效，不能得出级数是收敛或是发散的结论，必须另用其他方法判别敛散性.

4. 根值判别法（柯西判别法）

定理 7.1 对于正项级数 $\sum\limits_{n=1}^{\infty} u_n$，若 $\lim\limits_{n \to \infty} \sqrt[n]{u_n} = \rho$，则 $\rho < 1$ 时，级数收剑；$\rho > 1$ 或 $\lim\limits_{n \to \infty} \sqrt[n]{u_n} = \infty$ 时级数发散；$\rho = 1$ 时，根值审敛法失效，需用其他方法判断.

例 7.8 判断级数 $\sum\limits_{n=1}^{\infty} \left(1 - \dfrac{1}{n}\right)^{n^2}$ 的敛散性.

解 因为

$$\lim_{n \to \infty} \sqrt[n]{u_n} = \lim_{n \to \infty} \left(1 - \frac{1}{n}\right)^n = \lim_{n \to \infty} \left[1 + \left(-\frac{1}{n}\right)\right]^{(-n)(-1)} = \frac{1}{e} < 1$$

故级数收敛.

二、交错级数的判别法

定义 7.3 设 $u_n > 0 (n = 1, 2, \cdots)$，形如

$$u_1 - u_2 + u_3 - \cdots + (-1)^{n-1} u_n + \cdots$$

的级数称为交错级数，也称莱布尼茨级数.

定理7.2(莱布尼茨判别法) 若交错级数 $\sum\limits_{n=1}^{\infty}(-1)^{n-1}u_n$ 同时满足以下两个条件：

(1) $u_n \geqslant u_{n+1}(n=1,2,\cdots)$.

(2) $\lim\limits_{n \to \infty}u_n = 0$.

则级数 $\sum\limits_{n=1}^{\infty}(-1)^{n-1}u_n$ 收敛.

例7.9 证明交错级数 $\sum\limits_{n=1}^{\infty}(-1)^{n-1}\dfrac{1}{n}$ 收敛.

证 由于 $u_n=\dfrac{1}{n},u_{n+1}=\dfrac{1}{n+1},u_n \geqslant u_{n+1}$,且

$$\lim\limits_{n \to \infty}u_n = \lim\limits_{n \to \infty}\dfrac{1}{n} = 0$$

因此,由莱布尼茨判别法可知,交错级数 $\sum\limits_{n=1}^{\infty}(-1)^{n-1}\dfrac{1}{n}$ 收敛.

三、任意项级数的敛散性

若在常数项级数 $\sum\limits_{n=1}^{\infty}u_n$ 中,$u_n(n=1,2,\cdots)$ 为任意实数,则称这样的级数为任意项级数. 对于任意项级数,怎样判别其敛散性呢?除用定义来判定外,还有别的方法吗?为此介绍级数绝对收敛和条件收敛的概念.

定义7.4 设任意项级数 $\sum\limits_{n=1}^{\infty}u_n$,如果级数 $\sum\limits_{n=1}^{\infty}|u_n|$ 收敛,则称级数 $\sum\limits_{n=1}^{\infty}u_n$ 绝对收敛;如果级数 $\sum\limits_{n=1}^{\infty}u_n$ 收敛,而级数 $\sum\limits_{n=1}^{\infty}|u_n|$ 发散,则称级数 $\sum\limits_{n=1}^{\infty}u_n$ 条件收敛.

例如,级数 $\sum\limits_{n=1}^{\infty}(-1)^{n-1}\dfrac{1}{n^2}$ 是绝对收敛的,而级数 $\sum\limits_{n=1}^{\infty}(-1)^{n-1}\dfrac{1}{n}$ 是条件收敛的.

一般对于任意项级数 $\sum\limits_{n=1}^{\infty}u_n$ 的敛散性,可按正项级数敛散性的审敛法,首先判定级数 $\sum\limits_{n=1}^{\infty}|u_n|$ 是否收敛. 若级数 $\sum\limits_{n=1}^{\infty}|u_n|$ 收敛,则级数 $\sum\limits_{n=1}^{\infty}u_n$ 绝对收敛;若级数 $\sum\limits_{n=1}^{\infty}|u_n|$ 发散,则再看其是否为交错级数,若为交错级数,则利用莱布尼茨审

敛法判定级数 $\sum\limits_{n=1}^{\infty} u_n$ 是否条件收敛.

 习题 7.2

1. 填空题：

（1）级数 $\sum\limits_{n=1}^{\infty} \dfrac{1}{n^p}$（其中 $p > 0$），当 p 满足条件_____时收敛.

（2）级数 $\sum\limits_{n=1}^{\infty} (-1)^{n-1} \cdot u_n (u_n > 0, n = 1, 2, 3, \cdots)$，若满足条件_____，则此级数收敛.

2. 选择题：

（1）$\sum\limits_{n=1}^{\infty} u_n$ 为正项级数，下列命题中错误的是（　　）.

A. 如果 $\lim\limits_{n\to\infty} \dfrac{u_{n+1}}{u_n} = \rho < 1$，则 $\sum\limits_{n=1}^{\infty} u_n$ 收敛

B. $\lim\limits_{n\to\infty} \dfrac{u_{n+1}}{u_n} = \rho > 1$，则 $\sum\limits_{n=1}^{\infty} u_n$ 发散

C. 如果 $\dfrac{u_{n+1}}{u_n} < 1$，则 $\sum\limits_{n=1}^{\infty} u_n$ 收敛

D. 如果 $\dfrac{u_{n+1}}{u_n} > 1$，则 $\sum\limits_{n=1}^{\infty} u_n$ 发散

（2）下列级数中发散的是（　　）.

A. $\sum\limits_{n=1}^{\infty} (-1)^n \dfrac{1}{\ln(n+1)}$ 　　　　B. $\sum\limits_{n=1}^{\infty} (-1)^n \dfrac{n}{3n-1}$

C. $\sum\limits_{n=1}^{\infty} (-1)^{n-1} \dfrac{1}{3^n}$ 　　　　D. $\sum\limits_{n=1}^{\infty} \dfrac{n}{3^{\frac{n}{2}}}$

（3）若级数 $\sum\limits_{n=1}^{\infty} u_n$ 条件收敛，则级数 $\sum\limits_{n=1}^{\infty} |u_n|$（　　）.

A. 绝对收敛 　　　　　　　　　B. 条件收敛

C. 可能收敛，也可能发散 　　　　D. 一定发散

3.用适当的方法判定下列级数的敛散性:

(1) $\dfrac{1}{2 \cdot 3} + \dfrac{1}{4 \cdot 5} + \dfrac{1}{6 \cdot 7} + \dfrac{1}{8 \cdot 9} + \cdots$

(2) $\displaystyle\sum_{n=1}^{\infty} \dfrac{1}{(n+1)(n+3)}$

(3) $\displaystyle\sum_{n=1}^{\infty} \dfrac{n!}{10^n}$

(4) $\displaystyle\sum_{n=1}^{\infty} \dfrac{3^n}{n \cdot 2^n}$

(5) $\displaystyle\sum_{n=1}^{\infty} \dfrac{n+2}{n^3+n}$

(6) $\displaystyle\sum_{n=1}^{\infty} \left(\dfrac{n}{2n+1}\right)^n$

4.用适当的方法判定下列级数的敛散性:

(1) $\displaystyle\sum_{n=1}^{\infty} \dfrac{n^n}{(n!)^2}$
(2) $\displaystyle\sum_{n=1}^{\infty} \left(\dfrac{an}{1+n}\right)^n (a>0)$

(3) $\displaystyle\sum_{n=1}^{\infty} \dfrac{1}{n}(\sqrt{n+1} - \sqrt{n-1})$
(4) $\displaystyle\sum_{n=1}^{\infty} \dfrac{1}{n(n+1)(n+2)}$

(5) $\displaystyle\sum_{n=1}^{\infty} \dfrac{n\cos^2 \dfrac{n\pi}{4}}{2^n}$
(6) $\displaystyle\sum_{n=1}^{\infty} 2^n \sin \dfrac{1}{3^n}$

5.判定级数 $\displaystyle\sum_{n=1}^{\infty} \dfrac{1}{1+a^n} (a>0)$ 的敛散性.

6.判定级数 $\displaystyle\sum_{n=1}^{\infty} \dfrac{n+1}{an^2+b} (a>0, b>0, a, b$ 为常数$)$ 的敛散性.

7.级数 $\displaystyle\sum_{n=1}^{\infty} (-1)^n \ln \dfrac{n+1}{n}$ 是否收敛?如果收敛,是绝对收敛还是条件收敛?

第三节 幂级数

幂级数是最简单的一种函数项级数,它是表示函数(特别是非初等函数)和计算函数近似值的非常有用的工具. 常用对数表、自然对数表、三角函数值表等都是借助于幂级数计算出来的.

一、幂级数的概念

定义 7.5 形如

$$\sum_{n=0}^{\infty} a_n (x - x_0)^n = a_0 + a_1 (x - x_0) + a_2 (x - x_0)^2 + \cdots + a_n (x - x_0)^n + \cdots$$

$$(7.1)$$

的级数称为幂级数. 其中,x_0 及 $a_0, a_1, a_2, \cdots, a_n, \cdots$ 都是常数,$a_0, a_1, a_2, \cdots$ 称为幂级数的系数.

特别的,当 $x_0 = 0$ 时,幂级数成为

$$\sum_{n=0}^{\infty} a_n x^n = a_0 + a_1 x + a_2 x^2 + \cdots + a_n x^n + \cdots \qquad (7.2)$$

例如

$$1 - x + x^2 - x^3 + \cdots + (-1)^n x^n + \cdots$$

$$1 + x + \frac{x^2}{2!} + \frac{x^3}{3!} + \cdots + \frac{x^n}{n!} + \cdots$$

都是幂级数.

一般来说,幂级数的每一项对于 x 任意取定的值都是有定义的. 如果取 $x = x_0$ 代入幂级数式(7.2)中,就得到一个常数项级数

$$\sum_{n=0}^{\infty} a_n x_0^n = a_0 + a_1 x_0 + a_2 x_0^2 + \cdots + a_n x_0^n + \cdots$$

若该常数项级数是收敛的,则称 x_0 是幂级数(7.2)的一个收敛点,或称幂级数(7.2)在 $x = x_0$ 处收敛;若该常数项级数是发散的,则称 x_0 是幂级数(7.2)的一个发散点,或称幂级数(7.2)在 $x = x_0$ 处发散. 幂级数的所有的收敛点组成的集合称为它的收敛域. 同样,也把所有发散点组成的集合称为发散域.

对于幂级数(7.2)收敛域 D 内的任一点 x,对应的常数项级数有和,且和是

x 的函数,称此函数为幂级数(7.2)的和函数,记为 $S(x)$,即

$$S(x) = \sum_{n=0}^{\infty} a_n x^n \qquad x \in D$$

易知,和函数的定义域就是幂级数的收敛域. 若记 $\sum_{n=0}^{\infty} a_n x^n$ 的前项和为 $S_n(x)$,则在收敛域内有

$$\lim_{n \to \infty} S_n(x) = S(x)$$

例如,级数 $\sum_{n=0}^{\infty} x^n = 1 + x + x^2 + \cdots + x^n + \cdots$ 的和函数

$$S(x) = \lim_{n \to \infty} S_n(x) = \lim_{n \to \infty} \frac{1 - x^n}{1 - x} = \frac{1}{1 - x}$$

在收敛域 $x \in (-1, 1)$ 内成立.

二、幂级数的收敛半径与收敛域

现在的问题是,对于一个幂级数,如何去确定它的收敛域?

定理 7.3 设有幂级数 $\sum_{n=0}^{\infty} a_n x^n$ 的系数满足 $\lim_{n \to \infty} \left| \frac{a_{n+1}}{a_n} \right| = l$,那么,它的收敛半径为 R.

(1) 当 $0 < l < +\infty$ 时,$R = \dfrac{1}{l}$.

(2) 当 $l = +\infty$ 时,$R = 0$.

(3) 当 $l = 0$ 时,$R = +\infty$.

注 当 $R = 0$ 时,幂级数 $\sum_{n=0}^{\infty} a_n x^n$ 只在 $x = 0$ 点收敛;当 $R \neq 0$ 时,这个幂级数在区间 $(-R, +R)$ 内收敛. 但对于 $x = \pm R$ 时,从定理7.3得不出级数收敛还是发散的结论,这时需将 $x = R$ 或 $x = -R$ 代入幂级数,然后按照常数项级数的审敛法来判定其敛散性. 因此,一个幂级数的收敛域可能是开区间,也可能是闭区间,也有可能是半开半闭区间.

例 7.10 求幂级数 $\sum_{n=0}^{\infty} \dfrac{x^n}{n!} = 1 + x + \dfrac{x^2}{2!} + \dfrac{x^3}{3!} + \cdots + \dfrac{x^n}{n!} + \cdots$ 的收敛域.

解 因为

$$\lim_{n \to \infty} \left| \frac{a_{n+1}}{a_n} \right| = \lim_{n \to \infty} \left| \frac{\frac{1}{(n+1)!}}{\frac{1}{n!}} \right| = \lim_{n \to \infty} \frac{1}{n+1} = 0$$

所以 $R = +\infty$,故级数 $\displaystyle\sum_{n=0}^{\infty} \frac{x^n}{n!}$ 的收敛域为 $(-\infty, +\infty)$.

例 7.11 求幂级数 $\displaystyle\sum_{n=1}^{\infty} (-1)^{n-1} \frac{x^n}{n}$ 的收敛半径和收敛域.

解 因为

$$\lim_{n \to \infty} \left| \frac{a_n}{a_{n+1}} \right| = \lim_{n \to \infty} \left| \frac{(-1)^{n-1} \dfrac{1}{n}}{(-1)^n \dfrac{1}{n+1}} \right| = \lim_{n \to \infty} \frac{n+1}{n} = 1$$

所以 $R = 1$,因此,幂级数在开区间 $(-1,1)$ 内收敛.

当 $x = 1$ 时,幂级数成为 $\displaystyle\sum_{n=1}^{\infty} (-1)^{n-1} \frac{1}{n}$,它是一个收敛的交错级数.

当 $x = -1$ 时,幂级数成为 $\displaystyle\sum_{n=1}^{\infty} \frac{(-1)^{2n-1}}{n} = -\sum_{n=1}^{\infty} \frac{1}{n}$,它是一个发散的级数.

因此,级数 $\displaystyle\sum_{n=1}^{\infty} (-1)^{n-1} \frac{x^n}{n}$ 的收敛域是 $(-1,1]$.

例 7.12 求幂级数 $\displaystyle\sum_{n=1}^{\infty} \frac{(x-1)^n}{n \cdot 2^n}$ 的收敛域.

解 令 $x - 1 = t$,则 $\displaystyle\sum_{n=1}^{\infty} \frac{(x-1)^n}{n \cdot 2^n}$ 化为幂级数 $\displaystyle\sum_{n=1}^{\infty} \frac{t^n}{n \cdot 2^n}$.

因为

$$l = \lim_{n \to \infty} \left| \frac{a_{n+1}}{a_n} \right| = \lim_{n \to \infty} \left| \frac{\dfrac{1}{(n+1) \cdot 2^{n+1}}}{\dfrac{1}{n \cdot 2^n}} \right| = \frac{1}{2}$$

所以 $R = 2$,即

$$-2 < t = (x-1) < 2$$

解得

$$-1 < x < 3$$

当 $x = -1$ 时,$\displaystyle\sum_{n=1}^{\infty} \frac{(x-1)^n}{n \cdot 2^n} = \sum_{n=1}^{\infty} \frac{(-2)^n}{n \cdot 2^n} = \sum_{n=1}^{\infty} \frac{(-1)^n}{n}$ 收敛.

当 $x = 3$ 时,$\displaystyle\sum_{n=1}^{\infty} \frac{(x-1)^n}{n \cdot 2^n} = \sum_{n=1}^{\infty} \frac{2^n}{n \cdot 2^n} = \sum_{n=1}^{\infty} \frac{1}{n}$ 发散.

因此,原级数的收敛域为 $[-1,3)$.

例 7.13 求幂级数 $\sum\limits_{n=1}^{\infty} \dfrac{x^{2n-1}}{n+1}$ 的收敛半径.

解 该级数中 x 的幂次不是按自然数递增的,属于有缺项的情形,本题缺偶数次项,不能用定理 7.3 中的公式计算 R,而要用比值法确定级数 $\sum\limits_{n=1}^{\infty} |u_n(x)|$ 的敛散性,从而得出收敛域与收敛半径,即

$$\lim_{n \to \infty} \left| \frac{u_{n+1}}{u_n} \right| = \lim_{n \to \infty} \left| \frac{\dfrac{x^{2(n+1)-1}}{n+2}}{\dfrac{x^{2n-1}}{n+1}} \right| = \lim_{n \to \infty} \left| \frac{n}{n+1} x^2 \right| = x^2$$

由比值审敛法可知,当 $x^2 < 1$,即 $|x| < 1$ 时,级数(绝对)收敛;当 $x^2 > 1$,即 $|x| > 1$ 时,级数发散.

因此,收敛半径 $R = 1$.

三、幂级数的运算

1. 四则运算

加减法为

$$\sum_{n=0}^{\infty} a_n x^n \pm \sum_{n=0}^{\infty} b_n x^n = \sum_{n=0}^{\infty} (a_n \pm b_n) x^n$$

说明: $\sum\limits_{n=0}^{\infty} (a_n \pm b_n) x^n$ 的收敛半径为

$$R = \min\{R_1, R_2\}$$

其中,R_1, R_2 分别为 $\sum\limits_{n=0}^{\infty} a_n x^n$ 和 $\sum\limits_{n=0}^{\infty} b_n x^n$ 的收敛半径.

2. 分析运算

定理 7.4 设幂级数 $\sum\limits_{n=0}^{\infty} a_n x^n$ 的收敛区间为 $(-R, R)$,和函数为 $S(x)$,则 $S(x)$ 在 $(-R, R)$ 内可任意次求导或积分,则:

逐次求导公式为

$$S'(x) = \left(\sum_{n=0}^{\infty} a_n x^n \right)' = \sum_{n=0}^{\infty} (a_n x^n)' = \sum_{n=1}^{\infty} a_n n x^{n-1}, \cdots$$

逐次积分公式为

$$\int_0^x S(x) \mathrm{d}x = \int_0^x \left(\sum_{n=0}^{\infty} a_n x^n \right) \mathrm{d}x = \sum_{n=0}^{\infty} \int_0^x a_n x^n \mathrm{d}x = \sum_{n=0}^{\infty} \frac{a_n}{n+1} x^{n+1}, \cdots$$

逐项求导或积分后,所得的幂级数与原级数有相同的收敛半径.

例7.14　求下列级数的和函数:

(1) $\displaystyle\sum_{n=1}^{\infty} nx^{n-1}$ $(|x| < 1)$　　　　　　(2) $\displaystyle\sum_{n=1}^{\infty} (-1)^{n-1} \frac{x^{2n-1}}{2n-1}$ $(|x| < 1)$

解　(1)
$$\sum_{n=1}^{\infty} nx^{n-1} = \sum_{n=1}^{\infty} (x^n)' = \left(\sum_{n=1}^{\infty} x^n\right)'$$
$$= \left(\frac{x}{1-x}\right)' = \left(-1 + \frac{1}{1-x}\right)' = \frac{1}{(1-x)^2}$$

(2) 令
$$S(x) = \sum_{n=1}^{\infty} (-1)^{n-1} \frac{x^{2n-1}}{2n-1}$$

则
$$S'(x) = \sum_{n=1}^{\infty} (-1)^{n-1} x^{2n-2} = \frac{1}{1+x^2}$$

$$\int_0^x S'(x)\,\mathrm{d}x = \int_0^x \frac{1}{1+x^2}\,\mathrm{d}x$$

$$S(x) - S(0) = \arctan x \Big|_0^x$$

故
$$S(x) = \arctan x$$

习题7.3

1. 选择题:

(1) 若幂级数 $\displaystyle\sum_{n=1}^{\infty} a_n x^n$ 的收敛半径为 R,则幂级数 $\displaystyle\sum_{n=1}^{\infty} a_n (x-2)^n$ 的收敛开区间为(　　).

A. $(-R, R)$　　　　B. $(1-R, 1+R)$　　C. $(-\infty, +\infty)$　　D. $(2-R, 2+R)$

(2) 若幂级数 $\displaystyle\sum_{n=1}^{\infty} a_n x^n$ 在 $x = x_0$ 处收敛,则该级数的收敛半径 R 满足(　　).

A. $R = |x_0|$　　　　B. $R < |x_0|$　　　　C. $R \leqslant |x_0|$　　　　D. $R \geqslant |x_0|$

(3) 级数 $\displaystyle\sum_{n=1}^{\infty} \frac{(x-5)^n}{\sqrt{n}}$ 的收敛区间(　　).

A. $(4,6)$　　　　B. $[4,6)$　　　　C. $(4,6]$　　　　D. $[4,6]$

2. 求下列幂级数的收敛半径和收敛区间:

(1) $\sum_{n=1}^{\infty} \dfrac{x^n}{n \cdot 4^n}$ 　　　　　　　(2) $\sum_{n=1}^{\infty} (-1)^n \dfrac{x^n}{n}$

(3) $\sum_{n=1}^{\infty} \dfrac{(x+2)^n}{n \cdot 2^n}$ 　　　　　　(4) $\sum_{n=1}^{\infty} \dfrac{1}{4^n} x^{2n}$

3. 利用逐项积分或逐项求导求下列幂级数的和函数:

(1) $\sum_{n=1}^{\infty} nx^{n-1} \ (|x| < 1)$ 　　　　(2) $\sum_{n=1}^{\infty} \dfrac{x^{2n+1}}{2n+1} \ (|x| < 1)$

4. 求下列幂级数的收敛区间:

(1) $\sum_{n=1}^{\infty} \dfrac{x^n}{n^p} (p > 0)$ 　　　　　(2) $\sum_{n=1}^{\infty} 2^n (x+1)^{2n}$

第四节　函数的幂级数展开式

一、泰勒级数

定义 7.6　若 $f(x)$ 在 $x = x_0$ 点及其左右附近有任意阶导数,且 $\dfrac{f^{(n+1)}(\xi)}{(n+1)!}(x-x_0)^{n+1}$ 趋于 0,则 $f(x)$ 在 $x = x_0$ 点可表示为

$$f(x) = f(x_0) + f'(x_0)(x-x_0) + \frac{f''(x_0)}{2!}(x-x_0)^2 + \cdots +$$
$$\frac{f^{(n)}(x_0)}{n!}(x-x_0)^n + \cdots$$

称将函数 $f(x)$ 在 $x = x_0$ 点展开成 $(x-x_0)$ 的幂级数或泰勒级数.

特别的,当 $x_0 = 0$ 时

$$f(x) = f(0) + f'(0)x + \frac{f''(0)}{2!}x^2 + \cdots + \frac{f^{(n)}(0)}{n!}x^n + \cdots$$

称将函数 $f(x)$ 展开成它的麦克劳林级数.

将一个函数 $f(x)$ 展开为 x 的幂级数的步骤如下:

(1) 求出 $f(x)$ 的各阶导数

$$f'(x), f''(x), \cdots, f^{(n)}(x), \cdots$$

（2）求出函数 $f(x)$ 以及它的各阶导数在 $x = 0$ 处的值为

$$f(0), f'(0), f''(0), f^{(n)}(0), \cdots$$

（3）写出幂级数

$$f(0) + f'(0)x + \frac{f''(0)}{2!}x^2 + \cdots + \frac{f^{(n)}(0)}{n!}x^n + \cdots$$

并求出其收敛半径（或收敛区间）.

第 3 步中在收敛区间内写出的幂级数，就是函数 $f(x)$ 的幂级数展开式.

注意　如果在 $x = 0$ 处的某一阶导数不存在，那么，$f(x)$ 就不能展开为麦克劳林级数. 例如，$f(x) = x^{\frac{5}{2}}$，它在 $x = 0$ 处的三阶导数 $f'''(0)$ 不存在，所以它就不能展开为麦克劳林级数.

二、函数的幂级数展开式

1. 直接展开法

例 7.15　将 $f(x) = e^x$ 展开成 x 的幂级数.

解　由题意可知，所求为 e^x 的麦克劳林展开式.

函数 $f(x) = e^x$ 的各阶导数为

$$f^{(n)}(x) = e^x \qquad n = 1, 2, 3, \cdots$$

因此

$$f(0) = f'(0) = f''(0) = f'''(0) = \cdots = f^{(n)}(0) = \cdots = 1$$

于是，得到级数

$$1 + x + \frac{x^2}{2!} + \cdots + \frac{x^n}{n!} + \cdots$$

其收敛半径 $R = +\infty$. 因此，得到函数 $f(x) = e^x$ 的幂级数展开式

$$e^x = 1 + x + \frac{x^2}{2!} + \cdots + \frac{x^n}{n!} + \cdots \qquad (-\infty, +\infty)$$

按上述方法容易得到以下一些重要函数的幂级数展开式：

(1) $e^x = \sum_{n=0}^{\infty} \frac{1}{n!} x^n = 1 + x + \frac{1}{2!}x^2 + \frac{1}{3!}x^3 + \cdots + \frac{1}{n!}x^n + \cdots$

$$x \in (-\infty, +\infty)$$

(2) $\dfrac{1}{1-x} = \sum_{n=0}^{\infty} x^n = 1 + x + x^2 + x^3 + \cdots + x^n + \cdots \qquad x \in (-1, 1)$

(3) $(1+x)^m = 1 + mx + \dfrac{m(m-1)}{2!}x^2 + \cdots + \dfrac{m(m-1)\cdots(m-n+1)}{n!}x^n + \cdots$

$x \in (-1,1)$

$(4) \sin x = \sum_{n=0}^{\infty} \frac{(-1)^n}{(2n+1)!} x^{2n+1}$ $x \in (-\infty, +\infty)$

$(5) \cos x = \sum_{n=0}^{\infty} \frac{(-1)^n}{(2n)!} x^{2n}$ $x \in (-\infty, +\infty)$

2. 间接展开法

利用已知函数的幂级数展开式及幂级数的一些运算性质,可求出一些函数的幂级数展开式,称为间接展开法.

例 7.16   将 $f(x) = e^{-\frac{x}{2}}$ 展开成 x 的幂级数.

解   由例 7.15 可知

$$e^x = 1 + x + \frac{x^2}{2!} + \cdots + \frac{x^n}{n!} + \cdots \quad (-\infty, +\infty)$$

将展开式中的 x 换成 $-\frac{x}{2}$,得

$$e^{-\frac{x}{2}} = \sum_{n=0}^{\infty} (-1)^n \frac{1}{n!} \left(\frac{x}{2}\right)^n$$

$$= 1 - \frac{x}{2} + \frac{1}{2!} \left(\frac{x}{2}\right)^2 - \cdots + (-1)^n \frac{1}{n!} \left(\frac{x}{2}\right)^n + \cdots \quad (-\infty, +\infty)$$

例 7.17   将 $\frac{1}{1+x^2}$ 展开成 x 的幂级数,并写出其收敛区间.

解   因为

$$\frac{1}{1-x} = \sum_{n=0}^{\infty} x^n = 1 + x + x^2 + x^3 + \cdots + x^n + \cdots \quad x \in (-1,1)$$

将展开式中的 x 换成 $-x^2$,得

$$\frac{1}{1+x^2} = 1 - x^2 + x^4 - x^6 + \cdots + (-1)^n x^{2n} + \cdots \quad (-1,1)$$

例 7.18   将函数 $f(x) = \frac{1}{2-x}$ 分别展开成 x 和 $(x+2)$ 的幂级数.

解   因为

$$\frac{1}{1-x} = 1 + x + x^2 + x^3 + \cdots + x^n + \cdots \quad x \in (-1,1)$$

于是

$$(1) \frac{1}{2-x} = \frac{1}{2} \cdot \frac{1}{1-\frac{x}{2}} = \frac{1}{2} \left[1 + \frac{x}{2} + \left(\frac{x}{2}\right)^2 + \cdots + \left(\frac{x}{2}\right)^n + \cdots \right]$$

$$= \frac{1}{2} \sum_{n=0}^{\infty} \frac{x^n}{2^n} = \sum_{n=0}^{\infty} \frac{x^n}{2^{n+1}} \qquad \left(\text{由} \left| \frac{x}{2} \right| \text{得}, -2 < x < 2\right)$$

$$(2) \quad \frac{1}{2-x} = \frac{1}{4-(x+2)} = \frac{1}{4} \cdot \frac{1}{1 - \dfrac{x+2}{4}}$$

$$= \frac{1}{4} \sum_{n=0}^{\infty} \frac{(x+2)^n}{4^n}$$

$$= \sum_{n=0}^{\infty} \frac{(x+2)^n}{4^{n+1}} \qquad \left(\text{由} \left| \frac{x+2}{4} \right| < 1 \text{得}, -6 < x < 2\right)$$

例 7.19　将 $\dfrac{1}{x^2 + 4x + 3}$ 在 $x = 1$ 处展开成泰勒级数.

解　$\dfrac{1}{x^2 + 4x + 3} = \dfrac{1}{(x+1)(x+3)} = \dfrac{1}{2}\left(\dfrac{1}{x+1} - \dfrac{1}{x+3} \right)$

$$= \frac{1}{2}\left(\frac{1}{2+(x-1)} - \frac{1}{4+(x-1)} \right)$$

$$= \frac{1}{4} \cdot \frac{1}{1 + \dfrac{x-1}{2}} - \frac{1}{8} \cdot \frac{1}{1 + \dfrac{x-1}{4}}$$

$$= \frac{1}{4} \sum_{n=0}^{\infty} (-1)^n \left(\frac{x-1}{2} \right)^n - \frac{1}{8} \sum_{n=0}^{\infty} (-1)^n \left(\frac{x-1}{4} \right)^n$$

$$= \sum_{n=0}^{\infty} (-1)^n \left(\frac{1}{2^{n+2}} - \frac{1}{2^{2n+3}} \right) (x-1)^n \quad (-1 < x < 3)$$

例 7.20　将 $f(x) = \ln(1+x)$ 展开成 x 的幂级数.

解
$$f'(x) = \frac{1}{1+x} = \sum_{n=0}^{\infty} (-1)^n x^n$$

$$\int_0^x f'(x)\,\mathrm{d}x = \int_0^x \left[\sum_{n=0}^{\infty} (-1)^n x^n \right] \mathrm{d}x$$

$$f(x) - f(0) = \sum_{n=0}^{\infty} (-1)^n \int_0^x x^n \mathrm{d}x = \sum_{n=0}^{\infty} (-1)^n \frac{x^{n+1}}{n+1}$$

故

$$\ln(1+x) = x - \frac{x^2}{2} + \frac{x^3}{3} - \cdots + (-1)^n \frac{x^{n+1}}{n+1} + \cdots$$

$$= \sum_{n=0}^{\infty} (-1)^n \frac{x^{n+1}}{n+1} \qquad x \in (-1, 1]$$

例 7.21　欧拉(Euler) 公式.

解　将展开式 $e^x = 1 + x + \dfrac{x^2}{2!} + \cdots + \dfrac{x^n}{n!} + \cdots$ 中的 x 换成纯虚数 ix，则

$$e^{ix} = 1 + ix + \frac{(ix)^2}{2!} + \cdots + \frac{(ix)^n}{n!} + \cdots$$

$$= 1 + ix - \frac{x^2}{2!} - i\frac{x^3}{3!} + \frac{x^4}{4!} + i\frac{x^5}{5!} - \cdots$$

$$= \left(1 - \frac{x^2}{2!} + \frac{x^4}{4!} - \cdots\right) + i\left(x - \frac{x^3}{3!} + \frac{x^5}{5!} - \cdots\right)$$

$$= \cos x + i \sin x$$

$e^{ix} = \cos x + i \sin x$ 称为欧拉(Euler)公式.

显然，$e^{-ix} = \cos x - i \sin x$，据此可得出下列常用结果，即

$$\cos x = \frac{e^{ix} + e^{-ix}p}{2}, \quad \sin x = \frac{e^{ix} - e^{-ix}}{2i}$$

$$e^{x+iy} = e^x(\cos y + i \sin y)$$

三、幂级数展开式的应用举例

由前面得到的一些函数的幂级数展开式可用来进行近似计算，下面举例说明.

例7.22　计算 e 的近似值.

解　在 e^x 的幂级数展开式

$$e^x = 1 + x + \frac{x^2}{2!} + \cdots + \frac{x^4}{n!} + \cdots \qquad (-\infty < x < +\infty)$$

中，令 $x = 1$，得

$$e = 1 + 1 + \frac{1}{2!} + \frac{1}{3!} + \cdots + \frac{1}{n!} + \cdots$$

取前 $n + 1$ 项作 e 的近似值，则

$$e \approx 1 + 1 + \frac{1}{2!} + \frac{1}{3!} + \frac{1}{4!} + \frac{1}{5!} + \frac{1}{6!} + \frac{1}{7!}$$

此时，$e \approx 2.718\ 26$.

例7.23　计算 ln 2 的近似值，要求误差不超过 0.000 1.

解　已知

$$\ln(1 + x) = \sum_{n=0}^{\infty} (-1)^n \frac{x^{n+1}}{n+1} \qquad -1 < x \leqslant 1$$

那么

$$\ln \frac{1+x}{1-x} = \ln(1+x) - \ln(1-x)$$

$$= \sum_{n=0}^{\infty} (-1)^n \left[\frac{x^{n+1}}{n+1} - \frac{(-x)^{n+1}}{n+1} \right]$$

$$= 2 \sum_{k=0}^{\infty} \frac{x^{2k+1}}{2k+1} \qquad -1 < x < 1$$

令 $\dfrac{1+x}{1-x} = 2$,得 $x = \dfrac{1}{3}$,则

$$\ln 2 = 2 \sum_{k=0}^{\infty} \frac{1}{2k+1} \left(\frac{1}{3} \right)^{2k+1}$$

$$= 2 \cdot \left(\frac{1}{3} + \frac{1}{3} \cdot \frac{1}{3^3} + \frac{1}{5} \cdot \frac{1}{3^5} + \frac{1}{7} \cdot \frac{1}{3^7} + \cdots \right)$$

若取 $n = 4$,有

$$|r_4| = 2 \cdot \left(\frac{1}{9} \cdot \frac{1}{3^9} + \frac{1}{11} \cdot \frac{1}{3^{11}} + \frac{1}{13} \cdot \frac{1}{3^{13}} + \cdots \right)$$

$$\leqslant \frac{2}{3^{11}} \cdot \left(1 + \frac{1}{9} + \frac{1}{9^2} + \frac{1}{9^3} + \cdots \right)$$

$$= \frac{2}{2^{11}} \cdot \frac{1}{1 - \dfrac{1}{9}} = \frac{1}{4 \cdot 3^9} < \frac{1}{70\,000} \qquad (\text{截断误差})$$

于是

$$\ln 2 \approx 2 \cdot \left(\frac{1}{3} + \frac{1}{3} \cdot \frac{1}{3^3} + \frac{1}{5} \cdot \frac{1}{3^5} + \frac{1}{7} \cdot \frac{1}{3^7} \right) \approx 0.693\,1$$

(注:对比精确值:$\ln 2 = 0.6\,931\,471\,806\cdots$)

解 7.24 求定积分 $\displaystyle\int_0^{0.2} \mathrm{e}^{-x^2}\mathrm{d}x$ 的近似值.

解 先求定积分 $\displaystyle\int_0^{0.2} \mathrm{e}^{-x^2}\mathrm{d}x$ 的幂级数展开式.

由 e^x 的幂级数展开式得

$$\mathrm{e}^{-x^2} = \sum_{n=0}^{\infty} \frac{(-x^2)^n}{n!} = \sum_{n=0}^{\infty} \frac{(-1)^n}{n!} x^{2n} \qquad -\infty < x < +\infty$$

所以

$$\int_0^x \mathrm{e}^{-t^2}\mathrm{d}t = \int_0^x \left[\sum_{n=0}^{\infty} \frac{(-1)^n}{n!} t^{2n} \right] \mathrm{d}t$$

$$= \sum_{n=0}^{\infty} \frac{(-1)^n}{n!} \int_0^x t^{2n}\mathrm{d}t$$

$$= \sum_{n=0}^{\infty} \frac{(-1)^n}{(2n+1) \cdot n!} x^{2n+1}$$

$$= x - \frac{x^3}{3 \cdot 1!} + \frac{x^5}{5 \cdot 2!} - \frac{x^7}{7 \cdot 3!} + \cdots \qquad -\infty < t < +\infty$$

在上式中,令 $x = 0.2$,得

$$\int_0^{0.2} e^{-x^2} dx = 0.2 - \frac{(0.2)^3}{3} + \frac{(0.2)^5}{10} - \cdots$$

$$\approx 0.2 - 0.002\,63 = 0.197\,3$$

 习题7.4

1. 将下列函数展开为 x 的幂级数:

(1) $f(x) = e^{-x^2}$ 　　　　　　　(2) $f(x) = \dfrac{1}{1 + x^2}$

(3) $f(x) = \dfrac{x}{2 - x}$ 　　　　　　(4) $f(x) = \dfrac{1}{x^2 - x - 2}$

(5) $f(x) = \ln(2 + x^2)$ 　　　　(6) $f(x) = \arctan x$

2. 将函数 $f(x) = \dfrac{1}{x}$ 展开成 $x - 3$ 的幂级数.

3. 将函数 $f(x) = \dfrac{x}{x^2 - 5x + 6}$ 在 $x_0 = 4$ 处展开成泰勒级数.

4. 将函数 $\sin x$ 展开成 $\left(x - \dfrac{\pi}{4}\right)$ 的幂级数.

复习题七

1. 选择题:

(1) 设级数 $\sum\limits_{n=1}^{\infty} \left(\dfrac{2}{5}\right)^{n+1}$,则级数和 $S = ($ 　　 $)$.

A. $\dfrac{2}{3}$ 　　　　　B. $\dfrac{2}{5}$ 　　　　　C. $\dfrac{1}{2}$ 　　　　　D. $\dfrac{5}{3}$

(2) 当 $\sum\limits_{n=1}^{\infty}(a_n+b_n)$ 收敛时,则级数 $\sum\limits_{n=1}^{\infty}a_n$ 与 $\sum\limits_{n=1}^{\infty}b_n$ (　　).

A. 必同时收敛　　　　　　　　　　B. 必同时发散

C. 可能不同时收敛　　　　　　　　D. 不可能同时收敛

(3) 级数 $\sum\limits_{n=1}^{\infty}a_n^2$ 收敛是级数 $\sum\limits_{n=1}^{\infty}a_n^4$ 收敛的(　　).

A. 充分而不必要条件　　　　　　　B. 必要而不充分条件

B. 充要条件　　　　　　　　　　　D. 既非充分也非必要条件

(4) 幂级数 $\sum\limits_{n=0}^{\infty}(-1)^n x^n$ 在收敛区间 $(-1,1)$ 内的和函数为(　　).

A. $\dfrac{1}{1+x}$　　　　B. $\dfrac{1}{1-x}$　　　　C. $\dfrac{1}{1+x^2}$　　　　D. $\dfrac{1}{1-x^2}$

(5) $f(x)=e^{-x^2}$ 的麦克劳林展开式为(　　).

A. $1+x+\dfrac{x^2}{2!}+\dfrac{x^3}{3!}+\cdots$　　　　　　B. $1-x+\dfrac{x^2}{2!}-\dfrac{x^3}{3!}+\cdots$

C. $1+x^2+\dfrac{x^4}{2!}+\dfrac{x^6}{3!}+\cdots$　　　　　D. $1-x^2+\dfrac{x^4}{2!}-\dfrac{x^6}{3!}+\cdots$

2. 填空题:

(1) 级数 $\dfrac{1}{1\cdot 4}+\dfrac{1}{4\cdot 7}+\dfrac{1}{7\cdot 10}+\cdots$ 的一般项 $u_n=$ _____ ,和 $S=$

_____ .

(2) 考虑级数的敛散性,级数 $\sum\limits_{n=1}^{\infty}\left(\dfrac{9}{8}\right)^n$ 是 _____ 的,级数 $\sum\limits_{n=1}^{\infty}\dfrac{1}{2^n}$ 是

_____ 的.

(3) 幂级数 $\sum\limits_{n=1}^{\infty}\dfrac{x^n}{n!}$ 的收敛半径 $R=$ _____ ,收敛区间为 _____ .

(4) 若幂级数 $\sum\limits_{n=0}^{\infty}a_n x^n$ 的收敛半径为 R,则幂级数 $\sum\limits_{n=0}^{\infty}a_n x^{2n}$ 的收敛半径

为 _____ .

(5) 当 $|x|<1$ 时,幂级数 $1-x^2+x^4-x^6+\cdots$ 的和函数为 _____ .

3. 判定下列级数的敛散性:

(1) $\sum\limits_{n=1}^{\infty}\dfrac{2n-1}{2^n}$　　　　　　　　(2) $\sum\limits_{n=1}^{\infty}\dfrac{2^n\cdot n!}{n^n}$

4. 求下列级数的收敛半径与收敛区间:

（1）$\sum\limits_{n=1}^{\infty} \dfrac{2^n}{n^2+1}x^n$　　　　　　（2）$\sum\limits_{n=1}^{\infty} \dfrac{(-1)^n}{2n-1}x^n$

5. 将下列函数展开成 x 的幂级数：

（1）$f(x)=\dfrac{1}{4-x}$　　　　　　（2）$f(x)=x^2e^{2x}$

6. 设 $f(x)=\pi^2-x^2(-\pi\leqslant x\leqslant\pi)$ 是以 2π 为周期的函数，试将 $f(x)$ 展开成傅立叶级数.

7. 将函数 $f(x)=\dfrac{x}{x^2-3x+2}$ 展开成 $x-4$ 的幂级数.

附 录 常用初等数学公式

1. 乘法公式与二项式定理

（1）$(a + b)^2 = a^2 + 2ab + b^2$

  $(a - b)^2 = a^2 - 2ab + b^2$

（2）$(a + b)^3 = a^3 + 3a^2b + 3ab^2 + b^3$

  $(a - b)^3 = a^3 - 3a^2b + 3ab^2 - b^3$

（3）$(a + b)^n = C_n^0 a^n + C_n^1 a^{n-1}b + C_n^2 a^{n-2}b^2 + \cdots + C_n^k a^{n-k}b^k + C_n^{n-1}ab^{n-1} + C_n^n b^n$

2. 因式分解

（1）$a^2 - b^2 = (a + b)(a - b)$

（2）$a^3 \pm b^3 = (a \pm b)(a^2 \mp ab + b^2)$

（3）$a^n - b^n = (a - b)(a^{n-1} + a^{n-2}b + \cdots + b^{n-1})$

3. 分式裂项

（1）$\dfrac{1}{n(n + 1)} = \dfrac{1}{n} - \dfrac{1}{n + 1}$

（2）$\dfrac{1}{(x + a)(x + b)} = \dfrac{1}{b - a}\left(\dfrac{1}{x + a} - \dfrac{1}{x + b}\right)$

4. 指数运算

（1）$a^{-n} = \dfrac{1}{a^n}(a \neq 0)$

（2）$a^0 = 1(a \neq 0)$

（3）$a^{\frac{m}{n}} = \sqrt[n]{a^m}(a \geqslant 0)$

（4）$a^m a^n = a^{m+n}$

$(5) a^m \div a^n = a^{m-n} (a > 0)$

$(6) (a^m)^n = a^{mn}$

$(7) \left(\dfrac{b}{a} \right)^n = \dfrac{b^n}{a^n} (a \neq 0)$

$(8) (ab)^n = a^n b^n$

$(9) \sqrt{a^2} = |a|$

5. 对数运算（约定 $a > 0$ 且 $a \neq 0$）

$(1) a^{\log_a N} = N$

$(2) \log_a b^n = n \log_a b$

$(3) \log_a \sqrt[n]{b} = \dfrac{1}{n} \log_a b$

$(4) \log_a a = 1$

$(5) \log_a 1 = 0$

$(6) \log_a MN = \log_a M + \log_a N$

$(7) \ln a = \log_e a$

$(8) \log_a b = \dfrac{1}{\log_b a}$

$(9) \log_a \dfrac{M}{N} = \log_a M - \log_a N$

6. 排列组合

$(1) A_n^m = n(n-1) \cdots [n - (m-1)] = \dfrac{n!}{(n-m)!}$ （约定 $0! = 1$）

$(2) C_n^m = \dfrac{A_n^m}{m!} = \dfrac{n!}{m!(n-m)!}$

$(3) C_n^m = C_n^{n-m}$

$(4) C_n^m + C_n^{m-1} = C_{n+1}^m$

$(5) C_n^0 + C_n^1 + C_n^2 + \cdots + C_n^n = 2^n$

7. 三角函数公式

（1）和差角公式

$\sin(\alpha \pm \beta) = \sin \alpha \cos \beta \pm \cos \alpha \sin \beta$

$\cos(\alpha \pm \beta) = \cos \alpha \cos \beta \mp \sin \alpha \sin \beta$

$\tan(\alpha \pm \beta) = \dfrac{\tan \alpha \pm \tan \beta}{1 \mp \tan \alpha \cdot \tan \beta}$

$$\cot(\alpha \pm \beta) = \frac{\cot \alpha \cdot \cot \beta \mp 1}{\cot \beta \pm \cot \alpha}$$

（2）和差化积公式

$$\sin \alpha + \sin \beta = 2 \sin \frac{\alpha + \beta}{2} \cos \frac{\alpha - \beta}{2}$$

$$\sin \alpha - \sin \beta = 2 \cos \frac{\alpha + \beta}{2} \sin \frac{\alpha - \beta}{2}$$

$$\cos \alpha + \cos \beta = 2 \cos \frac{\alpha + \beta}{2} \cos \frac{\alpha - \beta}{2}$$

$$\cos \alpha - \cos \beta = 2 \sin \frac{\alpha + \beta}{2} \sin \frac{\alpha - \beta}{2}$$

（3）倍角公式

$$\sin 2\alpha = 2 \sin \alpha \cos \alpha$$

$$\cos 2\alpha = 2 \cos^2\alpha - 1 = 1 - 2 \sin^2\alpha = \cos^2\alpha - \sin^2\alpha$$

$$\cot 2\alpha = \frac{\cot^2\alpha - 1}{2 \cot \alpha}$$

$$\tan 2\alpha = \frac{2 \tan \alpha}{1 - \tan^2 \alpha}$$

（4）半角公式

$$\sin \frac{\alpha}{2} = \pm \sqrt{\frac{1 - \cos \alpha}{2}}$$

$$\cos \frac{\alpha}{2} = \pm \sqrt{\frac{1 + \cos \alpha}{2}}$$

$$\tan \frac{\alpha}{2} = \pm \sqrt{\frac{1 - \cos \alpha}{1 + \cos \alpha}} = \frac{1 - \cos \alpha}{\sin \alpha} = \frac{\sin \alpha}{1 + \cos \alpha}$$

$$\cot \frac{\alpha}{2} = \frac{1 + \cos \alpha}{\sin \alpha} = \frac{\sin \alpha}{1 - \cos \alpha}$$

（5）正弦定理

$$\frac{a}{\sin A} = \frac{b}{\sin B} = \frac{c}{\sin C} = 2R$$

余弦定理

$$c^2 = a^2 + b^2 - 2ab \cos C$$

（6）反三角函数性质

$$\arcsin x = \frac{\pi}{2} - \arccos x$$

$$\arctan x = \frac{\pi}{2} - \mathrm{arccot}\, x$$

8. 平面解析几何

（1）距离:两点 $P_1(x_1,y_1)$ 与 $P_2(x_2,y_2)$ 之间的距离 $d = \sqrt{(x_2 - x_1)^2 + (y_2 - y_1)^2}$

（2）直线方程:点斜式 $y - y_1 = k(x - x_1)$;斜截式 $y = kx + b$;两点式 $\dfrac{y - y_1}{y_2 - y_1} = \dfrac{x - x_1}{x_2 - x_1}$;截距式 $\dfrac{x}{a} + \dfrac{y}{b} = 1$;一般式 $Ax + By + C = 0\,(A^2 + B^2 \neq 0)$

（3）两直线的夹角:设两直线的斜率分别为 k_1 和 k_2,夹角为 θ,则 $\tan\theta = \dfrac{k_2 - k_1}{1 + k_2 k_1}$

（4）点到直线的距离:点 $P_1(x_1,y_1)$ 到直线 $Ax + By + C = 0$ 的距离 $d = \dfrac{|Ax_1 + By_1 + C|}{\sqrt{A^2 + B^2}}$

（5）直角坐标 (x,y) 与极坐标 (ρ,θ) 之间的关系:$x = \rho\cos\theta, y = \rho\sin\theta$, $\rho = \sqrt{x^2 + y^2}, \theta = \arctan\dfrac{y}{x}$

（6）圆的标准方程 $(x - a)^2 + (y - b)^2 = r^2$,圆心坐标为 (a,b),半径为 r

（7）圆的一般方程 $x^2 + y^2 + Dx + Ey + F = 0$. 其中,$D^2 + E^2 - 4F > 0$;圆心坐标为 $\left(-\dfrac{D}{2}, -\dfrac{E}{2}\right)$;半径为 $r = \dfrac{1}{2}\sqrt{D^2 + E^2 - 4F}$

（8）抛物线的标准方程（约定 $p > 0$）

$y^2 = 2px$ 　焦点 $\left(\dfrac{p}{2},0\right)$,准线 $x = -\dfrac{p}{2}$;

$y^2 = -2px$ 　焦点 $\left(-\dfrac{p}{2},0\right)$,准线 $x = \dfrac{p}{2}$;

$x^2 = 2py$ 　焦点 $\left(0,\dfrac{p}{2}\right)$,准线 $y = -\dfrac{p}{2}$;

$x^2 = -2py$ 　焦点 $\left(0,-\dfrac{p}{2}\right)$,准线 $y = \dfrac{p}{2}$

二次函数:$y = ax^2 + bx + c$,顶点坐标 $\left(-\dfrac{b}{2a}, \dfrac{4ac - b^2}{4a}\right)$,对称轴方程 $x = -\dfrac{b}{2a}$

（9）椭圆的标准方程（$a > b > 0$）:$\dfrac{x^2}{a^2} + \dfrac{y^2}{b^2} = 1$,焦点在 x 轴上;$\dfrac{y^2}{a^2} + \dfrac{x^2}{b^2} = 1$,

焦点在 y 轴上

（10）双曲线的标准方程$(a > 0, b > 0)$ $\dfrac{x^2}{a^2} - \dfrac{y^2}{b^2} = 1$,焦点在 x 轴上:$\dfrac{y^2}{a^2} - \dfrac{x^2}{b^2} = 1$,焦点在 y 轴上

（11）等轴双曲线方程　$xy = k(k \neq 0)$

参考文献

［1］孙晓梅.高等数学［M］.北京:科学出版社,2008.

［2］颜文勇,柯善军.高等应用数学［M］.北京:高等教育出版社,2004.

［3］胡农.高等数学［M］.北京:高等教育出版社,2006.

［4］吴赣昌.微积分［M］.北京:中国人民大学出版社,2009.